Todos los procesos a un clic

¡ACTIVA TU LIBRO!

para acceder a los vídeos *online*

que te ayudarán a aprender de una forma más sencilla y dinámica

Sigue las instrucciones para darte de alta

Edición: Francisco Viejo
Equipo editorial Videocinco
Coordinación: Beatriz Vicente Hernández
Emilio Ferreirós. Módulo Procesos audiovisuales

Autores: Marcos Sagasta Mora
Ana Gomis
Beatriz Vicente Hernández. Módulo Diseño del personaje
Rebeca Rodríguez Briso-Montiano. Módulo Diseño del personaje
Paz Mateos Corbella. Módulo Procesos audiovisuales
María Vidal Martínez. Tema 5 Técnicas de simulación de cadáveres

Revisión de contenidos: Montserrat Trigo García. Módulo efectos especiales en maquillaje
Mª Carmen Cazcarra. Módulo efectos especiales en maquillaje

Ilustración: Rubén Alcocer
Fotografía: Federico Reparaz
Álvaro Tomé

Maquetación: PeiPe, s.l.
Diseño de portada: Ramón Ors

Impresión: Servinform S. A.

Teléfono 91 542 93 52. Fax 91 542 95 90. www.videocinco.com

ISBN: 978-84-96699-04-5

Depósito Legal: M-37882-2007

Impreso en España. Printed in Spain

GMCC002_05/22_SV

CARACTERIZACIÓN II
Diseño del personaje, efectos especiales en maquillaje y procesos audiovisuales

VIDEOCINCO

Teléfono: 91 542 93 52. Fax: 91 542 95 90
Teléfono de pedidos y atención al cliente: 91 541 10 34
www.videocinco.com

Agradecimientos

El camarote de los hermanos Marx en *Una noche en la ópera,* los hermanos de *La Gran Familia,* los que mueren en las escaleras a la salida de la ópera en *El Padrino.*

Todas tienen en común... el elevado número de actores que aparecen en ellas.

De la misma forma ocurre en estos dos libros de caracterización; en ellos han participado un gran número de personas.

Se podía decir que son libros «corales», donde existen varios personajes diferentes (autores, revisores, ilustradores, caracterizadores...) unidos para un solo fin (la realización de estos dos libros)

El elenco comienza por los nombrables en las páginas de crédito, ¡vaya equipo!, mejor que el de *Días de Fútbol* con diferencia; le siguen: Miguel, por su osadía al poner en marcha este proyecto, comparable a *La vida de Bryan*; Mª José y Concha por buscar fotografías, con más ahínco y determinación, incluso, que Marlin utilizó para buscar a su hijo Nemo por esos mares inhóspitos.

Otros personajes, perseguidos por el editor, como un sheriff busca a los malos en cualquier western que se precie, son algunos profesionales del mundo de la caracterización y el maquillaje con efectos especiales.

Son: Colin Arthur, Sarah Pooley, David Ambit, David Martí, Montse Ribé, Pedro De Diego y Arturo Balseiro.

Todos tienen en común un entusiasmo y una pasión casi infinita por lo que hacen, siendo protagonistas no ya solo del cine español, sino del cine mundial, con premios reconocidos.

Mención especial tengo que hacer de Colin, Sarah y David Ambit, porque además de lo anterior, me enseñaron, que la ilusión no tiene edad, que sus trabajos no son trabajos, sino una forma de vida y, que *La vida es sueño*, además de ser una obra excelente de teatro de Pedro Calderón de la Barca es un lema que ellos ponen en práctica, ya que fabrican... sueños y nos dejan compartirlos con ellos.

Y, por último, Gloria, Diego y Marina con los que La vida es bella y Que bello es vivir es real y es un sueño.

A todos, mi más sincero agradecimiento.

El editor

ESTRUCTURA DEL LIBRO

El libro está formado por tres módulos: Diseño del personaje, Efectos especiales en maquillaje y Procesos audiovisuales y espectáculos.
Cada uno de estos módulos consta de una doble página inicial y una serie de temas . Al final del libro hay un tema común a todos los módulos sobre el control de calidad en los procesos de caracterización y , por último, un anexo con unos documentos... De cine.

MÓDULO

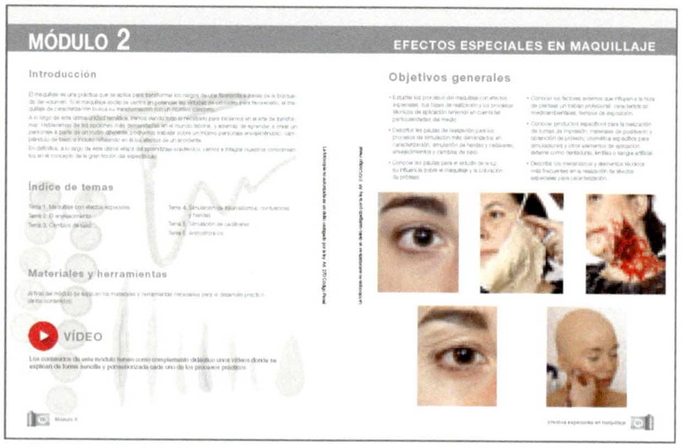

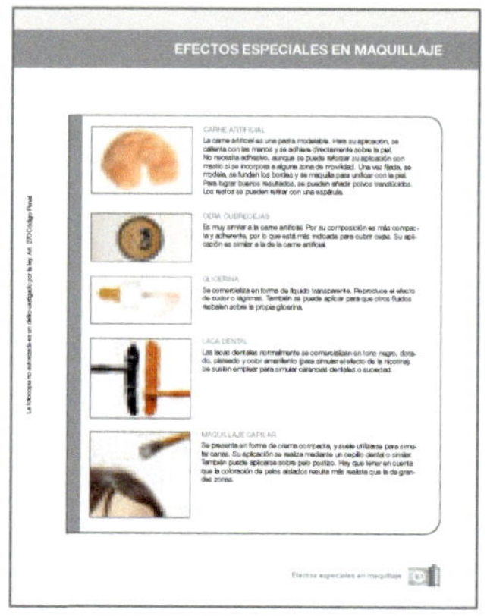

Materiales, herramientas y útiles de trabajo

Al final del módulo 2 se explican los diferentes materiales, herramientas y útiles de trabajo necesarios para poder realizar los procesos de dicho módulo.

Inicio

Cada uno de los módulos comienza con una doble página inicial, que presenta los siguientes apartados:

- **Introducción.** Texto donde se exponen los contenidos que se van a estudiar.
- **Índice de temas.**
- **Materiales y herramientas.**
- **Objetivos generales.** Enumeración de las capacidades que tienen que alcanzar los alumnos al acabar dicho módulo.

TEMA

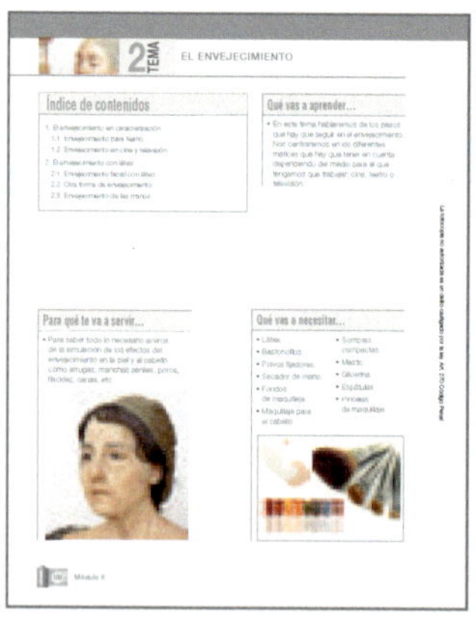

Inicio

- **Índice de contenidos.** Enumeración de los diferentes apartados a estudiar.
- **Qué vas a aprender.** Contenidos que se van a aprender.
- **Qué vas a necesitar.** Materiales, herramientas, y utensilios que van a necesitar.
- **Para qué te va a servir.** Con los contenidos aprendidos y desarrollados se conseguirán una serie de capacidades que le irán sirviendo para posteriores temas.

Final

- **Para recordar.** Enumeración de los conocimientos primordiales que se han estudiado en el tema.
- **Actividades.** Se encuentran divididas en función de las capacidades a adquirir en teóricas (repasa) y en aquellas que desarrollan destrezas y manualidades (practica).

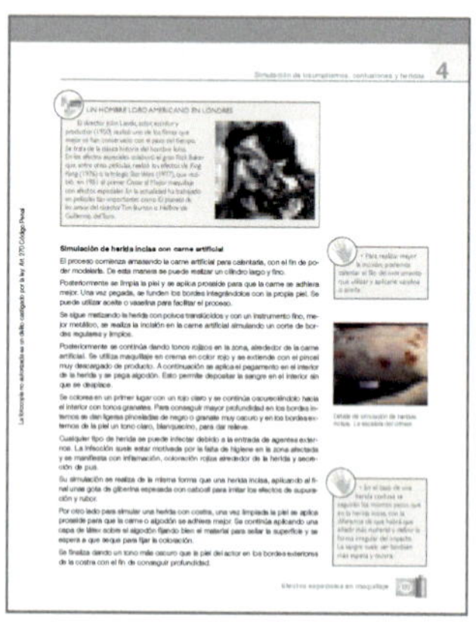

Desarrollo

Los contenidos se estructuran en diferentes apartados donde se explican de forma clara y, pormenorizada los diferentes procesos. Todos ellos presentan fotografías e ilustraciones para facilitar su aprendizaje.

Apartado donde se enumeran y explican diferentes consejos prácticos, normas de seguridad, conocimientos prácticos que se deben tener en cuenta a la hora de las diferentes realizaciones.

Apartado donde se explican curiosidades, conocimientos relativos al mundo audiovisual de forma amena y, que complementan los contenidos teóricos.

CONTROL DE CALIDAD

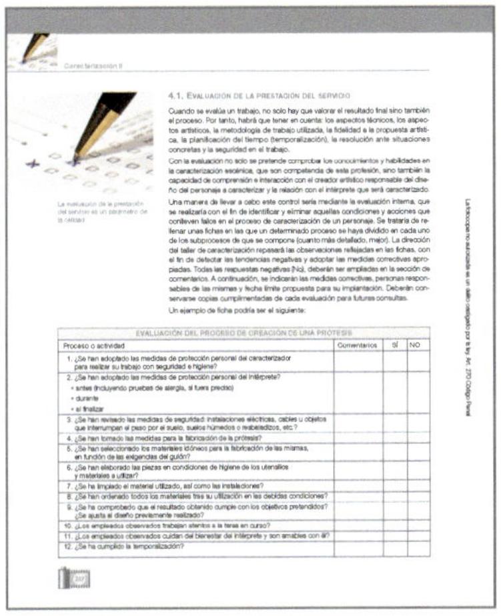

Tema común a todos los módulos donde se explican los procesos de control de calidad en el mundo de la caracterización.

RECURSOS DIDÁCTICOS ADICIONALES

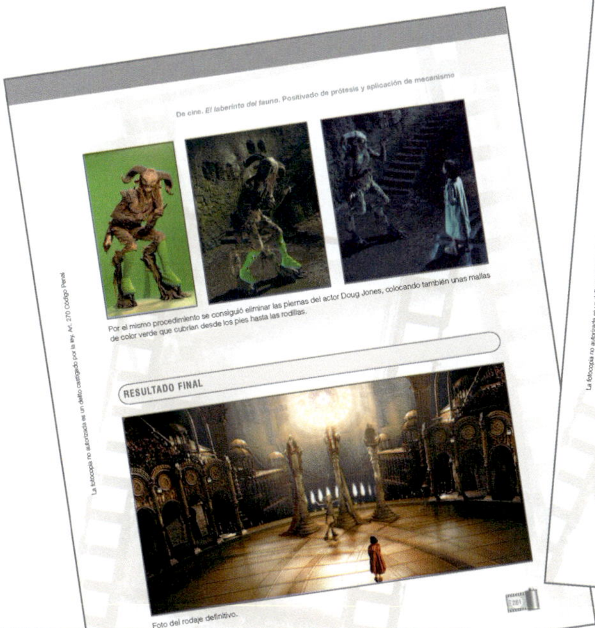

DE CINE

En este apartado se explican diferentes trabajos de reconocidos caracterizadores sobre el estudio y diseño del personaje, los procesos de caracterización, la realización de animatrónicos y las nuevas tecnologías aplicadas al diseño.

El libro lleva vídeos asociados donde se muestran los diferentes procesos correspondientes al módulo 2: envejecimiento, simulación de heridas, aplicación de prótesis y técnicas de maquillaje.

Indice de contenidos

Módulo 1
Diseño del personaje

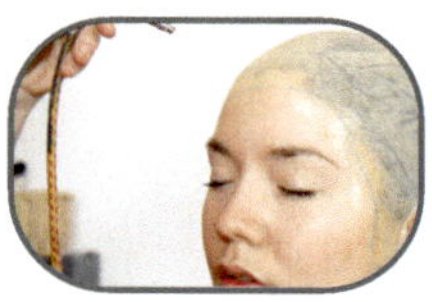

Módulo 2
Efectos especiales en maquillaje

Módulo 3
Procesos audiovisuales

MÓDULO 1

Introducción

Hasta ahora hemos aprendido ciertas nociones generales acerca de la caracterización e incluso hemos tomado contacto con los materiales que se utilizan y sus diferentes funciones en este medio. Pues bien, en este módulo vamos a aprender a crear cualquier personaje, estudiando cada una de las fases del proceso, y a realizar nuestro trabajo de una manera ordenada y organizada, para obtener así los mejores resultados posibles.

Esta labor para la que nos estamos preparando forma parte de un complejo proceso en el que tenemos que cumplir unos cometidos concretos en un tiempo limitado, por lo que es fundamental que seamos capaces de organizar este laborioso trabajo en el que participa tanta gente.

Por ello, a lo largo del módulo iremos realizando un proyecto de diseño y con ello iremos resolviendo, tema a tema, las dificultades que conlleva.

Este módulo se compone de nueve temas, en los que abarcaremos desde cómo debemos enfrentarnos a un trabajo de caracterización hasta cómo han ido variando la imagen personal y los cánones de belleza a través de los siglos.

Índice de temas

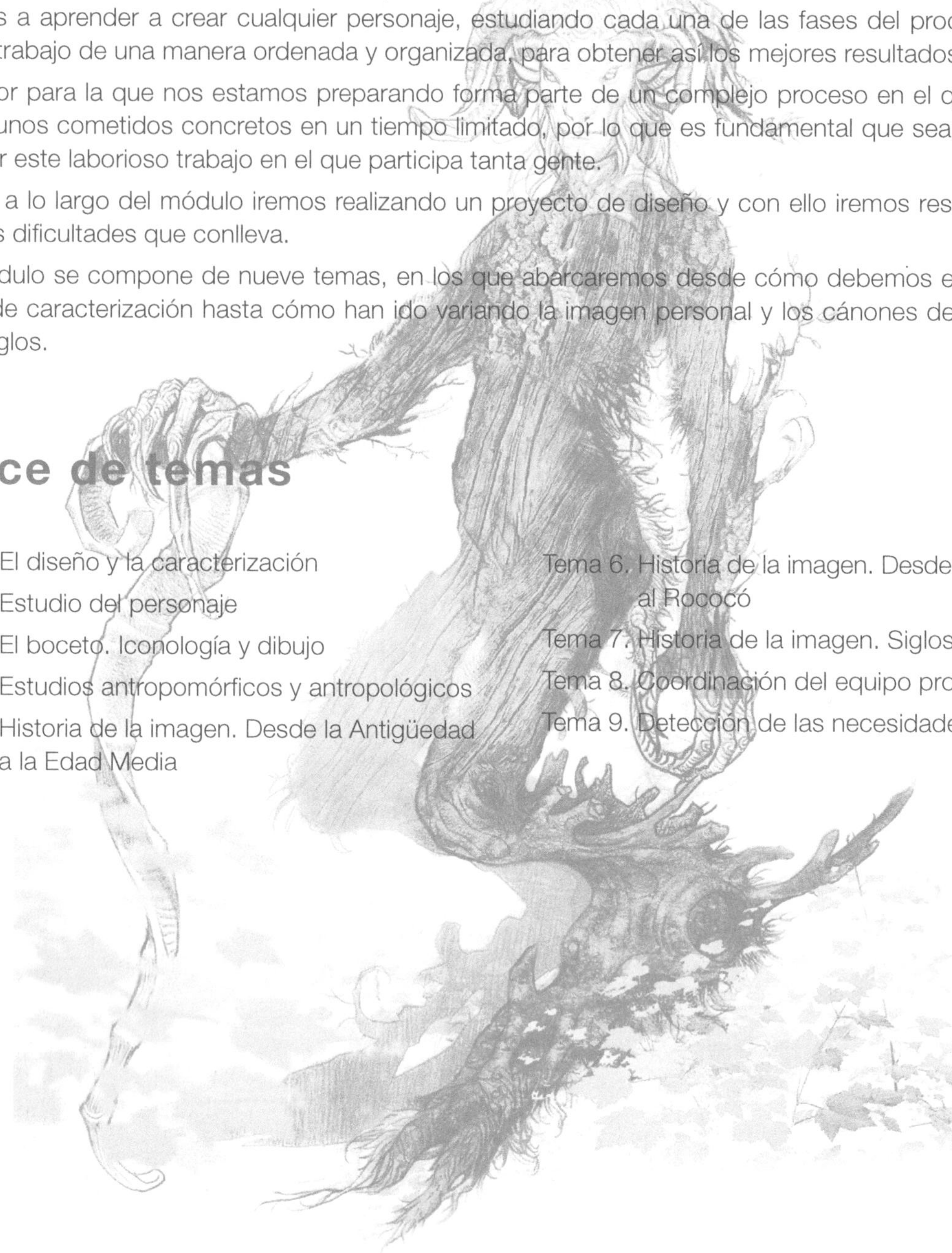

Objetivos generales

- Aprender las fases de las que consta un proceso de caracterización.
- Analizar cada uno de los subprocesos en los que se divide el proceso global de la caracterización.
- Conocer las funciones que desarrolla un caracterizador.
- Analizar las características de los personajes y de su entorno relacionándolas con las diversas fisonomías de las personas, para realizar el boceto o diseño del personaje y para determinar las características físicas deseables en el sujeto que se ha de caracterizar.
- Asociar cada época histórica con los cánones de belleza y de moda en el peinado, el maquillaje y la indumentaria.
- Aprender a usar las fuentes documentales que permiten obtener datos sobre el personaje.
- Obtener destreza y soltura a la hora de dibujar, para después realizar dibujos o bocetos de personajes con metamorfosis de los mismos.
- Analizar los procesos de caracterización para determinar las operaciones técnicas y los requerimientos humanos y materiales necesarios para definir y organizar la prestación del servicio de caracterización.
- Concienciar a los alumnos de la importancia de una formación permanente para conseguir ser unos buenos profesionales.
- Trabajar la coordinación y motivación de equipo.
- Identificar los recursos humanos y materiales que son necesarios para realizar la caracterización, así como los tiempos requeridos para cada uno de los subprocesos.
- Aprender a recoger información sobre las demandas del cliente mediante la utilización de entrevistas y fichas técnicas.
- Aprender a elaborar documentación técnica.

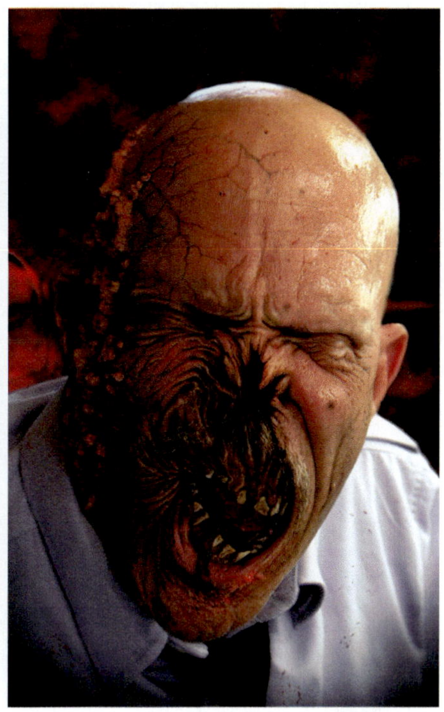

EL DISEÑO Y LA CARACTERIZACIÓN

Índice de contenidos

Qué vas a aprender...

- En este tema vamos a estudiar qué es el diseño de un trabajo de caracterización y las fases que se deben seguir en todo el proceso, para que el caracterizador sepa cuál es el trabajo que tiene que realizar y pueda llevarlo a cabo sin dudas.

Para qué te va a servir...

- Para definir las funciones de un caracterizador dentro del proceso. También aprenderemos a colaborar con el actor, acercándolo al personaje mediante técnicas y herramientas.

Qué vas a necesitar...

- Para realizar la parte práctica del tema se necesitan fuentes de documentación, por lo que es conveniente contar con una bibliografía y filmografía extensas y un acceso a internet.

1. OBJETIVOS DEL DISEÑO

Es difícil marcar la línea que separa las funciones del diseñador y las del caracterizador, pues dependiendo fundamentalmente del presupuesto del proyecto, pueden ser una misma persona o varias, las encargadas del diseño y de la caracterización del personaje.

El objetivo principal del diseño es crear la imagen de personajes reales o ficticios, basándose en las cualidades que deben percibirse de ellos. Investigando en la vida y personalidad del personaje se le dotará así de unos códigos de imagen externa que mostrarán y harán que esas cualidades sean percibidas por los espectadores. Si se consigue que el público aprecie esas cualidades a simple vista, el actor solo tendrá que hacer su papel sin tener la necesidad de sobreactuar para poder transmitir lo que se pretende.

Boceto de la caracterización de un personaje, en este caso, un pirata.

Para ello es fundamental que, por un lado, quede plasmado, sobre papel u otro medio, y de la manera más concreta posible, el resultado final que se pretende obtener con la caracterización y, por otro, cómo se va a llegar a ese resultado. Tanto si el caracterizador es también diseñador como si no lo es, tendrá que conseguir, junto con su equipo, o en solitario, llevar ese diseño a la realidad. En algunos casos, incluso deberá ser capaz de enseñar a los actores a realizar su propio automaquillaje. Por tanto, es fundamental conocer a fondo las técnicas y las fases del diseño.

Es muy importante tener siempre presente que es responsabilidad del diseñador marcar cada paso y no dejar nada al azar, es decir, el diseñador debe especificar en su diseño todos los detalles concernientes al personaje. Por ejemplo, en el figurín del vestuario no solo debe mostrar el tipo de prendas que quiere, sino qué tejidos se pueden utilizar, qué colorido, qué se quiere provocar con el vestuario. Dependiendo del personaje, el diseño será más o menos complejo y completo.

2. FASES DEL PROCESO DEL DISEÑO Y LA CARACTERIZACIÓN

En cualquier proceso de caracterización, es preciso seguir unas fases para que el resultado final sea lo más real posible, ya que de lo que se trata es de convertir una persona en un personaje totalmente distinto.

2.1. Análisis del guión

Se trata de observar las necesidades del director, del guionista e incluso del personaje en sí. Para ello habrá que mantener varias reuniones para situar al personaje en un contexto escénico y comprender hasta el mínimo detalle lo que se busca y se necesita. Es la primera toma de contacto tanto con la historia como con el personaje. Servirá para conocer los factores ambientales, la iluminación y todo lo que atañe al físico del personaje. También revelará el papel que desempeña el personaje que se va a caracterizar dentro de la película, obra de teatro o espectáculo, es decir, si es protagonista, antagonista, colectivo, secundario, etc.

A veces, el caracterizador puede participar en la selección de los actores que más se adecuan a los personajes, aunque no es lo más habitual.

2.2. Estudio del personaje

Es fundamental conocer todo acerca del personaje y su contexto: biografía, edad, etnia, físico, salud, desfiguraciones, personalidad, entorno, época en la que vive o vivió, momento personal en el que se encuentra o encontraba, moda de esa época, lugar donde vive o vivía... Para realizar este estudio es importante tener buenas fuentes de información: documentación histórica (libros, revistas, catálogos de museos), cine y televisión de la época, fotografías, etc. Esta fase es, quizás, la más larga, compleja e importante del proceso de diseño, e imprescindible para conseguir buenos resultados.

2.3. Realización del boceto del personaje

Con los datos obtenidos en la fase anterior, se elabora un boceto, es decir, un dibujo que reúna y exprese toda la información del personaje. Para ello, también es importante conocer la anatomía, la morfología y las proporciones del cuerpo y rostro humanos, así como sus diferentes expresiones, y tener unas nociones básicas del dibujo de la figura humana.

El boceto describirá de la manera más minuciosa posible al personaje, tratando de expresar toda la información sobre su aspecto físico.

2.4. Estudio del actor y del material necesario para realizar la caracterización

Antes de empezar a trabajar, es importante que el caracterizador se reúna con el director artístico y el técnico de iluminación para conocer el entorno en el que se desarrolla la acción y las luces que se van a utilizar. Después se realizará una primera toma de contacto con el actor para conocer las posibles adaptaciones y prótesis necesarias. Y, por último, se estudiarán todos los materiales y útiles necesarios tanto de maquillaje y posticería como de indumentaria, siempre en condiciones higiénico-sanitarias.

2.5. Estudio del presupuesto inicial

Una vez hecho el estudio anterior, habrá que reunirse con los directores y productores para saber con qué presupuesto se parte e informar de los materiales necesarios. Es posible que, a continuación, haya que reunirse de nuevo con el director artístico para coordinar y adaptar las posibles modificaciones en función del presupuesto.

2.6. Caracterización

Es interesante seguir un orden a la hora de caracterizar y tener en cuenta que no solo es importante que luzca bien, sino que la persona se sienta relajada y cómoda. Para ello, se puede dividir el proceso de caracterización en subprocesos y, a partir de la realización del diseño, el orden que se debe seguir sería el siguiente:

1.º Toma de medidas del actor para las prótesis, postizos o pelucas y el vestuario.

2.º Fabricación de prótesis, seleccionando los materiales adecuados para realizarlas y prestando especial atención a su conservación.

3.º Peluquería y posticería. La labor del caracterizador será la identificación del peinado que se quiere realizar, la selección de materias primas, la preparación y correcta adaptación de postizos, la transformación del color y la correcta fijación e higiene del cabello y la coordinación de los distintos recursos.

4.º Maquillaje. Esta fase tiene como objetivo la transformación física del actor en el personaje. Mediante la utilización de las técnicas de maquillaje, se colocan mediante una correcta fijación las prótesis y los postizos necesarios, garantizando un resultado real y creíble.

5.º Vestuario. En este punto se vestirá al actor con la vestimenta previamente elegida para el contexto de la obra.

- En el caso de pelucas, en muchas ocasiones y por lo laboriosas que son, deberá buscarse al proveedor adecuado y encargarle la fabricación.

- En todos los pasos deben mantenerse las debidas condiciones de higiene y seguridad.
- El orden de estos subprocesos podrá variarse según las necesidades del personaje.
- Muchas veces, las fases de diseño y caracterización se entremezclan, puesto que pueden surgir modificaciones sobre la marcha. Es conveniente realizar el proceso sobre el actor, fotografiando paso a paso toda la ejecución práctica.

PROCESO DE CARACTERIZACIÓN

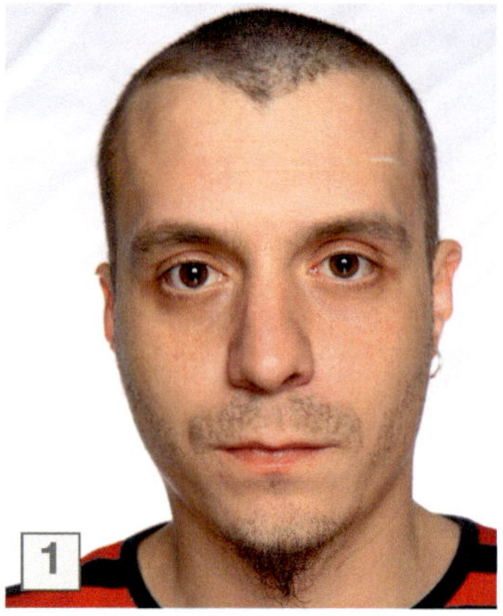

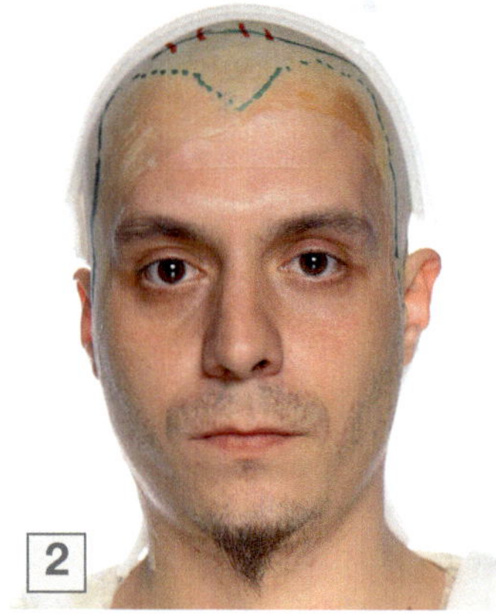

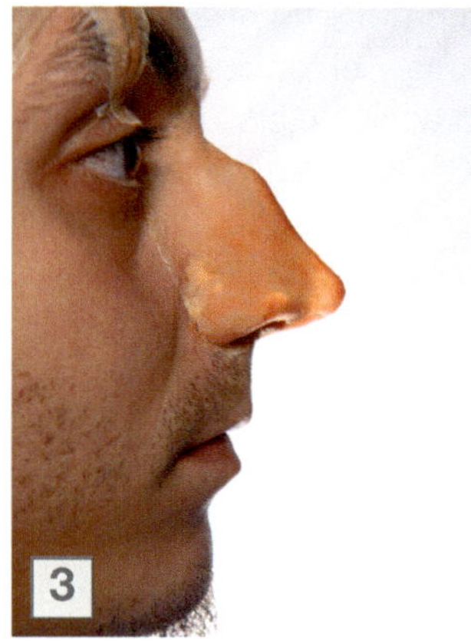

1. Modelo.

2 y 3. Colocación de prótesis: calota y nariz.

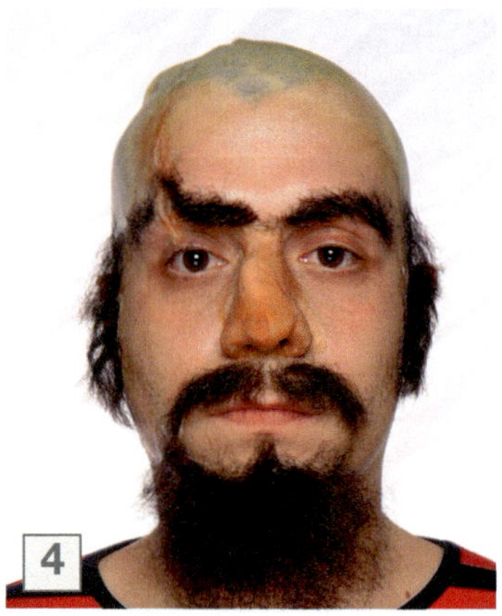

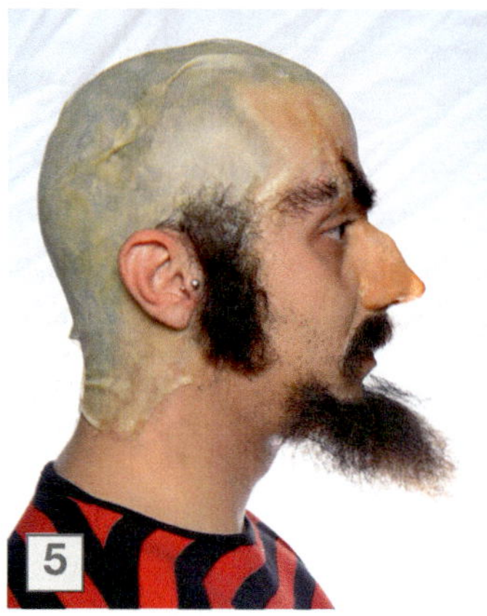

4 y 5. Colocación de postizos: cejas, patillas, bigote y barba.

6 y 7. Maquillaje.

8. Vestuario.

2.7. Evaluación final del trabajo realizado

Es la última fase del proceso de diseño y caracterización en la que se comprueba si el personaje transmite la cualidad que se buscaba.

En producciones cinematográficas o en televisión se realizan pruebas de cámara con los actores caracterizados y se solucionan los posibles problemas que puedan surgir: las prótesis no dan bien en cámara, las luces hacen perder el efecto del maquillaje, el peinado y el vestuario no encajan, etc.

En el teatro, la danza, la ópera... se realizan pruebas de puesta en escena incluyendo también vestuario y luces.

2.8. Retoques

Cuando se haya terminado, hay que comprobar que no se hayan producido anacronismos. Es conveniente también que el caracterizador esté presente durante el tiempo de la actuación, pues de vez en cuando hay que realizar retoques en el peinado y el maquillaje para que se mantenga igual que al principio.

El trabajo del caracterizador no concluye en la sala de maquillaje. La caracterización de los personajes exige que este profesional esté presente durante el rodaje o la actuación para realizar los oportunos retoques.

3. FUNCIONES DEL CARACTERIZADOR

Las funciones de un caracterizador son relativas puesto que dependen de muchas variantes, básicamente económicas. No obstante, se puede tener como referencia las siguientes:

- Estudiar a actores y personajes, teniendo como objetivo la búsqueda de modificaciones para adaptar la fisonomía del intérprete a la del personaje.
- Elaborar los bocetos, reseñando todos los factores y detalles que ayuden a su comprensión.
- Decidir posibles ajustes con los miembros del equipo, y coordinarse con el resto de equipos artísticos que puedan tener relación directa con el trabajo.
- Realizar la caracterización con todos los subprocesos que conlleva.
- Asesorar a los actores, en los casos que así lo requieran, sobre cómo realizar su autocaracterización.

El equipo de caracterizadores de la película *El laberinto del fauno* atiende a un actor en el *set* de rodaje.

Además es importante reseñar que, dependiendo del medio audiovisual, el trabajo del caracterizador varía, por lo que debe tener en cuenta algunos de los siguientes detalles:

- **En cine y televisión.** El rodaje de una película o la grabación de un programa o una serie de televisión exigirá la máxima eficacia del trabajo del caracterizador, ya que hay que solucionar problemas sobre la marcha, con cuidado de no molestar y optimizando al máximo el tiempo. En estos casos, generalmente, el caracterizador se ceñirá al criterio del director. Algunas veces, se le pedirá realizar retoques entre toma y toma. Por otra parte, en ciertas ocasiones, algunos personajes precisarán mayor atención, y dependiendo del rango de los actores su trabajo también puede requerir mayor dedicación.
- **En espectáculos en directo.** Antes de comenzar, conviene centrarse en ciertos ajustes para no tener ningún problema en el momento de la puesta en escena. Se tendrán en cuenta factores como iluminación, temperatura ambiente, tiempo de exposición, vestuario y distancia al público. En un teatro, se observarán los ensayos desde la parte central del patio de butacas para tratar de asegurar un buen funcionamiento posterior del trabajo, ya que durante las representaciones será complicado intervenir por las limitaciones lógicas del directo.

Es frecuente que los espectáculos en vivo que realizan muchas representaciones o incluso giras de larga duración, y sobre todo cuando el número de intérpretes es grande (musicales, óperas o circos, por ejemplo), no cuenten con un caracterizador en plantilla que se encargue de sus transformaciones a diario, no solo por falta de presupuesto, sino más bien de tiempo. Por eso es tan común que, en estos casos, los artistas realicen su propia autocaracterización. Entonces, la labor del caracterizador pasará por enseñarles la manera de llevar a cabo el proceso a partir del diseño marcado y de los elementos técnicos que se hayan creado para conseguir las adaptaciones a los personajes.

Diagrama del maquillaje del personaje de la Viuda Twankey en la obra de teatro *Alladin*.

El actor Ian McKellen autocaracterizándose como la Viuda Twankey en su camerino del teatro The Old Vic de Londres.

PARA RECORDAR

- El objetivo principal del diseño es crear la imagen de personajes reales o ficticios basándose en las cualidades que deben percibirse de ellos.
- Es fundamental que quede plasmado, sobre papel u otro medio y de la manera más concreta posible, el resultado final que se pretende obtener con la caracterización y cómo se va a llegar a ese resultado.
- Las fases del proceso de caracterización son: análisis del guión, estudio y contextualización del personaje, realización del boceto, estudio del actor y de los materiales necesarios, estudio del presupuesto inicial, caracterización, evaluación del proceso y retoques.
- Se puede dividir el proceso de caracterización en varios subprocesos: diseño del personaje, toma de medidas, fabricación de prótesis, peluquería y posticería, maquillaje y vestuario.
- Es conveniente realizar pruebas de cámara si se trata de cine o televisión, y de puesta en escena con luces y vestuario si se trata de teatro.
- En espectáculos en directo hay que tener en cuenta los siguientes factores: iluminación, temperatura, tiempo de exposición, vestuario y distancia al público.
- En los casos que lo requieran habrá que asesorar a los actores sobre cómo realizar su autocaracterización.
- Las funciones de un caracterizador son relativas y están muy condicionadas por el presupuesto de la producción.

Actividades

Repasa

1. Indica si las siguientes afirmaciones son verdaderas o falsas:
   - El análisis del guión permite una aproximación a los presupuestos.
   - En la fase de contextualización hay que buscar la mayor cantidad de documentación posible.
   - Dependiendo de la magnitud de la producción, se puede participar en la toma de decisiones sobre la selección de actores.
   - Dependiendo del tipo de producción, contaremos con equipos de maquillaje y peluquería.
2. Explica la función del caracterizador en cine y televisión.
3. ¿Qué factores hay que tener en cuenta a la hora de intervenir en un espectáculo en directo?
4. ¿A qué nos referimos cuando hablamos del boceto?
5. ¿Qué funciones puede asumir un caracterizador? Justifícalo.

Proyecto

1. Como ya comentamos en la introducción del módulo, a lo largo de ella realizaremos un proyecto completo de diseño de un personaje y organización del trabajo de caracterización. Para ello, vamos a elegir un personaje que cumpla varios requisitos: que lleve alguna prótesis, que necesite trabajo de maquillaje, que sea necesaria la transformación de su cabello y lleve algún tipo de postizo. Utilizando todos los recursos que estén a tu alcance: biblioteca, filmoteca, internet, museos, etc., recopila toda la información relativa al personaje y con ella:
   - Elabora un documento en el que cuentes su historia y el contexto en el que se desarrolla (cuándo, dónde y cómo es la imagen de los habitantes que rodean al personaje).
   - Elabora un dossier de imágenes relativas al personaje y a su entorno.

Índice de contenidos

Qué vas a aprender...

- Los diferentes aspectos que marcan la apariencia de los personajes.
- Los tipos de personajes que se pueden encontrar en el trabajo de un caracterizador.
- Las diferentes fuentes de información donde puede documentarse un caracterizador.

Para qué te va a servir...

- Saber situar a un personaje ayudará a entender y a realizar mejor la tarea y, por lo tanto, resultará mucho más profesional y creíble para el espectador.
- Saber documentarse es esencial para obtener un buen resultado final.

Qué vas a necesitar...

- Cualquier fuente de documentación puede ser de gran utilidad. Desde hace algún tiempo se puede contar con internet como herramienta fundamental; no obstante, el cine y las bibliotecas también son recursos imprescindibles.

1. ASPECTOS FUNDAMENTALES DEL PERSONAJE

El personaje es un elemento clave dentro del lenguaje de la interpretación, ya que a través de este el autor cuenta una historia. Pues bien, el trabajo de un caracterizador ayudará al actor a sentirse cerca del personaje, a potenciar su interpretación y a meterse en la piel del personaje que está interpretando. Lo que a su vez es fundamental para introducir al público en la historia que se está contando.

Existen varios factores que van a marcar las características del personaje y cuyo conocimiento es esencial conocer antes de realizar su caracterización, pues no solo cuenta el aspecto físico sino que un personaje está formado por otros aspectos que van a dar lugar a la realidad del mismo. Por tanto, a la hora de estudiar un personaje, hay que adentrarse, además de en el aspecto físico, en el social, en el psicológico y en el teatral.

1.1. El aspecto físico

Se refiere a las características físicas que definen al personaje como la especie, la raza, el sexo, la estatura, la constitución o algún rasgo distintivo.

EL ACTOR Y EL PERSONAJE

Muchos actores deben adaptar su cuerpo al personaje. Así, el actor Robert de Niro engordó más de 20 kilos para la interpretación del papel del campeón caído en desgracia en la película *Toro Salvaje* y Tom Hanks, en *Philadelphia*, perdió hasta 15 kilos. Claro que, en otros casos, esas transformaciones se llevan a cabo por medio de la caracterización, como el mismo Robert de Niro en *Los intocables*, quien, en esta ocasión, al no tener tiempo suficiente para aumentar de peso tuvo que llevar relleno para conseguir el efecto deseado: parecerse a Al Capone; o Penélope Cruz, que para el papel de Raimunda, en *Volver* aumentó el volumen de su trasero mediante una prótesis.

Escena de la película *Los intocables* (Brian de Palma, 1987), en la que Robert de Niro dio vida al «intocable» gángster Al Capone.

1.2. El aspecto social

Da información acerca de su lugar de procedencia, de la clase social a la que pertenece, situación familiar, ideales político-religiosos, profesión, costumbres y aficiones. Es decir, todos aquellos condicionantes de carácter social que pueden decirnos algo del personaje y su forma de vida. Por ejemplo, Robert de Niro y Gerard Depardieu en *Novecento* son personajes que conviven en una misma época pero están muy condicionados por la situación social a la que pertenece cada uno. De hecho, gran parte del argumento de la película se centra en esta diferencia para individualizar una parte de la historia de su tiempo.

F. Murray Abraham interpreta en *Amadeus* (Milos Forman, 1984) al músico Salieri.

1.3. El aspecto psicológico

Este aspecto nos informa acerca del carácter del personaje y, por lo tanto, puede aclarar ciertos rasgos propios de su comportamiento, personalidad e, incluso, matices que transmitirá a través del aspecto físico. Por ejemplo, en la película *Amadeus* se efectuó un retrato de personajes espectacular, en el que destaca la interpretación de F. Murray Abraham en el papel de un Salieri consumido por los celos artísticos.

1.4. El aspecto teatral

Se centra en contextualizar los aspectos citados anteriormente dentro de la obra. Es decir, describe el papel que ocupa el personaje dentro de la historia, la relevancia que tiene en cada momento, así como su relación con los demás personajes.

2. TIPOS DE PERSONAJES

Dentro de una obra, ya sea de cine, televisión o teatro, los personajes se pueden clasificar según su importancia o según el tipo de papel que interpreten.

Según su importancia en la obra, los principales son:

- Protagonista. Es el personaje que lleva el peso de la obra, persigue objetivos y es fundamental para dar sentido a la historia.
- Antagonista. Este personaje también cumple con un papel fundamental, ya que cuenta la historia del protagonista por oposición. Se pueden encontrar muchos tipos de antagonistas dependiendo del género al que pertenezca la historia.
- Personajes secundarios. Son personajes que cumplen un papel clave en algún punto de la historia; su intervención es necesaria para comprender el conjunto, no obstante, pueden aparecer varios personajes secundarios con el mismo grado de importancia.
- Figurantes. Son personajes que aparecen como parte de la ambientación de la historia. Algunos de ellos tienen frases, aunque su aparición no es crucial para comprender la trama.

Batman y Joker son los personajes protagonista y antagonista, respectivamente, en la película *Batman* (Tim Burton, 1989).

Figurantes en una escena de la película *La maldición de la flor dorada* (Zhang Yimou, 2006).

Según el tipo de papel que interpreten los personajes, pueden ser: históricos, populares, fantásticos o irreales y reales.

- Personajes históricos. Suelen pertenecer a la memoria colectiva y el público tiene mucha información visual sobre los mismos, por lo tanto, suelen estar estereotipados. Cualquier espectador ha de saber identificarlos. Para caracterizar a este tipo de personajes se debe estudiar su contexto social y buscar todos los datos que informen acerca de su indumentaria, peinado y aspecto general.
- Populares. Los personajes populares son aquellos que aparecen en fábulas o cuentos como, por ejemplo, las brujas, los piratas o las princesas. Estos personajes también deben ser fácilmente identificables. No obstante, es estos casos se puede jugar con muchos más matices, y así, amoldar nuestro trabajo a la línea marcada por el director.
- Fantásticos. Son personajes irreales, pertenecen al campo de la ciencia ficción o del cine de terror. Pueden ser mitológicos, por lo que habrá que remontarse a referentes anteriores, o simplemente surgir de la imaginación del guionista. En estos casos hay que definir el personaje a partir de ciertas pautas junto a otros miembros del equipo técnico.
- Reales. Su perfil es actual, y se definen por el contexto de historia a la que pertenecen. Para trabajar con cierto orden, se debe prestar especial atención a ciertas premisas sobre su condición; para ello es conveniente tener información acerca de sus características antropológicas y antropomórficas.

Kirsten Dunst interpreta a la reina María Antonieta en la película de igual título (Sofía Coppola, 2007).

- Las características antropológicas son aquellas que vienen marcadas por la raza y el lugar geográfico de procedencia.
- Las características antropomórficas se refieren a los rasgos físicos que definen a una persona según su sexo, edad y constitución.

El diseño del personaje del Fauno se perfiló en una entrevista entre el director y el maquillador. El equipo de maquillaje se documentó con visitas al zoo para ver cabras y muflones y la consulta de los trabajos de ilustradores y dibujantes como Arthur Rackham y Felicien Rops.

Los personajes de las profesoras Sheba y Bárbara, en la película *Diario de un escándalo* (Richard Eyre, 2007), están interpretados por Cate Blanchett y Judi Dench.

FALLOS POR FALTA DE DOCUMENTACIÓN

En la película *Memorias de una geisha* se pueden encontrar algunos fallos: los peinados que lucen en la película son modernos y actuales en lugar de ser peinados tradicionales y los japoneses no se besan en público y no se expresan como los americanos, ni hacen gestos, se limitan a hablar sin gesticular. Las geishas de la película a veces no se maquillan ni se arreglan cuando trabajan, simplemente van con sus peinados modernos y un sencillo kimono, cuando eso no es correcto. Y además, la actriz que la interpreta, Ziyi Zhang, ¡es china! De hecho, de todo el reparto, solo dos actores son japoneses.

Zhang Ziyi y Ken Watanabe como Chiyo/Sayuri y el Presidente en *Memorias de una geisha* (Rob Marshall, 2005).

3. FUENTES DE INFORMACIÓN

Para realizar una buena documentación acerca de un personaje es esencial conocer las diferentes fuentes de información con las que el caracterizador cuenta.

Las fuentes de información se clasifican en:

- Documentación escrita. Este apartado es inmenso e incluye las publicaciones. En él se pueden encontrar dos tipos fundamentales: las monografías (libros de texto, obras literarias, etc.), las obras de consulta (enciclopedias, manuales, diccionarios…) y las publicaciones periódicas (periódicos y revistas). Es importante que el equipo de diseño vaya elaborando su propia biblioteca con los más diversos temas, desde historia hasta ciencia ficción.
- Documentación audiovisual. Esta fuente provee de datos a través de las imágenes fotográficas y audiovisuales (películas, DVD y vídeos). En este caso, ocurre lo mismo que con la documentación escrita, es interesante tener a mano una buena videoteca.
- Documentación virtual. Gracias a internet, hoy en día, en la red se puede encontrar información sobre cualquier tema.
- Documentación complementaria. En este apartado se incluye la información obtenida a través de viajes a otros países, regiones o pueblos; visitas a museos (el arte es una fuente inagotable y bastante fiable) y entrevistas a personas que hayan vivido en un momento determinado de la historia o hayan pasado por situaciones similares a las del personaje que se está investigando.

4. CÓMO DOCUMENTARSE

Todo buen diseñador sabe que, para que un boceto sea bueno, no solo debe haber un buen equipo técnico, sino también personajes interesantes, un desarrollo correcto del trabajo y multitud de pequeños detalles más. Se necesita crear un ambiente especial que el público perciba como reconocible o creíble.

Para lograr esto es de gran ayuda saber de qué se está hablando. Pero como es imposible conocer a fondo todos los acontecimientos, épocas o actividades sobre los que se quiere trabajar, surge la necesidad de documentarse.

La verosimilitud del personaje se consigue realizando previamente un trabajo completo de documentación que abarque todos los detalles posibles. Buen ejemplo de ello es este Hombre Pálido de la película *El laberinto del fauno.*

El diseño de personajes del género fantástico requiere una minuciosa y rigurosa documentación para que estos personajes transmitan al espectador que su existencia es veraz y auténtica.

• En el caso de los personajes de fantasía, poca información de mundos medievales fantásticos se puede tener sin haber leído obras del género o cualquier otra fuente en la que inspirarse. Este es un tipo de documentación que se podría calificar de casi inconsciente, ya que bebe de las fuentes de la propia memoria, recordando personajes, lugares o acontecimientos relatados por maestros del género, como puedan ser Tolkien o Julio Verne.

La documentación es una labor que todo diseñador debe realizar en mayor o menor medida. El trabajo de documentación es muy laborioso. Nunca se acaba de saberlo todo, pero lo importante es que se sepa lo suficiente para que lo que se diseñe sea verosímil. Un buen trabajo lo es más si los pequeños detalles están cuidados al máximo (cabello, maquillaje, forma de la barba, tatuajes, ornamentos, rasgos faciales, vestimenta). La documentación puede abarcar toda una vida, mucho más que la propia caracterización. Visto así queda claro el motivo por el que algunos diseñadores y caracterizadores son reconocidos como expertos en un género en concreto: sus carreras profesionales les han hecho eruditos en un área.

Algunos pueden llegar a pensar que hay géneros en los que esto no tiene apenas importancia, como en la ciencia ficción o la fantasía, pero nada más lejos de la realidad. Si bien es cierto que en estos la imaginación del diseñador tiene mucho peso, no hay que olvidar que esta no viene de una etérea inspiración, sino a partir de hechos, lecturas o ideas que uno tuviera.

• Nunca se debe olvidar que los espectadores pertenecen a un espectro muy amplio y tan solo si uno de ellos considera que algún detalle de una caracterización es falso, o falto de documentación, será suficiente para que deje de mirar o incluso transmita su apreciación a otros. Esto es algo grave, ya que la opinión de los espectadores, más o menos fundamentada, es una valoración subjetiva. Sin embargo, el hecho de que en un diseño haya una información errónea o falsa, que se pretenda vender como verídica, es un dato objetivo de mala documentación por parte del técnico.

MUNDOS FANTÁSTICOS

Un ejemplo de buena caracterización en la que los detalles se cuidaron al máximo es la película *Las crónicas de Narnia*, por la que Howard Berger y Tami Lane obtuvieron en 2006 el Oscar al Mejor maquillaje. Estos maquilladores también recibieron el mismo año el premio BAFTA en la misma categoría.

Tilda Swinton es la Bruja Blanca en *Las crónicas de Narnia* (Andrew Adamson, 2005).

Salma Hayek y Alfred Molina transformados en Frida Kahlo y Diego Rivera en la película *Frida* (Julie Taymor, 2002) gracias al destacado trabajo realizado por John E. Jackson y Beatrice de Alba y que fue merecedor del Oscar en ese año.

En algunas ocasiones se puede caer en el error de considerar la documentación como algo inherente al estudio de acontecimientos del pasado que se deseen reflejar en el personaje. Pero lo cierto es que va mucho más allá de eso, es la búsqueda de información la que ayuda a hacer verosímil un personaje.

La mejor manera de transmitir al espectador una sensación es haberla vivido uno mismo, aunque evidentemente dentro de unos límites. Esto no quiere decir que si se quiere diseñar un personaje ambientado en la guerra de Vietnam haya que cruzar medio mundo para visitar alguna selva vestido de soldado. Siempre se puede optar por usar un método más clásico como hablar con algún veterano para que cuente su historia. Empaparse de un lugar, andar por él, imaginarse qué pudo haber ocurrido allí, es mucho mejor que intentar intuirlo sentado cómodamente en el sillón de casa. En un personaje histórico esto es más crítico, al menos si se pretende crear un diseño con toques verídicos. Si se tiene que crear un personaje ambientado en una época en concreto se deben conocer las costumbres de ese período temporal, la tecnología que tenían y los detalles de la vida cotidiana. Veamos el ejemplo: imaginemos que diseñamos un soldado romano con cimitarra, en el año 185 a. C., a las afueras de la ciudad de Roma. El fallo evidente de este diseño es la cimitarra. Esta arma, originariamente de los pueblos habitantes del norte de África, es poco probable que se encontrara en manos de un soldado romano, cuyo armamento básico solía constar de una espada corta o una lanza. Es bien cierto que por circunstancias de la trama el soldado podía haber prestado servicios en las campañas en Egipto, pero aún así es poco probable que usara el arma de forma habitual. Está claro que este ejemplo es una exageración, pero hay que pensar que los detalles son la diferencia entre algo bueno y algo genial.

La búsqueda de información es un proceso más de la creación de un gran diseño. Pero cada diseñador tiene su forma de hacer las cosas, algunos se documentan extensamente antes de empezar a diseñar un personaje sencillo, otros realizan bocetos y luego se documentan. No importa el orden, lo primordial es tener claro qué es lo que se desea conseguir. El rigor histórico no tiene tampoco que ser excesivo, es suficiente que el espectador tenga la sensación que el caracterizador sabe lo que hace.

5. FICHA DEL PERSONAJE

La ficha es un elemento fundamental en el diseño de personajes pues en ella se recogen de manera resumida y concreta, por un lado, las características del personaje que se va a caracterizar, y por otro, las características del modelo.

A la hora de elaborar la ficha, es imprescindible incluir todos los datos, seguir siempre el mismo orden para no olvidar nada, y tener en cuenta que cada diseñador debe plantear su propio modelo de ficha.

5.1. Datos y elaboración

Los datos que se deben recoger variarán dependiendo de la ficha que se realice, aunque es conveniente que ambas fichas estén juntas.

Ficha del modelo

En este caso, se tomarán los siguientes datos:

- Personajes (protagonista y secundario): nombre y apellidos.
- Edad.
- Altura.
- Peso.
- Calzado.
- Tipo y proporciones del óvalo.
- Tipo y color de ojos y cejas.
- Tipo y color de tez.
- Tipo de boca y nariz.
- Tipo y color de pelo.
- Tipo de figura.
- Observaciones y comentarios.

TABLA DE LAS CORRECCIONES QUE SE DEBEN REALIZAR EN EL ACTOR						
	Aumentar	Disminuir	Subir	Bajar	Angular	Redondear
Ojos						
Cejas						
Nariz						
Boca						
Frente-cejas						
Cejas-nariz						
Nariz-barbilla						
Distancia ojos						
Distancia cejas						
Orejas						

Conseguir una fiel caracterización de Marion Cotillard como la cantante Edith Piaf en *La vie en rose* (Olivier Dahan, 2007) exigió que a la actriz se le depilase la línea de la frente y las cejas, las cuales fueron posteriormente dibujadas para conseguir un parecido más auténtico.

Ficha del personaje

Los datos que deben quedar registrados son: datos generales de la acción y sobre el personaje, datos físicos, psíquicos y del aspecto externo del personaje, boceto y observaciones, material necesario y otros datos (ver modelo en página siguiente).

5.2. Mantenimiento de la ficha

Una ficha no es definitiva, sino que su contenido es algo que hay que actualizar y mantener, sobre todo en caso de tener que caracterizar un personaje que evolucione a lo largo de la representación teatral o la película. Por ejemplo, si la película trata de la vida de un personaje desde su juventud hasta su muerte, el tipo de caracterización es totalmente diferente en cada estadio de su vida y lo mismo pasa con los datos recogidos en la ficha del personaje, no así en la ficha del modelo.

Por este motivo, es importante mantener actualizada la ficha del personaje para que el caracterizador no se equivoque a la hora de trabajar.

5.3. Archivo de la ficha

Un profesional del diseño y la caracterización debe archivar los trabajos realizados a lo largo de su carrera, pues en caso de necesidad, se podrán consultar. Para archivar las fichas se seguirá un método de clasificación que facilite la consulta, por ejemplo, por orden alfabético de los nombres de los personajes, por épocas, por tipos de personajes... El método de clasificación será personal y es importante mantenerlo al día.

Barbossa es un pirata que el actor Geoffrey Rush interpreta en la saga *Piratas del Caribe*.

FICHA DEL PERSONAJE	
Acción	• Época histórica (mes, año, estación) • País • Horas del día en que se desarrolla la acción • Clima • Situación socio-cultural de la obra, escena o país
Generales	• Tipo de personaje: real-ficticio-humano-animal-otro • Rol e importancia del personaje en la película • Nombre y apellidos • Etnia, edad, sexo y estado civil • Religión u otras creencias • Nivel social y económico • Profesión/dedicación
Físicos	• Rasgos generales físicos de la cara: óvalo, ojos, cejas, nariz, labios, piel • Rasgos generales físicos del cuerpo: altura, estructura corporal, peso • Rasgos físicos a destacar • Dolencias, enfermedades, tics, manías y secuelas físicas o psíquicas • Capacidades disminuidas • Capacidades extraordinarias • Uso de prótesis
Aspecto externo	• Peinado • Maquillaje • Vestuario en general: trabajo-lúdico-deportivo-tiempo libre • Número y tipo de prendas • Tipos de partes de prendas • Colores y acabados de las prendas • Tejidos y/o estampados de cada una de las prendas • Complementos, amuletos y armas
Psíquicos	• Carácter del personaje • Cualidad principal que se debe destacar • Descripción de la forma de actuar: social-familiar-lúdica
Otros	• Usos sociales • Vive: solo-con familia-otros • Vivienda: casa propia-en alquiler-tamaño-decoración • Cuidados personales y alimentarios
Material	• Maquillaje • Peinado • Prótesis: capilares, faciales, corporales • Otros (lentillas)

PARA RECORDAR

- Los aspectos clave que definen a un personaje son: el aspecto físico, el social, el psicológico y el teatral.
- El aspecto social proporciona información de todos aquellos condicionantes de carácter social que pueden decir algo del personaje y su forma de vida.
- El aspecto físico se refiere a características como la especie, la raza, el sexo, la estatura, la constitución o algún rasgo distintivo.
- El aspecto psicológico informa acerca del carácter del personaje y, por lo tanto, puede aclarar ciertos rasgos propios de su comportamiento.
- El aspecto teatral se centra en contextualizar al personaje dentro de la obra.
- En una obra, ya sea de cine, televisión o teatro, los personajes se pueden clasificar según su importancia dentro de la obra o según el tipo de papel que interpreten. Así hay, por un lado, personajes principales y secundarios, y por otro, personajes históricos, populares, irreales y reales.
- Los personajes históricos al pertenecer a la memoria colectiva suelen estar estereotipados.
- Los personajes populares son aquellos que aparecen en fábulas o cuentos.
- Los personajes irreales pertenecen al campo de la ciencia ficción o del cine de terror.
- Los personajes reales se definen por el contexto de la historia a la que pertenecen. Es conveniente tener información acerca de sus características antropológicas y antropomórficas.
- La documentación es esencial para obtener un buen resultado final.
- La ficha del personaje ayuda a recoger toda la información.

Actividades

Repasa

1. ¿Qué aspectos fundamentales definen a un personaje?
2. Explica la clasificación de los personajes en función de su importancia dentro de la obra. Busca ejemplos de cada caso en películas de géneros diferentes.
3. Basándote en las obras de teatro que conozcas, busca ejemplos de los siguientes personajes: populares, históricos, reales e irreales.
4. ¿Por qué un caracterizador debe dominar la documentación?
5. Explica la importancia del archivo y mantenimiento de la ficha.

Proyecto

1. Siguiendo con el proyecto propuesto al principio de la unidad, realiza un estudio exhaustivo del personaje que elegiste y elabora su ficha. Apóyate en toda la documentación que recogiste en el tema anterior y, si es necesario, amplíala.
2. En función de las características físicas del personaje, elige como modelo entre tus compañeros de clase a aquel que más se asemeje y elabora su ficha.

3 TEMA EL BOCETO. ICONOLOGÍA Y DIBUJO

Índice de contenidos

Qué vas a aprender...

- Para que un caracterizador cumpla fielmente su trabajo, el boceto del diseño debe ser obvio, preciso y completo. Por ello, es muy importante saber plasmar en el papel todas las características del personaje. En este tema aprenderemos técnicas de dibujo y las nociones de iconología necesarias para elaborar un buen boceto.

Para qué te va a servir...

- Para realizar de manera profesional el boceto de un personaje utilizando diferentes técnicas y medios.

Qué vas a necesitar...

- Cualquier fuente de documentación puede ser de gran utilidad, desde la visita a bibliotecas y museos de artes hasta el uso de internet.
- Material para la realización del proyecto: papel vegetal, papel de dibujo, material de dibujo (lápices, rotuladores, goma de borrar...) y ordenadores con programas informáticos de diseño gráfico.

1. EL BOCETO

El boceto es un esbozo sobre papel que debe reunir y expresar toda la información del personaje para que, posteriormente, el caracterizador lo haga realidad. Para su elaboración, es necesario que el caracterizador desarrolle su creatividad e imaginación, conozca la anatomía y las proporciones del cuerpo y rostro humanos, y tenga nociones básicas acerca de iconología y dibujo.

- La iconología siempre está sujeta a la subjetividad propia del individuo o de un grupo social.

Boceto de Nimbly, personaje de la película *La historia interminable 2: El nuevo capítulo*. El dibujo es obra de Patrick Woodruffe.

2. ICONOLOGÍA APLICADA AL DISEÑO

La iconología es un término de origen griego (de *eikon*, imagen, y *logos*, doctrina) que designa la rama de la historia del arte que se ocupa de la descripción y de la interpretación de los temas representados en las obras de arte.

En el diseño de personajes se utiliza para representar virtudes, vicios y otros aspectos morales en la apariencia de un personaje a través del uso del significado que tienen las formas y los colores para la mayoría del público. Por lo tanto, se trabaja con códigos que se van a convertir en mensajes para los espectadores, lo que convierte a la iconología en una herramienta esencial del diseño.

Por este motivo, es importante que un caracterizador conozca el significado que la mayoría del público da a las formas y los colores para, posteriormente, poder utilizarlo en sus diseños. En el caso de un caracterizador europeo o americano, el público occidental, pues, será su habitual ámbito de actuación, aunque no debe olvidar que para otras culturas pueden tener significados totalmente contrarios.

El objetivo del diseño es trasladar los conceptos de iconología a cualquier personaje, figura, actitud, cabello, maquillaje, vestuario, forma corporal... A través de la iconología se pueden transmitir todas las cualidades del personaje, no solo su imagen externa, sino también su sonido, su supuesto olor e incluso sabor, por ejemplo, su aspecto puede dar la sensación de que su olor es agradable o nauseabundo.

El diseño del personaje Davy Jones, capitán de *El Holandés Errante*, en la película *Piratas del Caribe: El cofre del hombre muerto,* transmite perfectamente las cualidades del personaje.

Una composición dominada por las líneas horizontales denota estabilidad. Cuando dominan las verticales, la sensación es de sobriedad. Las líneas quebradas crean sensación de inquietud.

En general, las cosas están formadas por la mezcla de diferentes líneas y colores produciendo efectos distintos. Así una composición dominada por líneas rectas verticales transmitirá ligereza e inestabilidad, pero dependerá de si, a su vez, está dotada de una base que transmita más pesadez y, desde luego, estabilidad (tentempié).

Cada tipo de línea y color lleva asociados unos simbolismos expresivos que son muy útiles a la hora de realizar el boceto. A continuación, en las dos tablas siguientes se muestran, por un lado, los simbolismos y los tipos de personalidad más característicos asociados a las líneas, y por otro, a los colores.

EL COLOR Y EL CONTEXTO

Es importante recordar que todo lo visto hasta ahora sobre iconología aplicada debe ser considerado en el contexto. Por ejemplo, pese a que el color rojo se relacione con el amor y la pasión, no todo lo que se diseñe en rojo será apasionado. El diablo siempre se representa con el color rojo y no por eso lo vemos amoroso o apasionado.

SIMBOLISMO Y PERSONALIDAD ASOCIADOS A LAS LÍNEAS

Línea	Simbolismo	Personalidad
Horizontal	Estabilidad, barrera, tiende a ensanchar	Aburrida, conservadora, constante, equilibrada
Vertical	Inestabilidad, sobriedad	Altiva, elegante, autoritaria, fría
Inclinada	Ascenso o descenso. Inestabilidad	Desconcertante, ambigua, dinámica
Redonda	Tranquilidad	Amable, amistosa, serena, confiada
Quebrada	Desasosiego, inquietud	Divertida, festiva, ácida

SIMBOLISMO Y PERSONALIDAD ASOCIADOS A LOS COLORES

Color	Simbolismo	Personalidad
Blanco	Pureza, vacío, higiene	Sincera
Negro	Tristeza, silencio, malignidad	Misteriosa
Gris	Neutro, pasivo, indecisión	Triste
Violeta	Liturgia	Religiosa
Azul	Frialdad, tranquilidad, masculino	Serena
Verde	Esperanza, naturaleza, vida	Ecológica
Amarillo	Poder, jovialidad, mala suerte	Inteligente
Naranja	Energía, alegría	Alegre
Rojo	Pasión, peligro, calor	Agresiva
Rosa	Dulzura, bondad, feminidad	Dulce

Tabla de sensaciones

Ahora se plantea el ejercicio inverso: cuando a la hora de estar diseñando en determinadas situaciones se desea sugerir, promover determinados sentimientos. En la siguiente tabla se esquematiza la manera de realizarlo.

Sensación	Colores
Calidez, tibieza	Colores asociados al fuego: marrón, rojo, naranja, amarillo
Fascinación, emoción	El amarillo dorado deja una sensación perdurable, brillante
Sorpresa	Granate sorprende por poco usado
Feminidad	La variedad de tonos alrededor del rosa y lavanda
Dramatismo	Verde oscuro
Naturalidad	Sutiles tonos de gris y verde
Masculinidad	Marrones, piel curtida y azules
Juventud	Colores saturados, brillantes, extremos, contrastados
Serenidad	Sombras frescas del violeta al verde
Frescura	Tonos neutros de azul, violeta y gris

El color rosa se utiliza para transmitir sensación de femineidad.

ZHANG YIMOU Y EL COLOR

El director de cine Zhang Yimou ha transformado películas como *Hero* y *La maldición de la flor dorada* en auténticos tratados sobre el uso de la luz y el color, así como de los decorados, los ropajes y los movimientos, a menudo coreográficos de sus personajes.

En esta última, el color es lo más importante en esta película. Especialmente los colores dorados y verdes y se puede ver una combinación de estos todo el tiempo. El color no es solo para mostrar, es realmente parte del trabajo. Enfatiza la fuerte discordia entre la forma y el contenido, entre la oscuridad de la familia y la belleza del brillo que adorna el exterior del palacio. En realidad el color enaltece el sentimiento trágico de la historia y sus personajes.

La composición visual tiene para su director una gran importancia. Para elevar la sensación de opulencia, en esta película el color dorado se utiliza de forma extensiva en los escenarios y en la ropa. La luz también desempeña un papel importante. La colorida cristalería artística china se utiliza para intensificar el tono y la traslucidez en los pilares, las paredes, ventanas, y muchos elementos decorativos del palacio. Las gamas de color y la luminosidad de los escenarios son realmente únicas y palaciegas.

3. DIBUJO PARA DISEÑAR

Para realizar un boceto es esencial poseer unas nociones generales de dibujo sobre la figura y el rostro humanos. Lo ideal es que el caracterizador sepa dibujar, si no es así tiene que aprender, sabiendo que el arte del dibujo tiene como base el estudio de las proporciones del cuerpo humano. Para facilitar el aprendizaje se puede seguir la técnica de la proporción modular, que consiste en encuadrar la figura o el rostro dentro de una cuadrícula y cada módulo es una unidad que puede equivaler a una parte del cuerpo o del rostro.

En muchas ocasiones, el caracterizador, para acelerar el proceso del boceto, se puede ayudar de plantillas de dibujo sobre las que se diseñan las transformaciones necesarias.

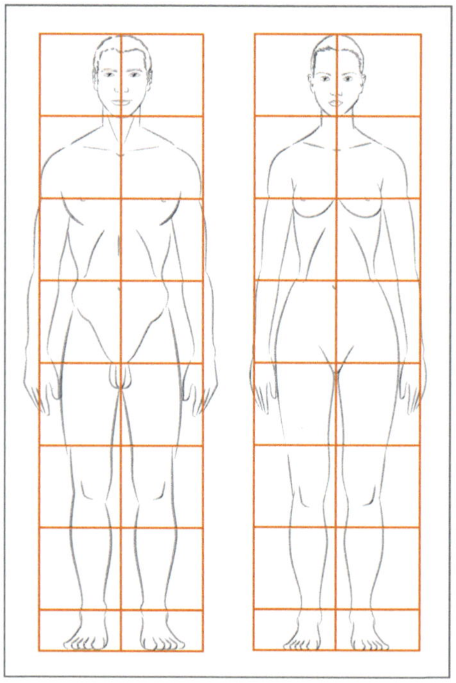

Figura masculina y femenina encuadradas en su cuadrícula.

3.1. Dibujo de la figura

Para dibujar la figura humana se encuadra en una estructura modular de 7,5 u 8 módulos de altura por 2 de anchura, tomando como unidad modular la altura de la cabeza, medida desde el mentón hasta el ápice del cráneo.

Del estudio de las imágenes de la figura humana se pueden obtener unas ideas básicas útiles en su trazado: el nivel de los hombros coincide con la subdivisión situada en un tercio del módulo segundo, las tetillas coinciden exactamente con la segunda línea divisoria, el ombligo está situado un poco más abajo que la tercera división, los codos, al igual que la cintura quedan prácticamente a la altura de la tercera línea divisoria, el pubis y las muñecas se hallan en el centro del cuerpo, es decir, en la línea del cuarto módulo y la rótula o rodilla queda un poco más alta que el módulo 6.

La longitud total del brazo mide 3,5 módulos desde el vértice hasta la punta de los dedos y la mano extendida mide el alto de la cara (tres cuartos del módulo).

El canon de la figura masculina y femenina es del mismo número de cabezas (7,5 u 8), si bien, como la cabeza de la mujer está considerada aproximadamente 1,25 cm más pequeña que la del hombre, su cuerpo resulta unos 10 cm más bajo que el de este.

Independientemente de la diferencia de altura, existen otras diferencias fundamentales al comparar ambas figuras: los hombros de la mujer son proporcionalmente más estrechos, las manos están situadas más abajo, así como los pezones, la cintura es más ceñida que la del hombre, el ombligo está situado algo más abajo, las caderas son proporcionalmente más anchas y la nalga sobresale más, en función de la pantorrilla.

3.2. Dibujo del rostro

La manera más sencilla de aprender a dibujar el rostro humano es utilizando la técnica de la proporción modular y los ejes de simetría del rostro, teniendo en cuenta que una unidad modular puede equivaler a la anchura de la nariz o a la longitud horizontal de uno de los ojos, y que la altura de la cabeza corresponde a una octava parte de la altura de la figura. La cuadrícula es diferente, dependiendo de si el rostro se dibuja de frente o de perfil. De frente, la cuadrícula será de 7 unidades modulares de altura por 5 de anchura y de perfil, será 7 por 7.

El canon femenino se basa en los mismos sistemas modulares y unidades que los del hombre con algunas diferencias: las facciones en la mujer se ven más dulcificadas que en el hombre, las cejas son más finas y arqueadas (también se acusan más que en el hombre), los ojos son algo más grandes, almendrados y elevados en sus extremos laterales, la nariz es más fina y pequeña, la mandíbula no es tan angulosa como en el hombre, el cuello es más fino y esbelto y los labios normalmente son más carnosos.

Después de dominar el canon de la figura y el rostro humanos, es interesante ensayar el dibujo de las diferentes tipologías humanas, posiciones del cuerpo (de pie, andando, sentado), así como los distintos óvalos y partes del rostro para, finalmente, practicar las diferentes expresiones faciales para que el boceto muestre mejor la personalidad del personaje.

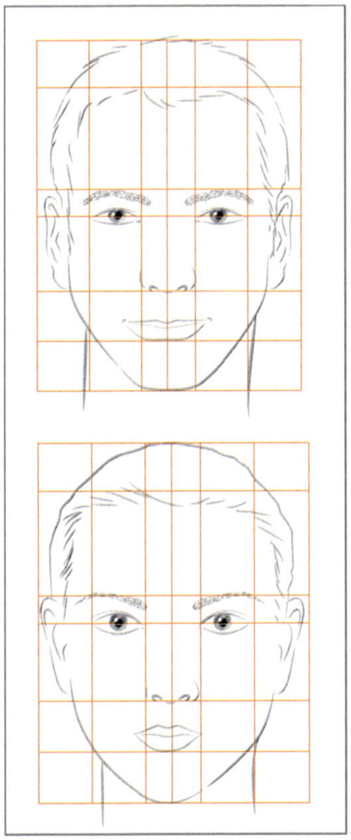

Dibujos del rostro masculino y femenino encuadrados en su estructura modular.

4. Creación de los bocetos

Cada caracterizador tiene su propia técnica a la hora de elaborar el boceto. Existen varias maneras y se puede decir que todas son válidas, por lo que a continuación se expondrá la técnica de las capas, una técnica sencilla pero muy práctica para conseguir un buen boceto. Consiste en la superposición en capas de las distintas transformaciones necesarias de maquillaje, peluquería y vestuario sobre un modelo. Por ello, el trabajo en capas puede ser de gran utilidad para observar paso a paso la transformación.

Los bocetos se pueden realizar tanto a mano como con ordenador.

4.1. Realización de bocetos a mano

En primer lugar, se fotografía al modelo de cuerpo entero, y su rostro, de perfil y de frente. Después se busca información grafica del referente, en el caso de que la haya. Una vez contrastada la información, se realizará el dibujo del modelo. En todos los casos, tanto para el cuerpo entero como para el rostro, una cuadrícula puede servir como guía.

El siguiente paso es dibujar cada una de las transformaciones que el personaje requiera en un papel vegetal distinto. Después, a modo de capas, se superponen sobre el dibujo del modelo siguiendo un orden lógico. En cada una de las capas hay que anotar si el cambio que se ha hecho está realizado con maquillaje, de qué tipo, color; o si es una prótesis de qué material; en fin, se trata de recoger cualquier dato que pueda ser de utilidad a la hora de llevar a la práctica el diseño. Cuanto más especificado, mejor. Además, al numerar las hojas, este boceto será de gran utilidad a la hora de organizar el trabajo.

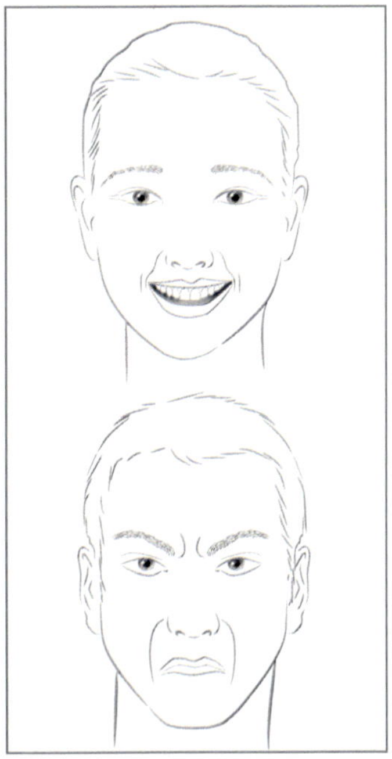

Expresiones faciales.

Boceto de cuerpo entero del modelo en la pose del personaje.

Dibujo del modelo de perfil.

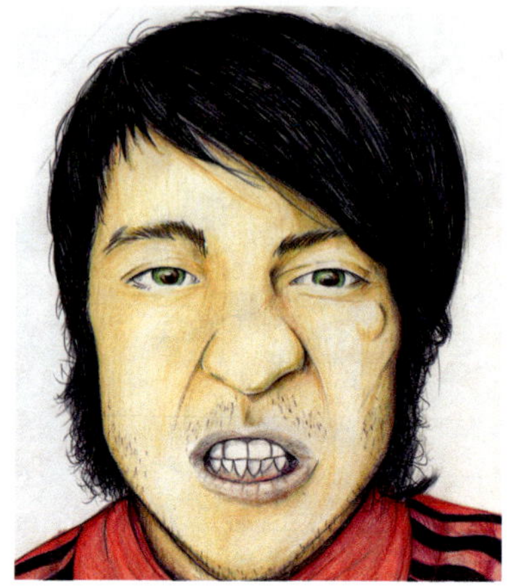

Dibujo del modelo simulando la expresión del personaje.

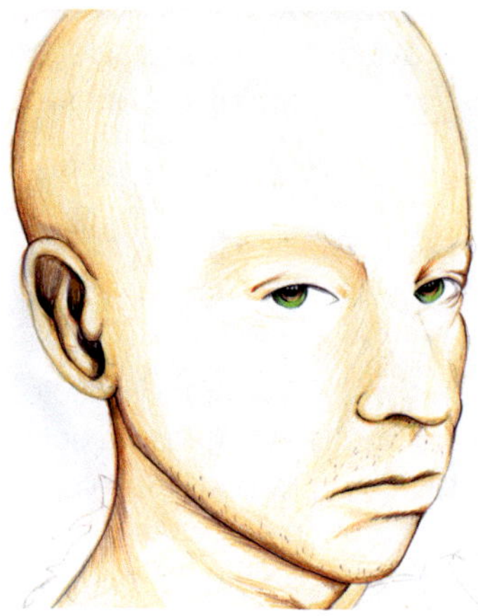

Colocación de calota de *glaztan* sobre el modelo.

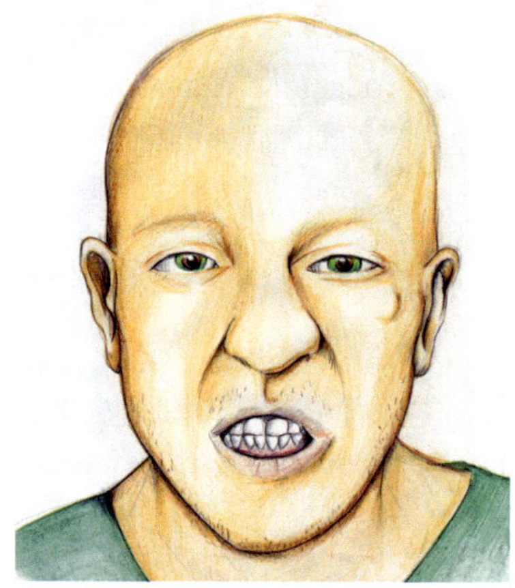

Boceto frontal del modelo con calota y camiseta verde.

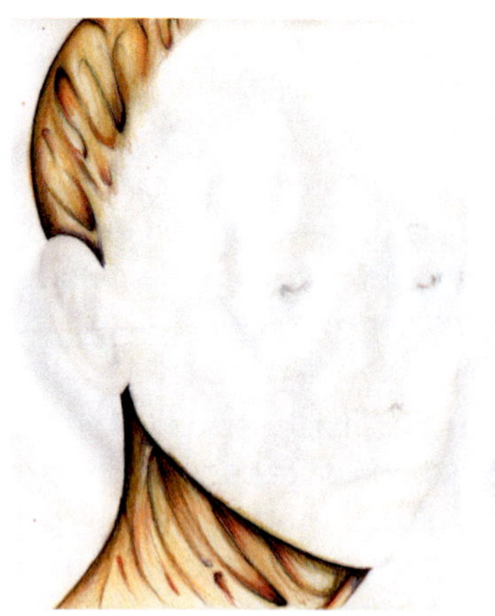

Prótesis de cuello y parte superior de la cabeza. Deja descubiertas la orejas.

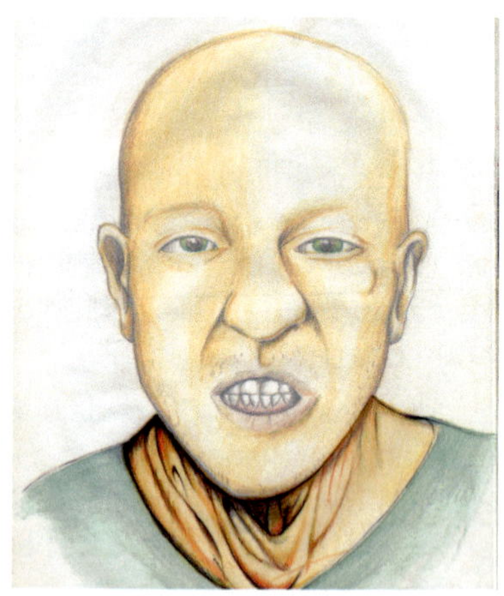

Boceto frontal de la prótesis de cuello.

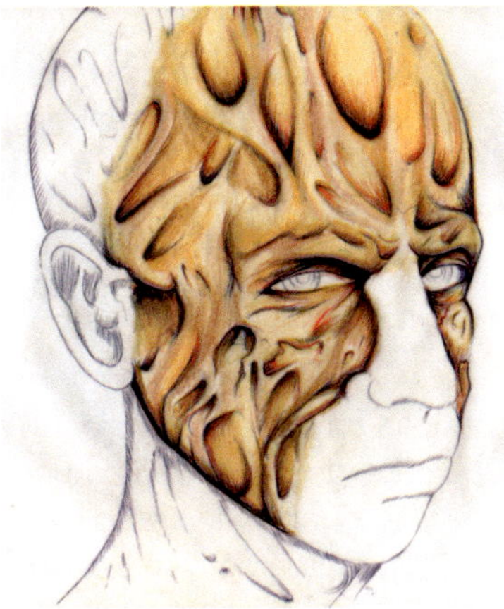

Aplicación de dos prótesis: frente y pómulos.

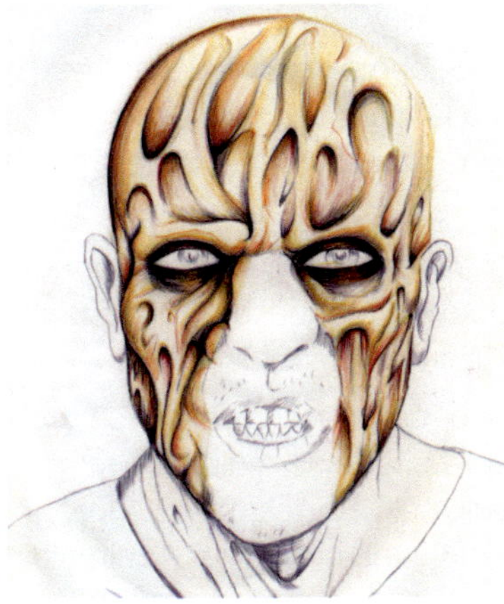

Boceto frontal de las prótesis anteriores.

Dibujo del modelo de cuerpo completo con pantalón, guante con cuchillas, zapatos, jersey y sombrero.

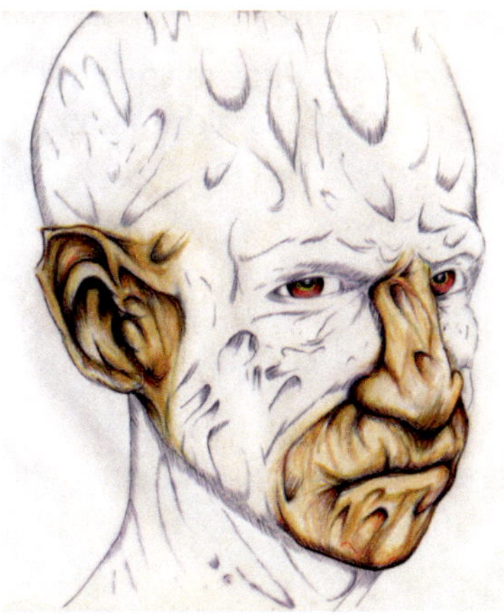

Adhesión de cuatro prótesis: nariz y labio superior; mentón y labio inferior; y orejas. Aplicación de lentillas y dentadura postiza.

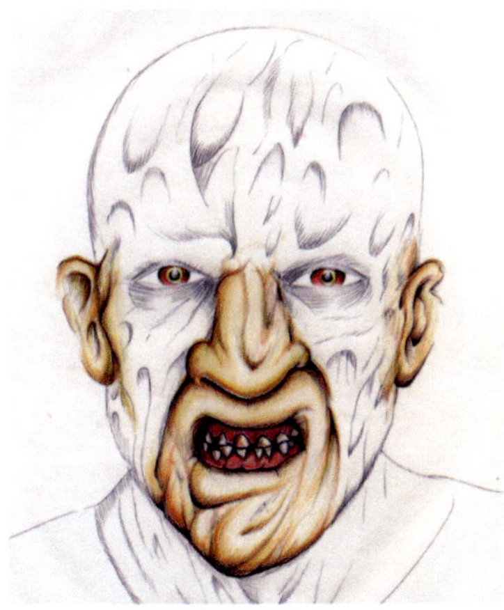

Dibujo frontal de las prótesis más dentadura y lentillas.

Acabado con *atrezzo*, jersey y sombrero.

Personaje original. Boceto acabado final sin *atrezzo*.

Personaje original. Boceto acabado final con *atrezzo*.

4.2. Elaboración de bocetos por ordenador

El diseño de bocetos por ordenador explota las facilidades que el mundo virtual concede para la realización de acciones imposibles o de gran dificultad real, amplificando extraordinariamente la destreza del caracterizador que utiliza este medio de creación.

En este caso tendremos que tener nociones básicas de algún programa de diseño gráfico o de retoque fotográfico por ordenador como, por ejemplo, Poser, Virtual Fashion Works o Hero Machine.

En la mayor parte de los casos los programas ofrecen un área de trabajo, un modelo, sobre el que se realizan los retoques y una serie de herramientas para las modificaciones. Por ejemplo, el programa Poser dispone de una amplia biblioteca de modelos humanos y animales, así como diferentes herramientas (pose del cuerpo, materiales y texturas, cara, pelo, vestuario) que se pueden ir añadiendo o cambiando hasta conseguir adaptar los modelos a las necesidades de la escena.

En el terreno del diseño, estos programas no son los únicos. Con Corel Draw o Photoshop se pueden realizar modificaciones sobre elementos reales por lo que es conveniente aprender, como mínimo, a capturar imágenes (desde una cámara o escáner), importar y exportar imágenes, realizar correcciones de color, tamaño y forma...

El uso de ordenador implica el aprendizaje y manejo del programa; no obstante, una vez adquiridos estos conocimientos, las posibilidades son muy amplias, con su manejo se ahorrará mucho trabajo y se lograrán resultados más minuciosos.

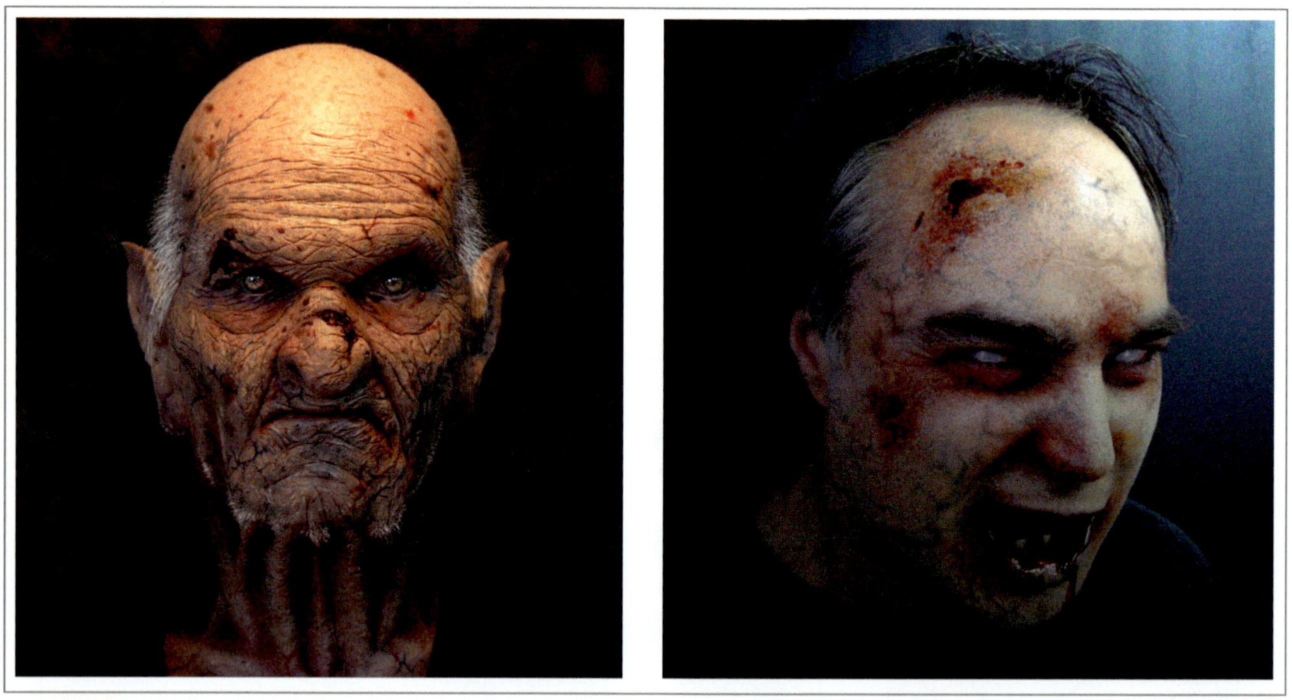

El diseño por ordenador no requiere de habilidades extraordinarias, concede herramientas poderosas a la imaginación y facilita el aprendizaje al ofrecer resultados de gran calidad a cambio de esfuerzos moderados.

PARA RECORDAR

- El boceto es un esbozo sobre papel que debe reunir y expresar toda la información del personaje para que, posteriormente, el caracterizador lo haga realidad.
- A través de la iconología se pueden transmitir todas las cualidades del personaje, no solo su imagen externa, sino sus sonidos, su supuesto olor e incluso sabor.
- Cada tipo de línea y color lleva asociado unos simbolismos expresivos que son muy útiles a la hora de realizar el boceto.
- Lo ideal es que el caracterizador sepa dibujar, si no es así tiene que aprender, sabiendo que el arte del dibujo tiene como base el estudio de las proporciones del cuerpo humano.
- Para facilitar el aprendizaje se puede seguir la técnica de la proporción modular.
- Una técnica utilizada para la realización de bocetos es la superposición en capas. Los bocetos se pueden realizar tanto a mano, como por ordenador.
- Existen programas informáticos muy interesantes para el diseño como Poser o Photoshop que exigen tiempo de aprendizaje pero al final resultan muy prácticos.

Actividades

Repasa

1. Analiza la iconología utilizada en los siguientes personajes: Shrek, James Bond, Gilda, Catwoman, Bart Simpson, Neo.

2. Basándote en los conocimientos sobre iconología aprendidos en este tema, diseña un personaje masculino, frío, altivo y elegante.
3. Indica las diferencias entre la figura humana masculina y femenina.
4. Explica el sistema de trabajo que seguirías en la elaboración de un boceto para caracterización.
5. ¿Cuáles son los conocimientos mínimos que debes tener a la hora de utilizar algunos programas informáticos de diseño? Enumera aquellos programas más utilizados.

Practica

1. Utilizando el sistema modular dibuja la figura humana, tanto de hombre como de mujer.
2. Utilizando el sistema modular dibuja el rostro humano de frente y de perfil.
3. Busca imágenes de rostros: hombre y mujer de mediana edad, ancianos, hombres y mujeres de otras razas, desfigurados, obesos, etc. Dibuja tu rostro de frente (a partir de una foto y ayudándote de la cuadrícula) y sobre él, en papel vegetal, dibuja las transformaciones necesarias para convertirte en cada uno de esos prototipos.

Proyecto

1. Continuando con el trabajo que comenzaste en el tema 1, realiza los bocetos necesarios (rostro de frente y perfil, y cuerpo entero) de tu personaje eligiendo la técnica más oportuna.

4 TEMA ESTUDIOS ANTROPOMÓRFICOS Y ANTROPOLÓGICOS

Índice de contenidos

Qué vas a aprender...

- En este tema se realiza un estudio detallado de la figura y el rostro humano, para después analizar las características morfológicas de las distintas razas humanas.

Para qué te va a servir...

- Para poder reflejar con exactitud en el diseño del personaje: las características de la figura y el rostro ideal.
- Para conocer las expresiones faciales y los rasgos físicos de las diferentes razas.

Qué vas a necesitar...

- Para realizar la parte práctica del tema necesitaremos fuentes de documentación (bibliografía extensa y un acceso a internet), así como material de dibujo.

1. ESTUDIO ANTROPOMÓRFICO

Conocer la anatomía y morfología de la figura y el rostro humanos ayuda a la aplicación correcta del maquillaje y a la colocación de las prótesis y los postizos necesarios para realizar una caracterización mucho más real, sobre todo si hay que diseñar un personaje de una raza determinada.

1.1. Morfología del cuerpo humano

El cuerpo humano presenta una simetría bilateral gracias a un eje imaginario que lo recorre de arriba abajo, dividiéndolo en dos partes iguales, derecha e izquierda. A su vez, se puede dividir por la mitad en dos zonas, la zona superior (que se sitúa en la parte de arriba) y la zona inferior (que se sitúa en la parte de abajo). También se puede imaginar un eje transversal que divide el cuerpo en zona posterior o dorsal (espalda) y zona anterior o ventral o frontal (abdomen).

Externamente, se divide en tres zonas: cabeza, tronco y extremidades. Los órganos y estructuras pares (ojos, orejas, extremidades, pulmones) se sitúan simétricamente a ambos lados del eje imaginario, y algunos órganos o estructuras impares (nariz, boca, vejiga...) se colocan en la zona central del cuerpo.

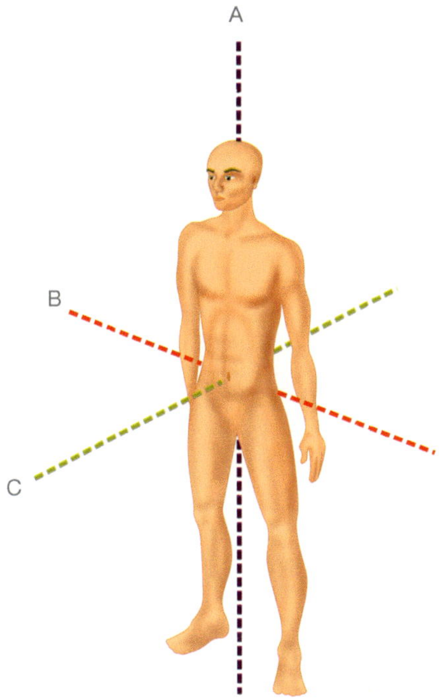

A. Eje vertical.
B. Eje horizontal.
C. Eje sagital.

LOS HUESOS DEL CUERPO

El esqueleto humano es el conjunto total y organizado de piezas óseas que proporciona al cuerpo humano una firme estructura multifuncional (locomoción, protección, contención, sustento, etc.). El esqueleto de un ser humano adulto tiene, aproximadamente, 206 huesos.

Por su forma, se pueden distinguir tres tipos de huesos distintos: los huesos cortos como el carpo, los huesos largos como el fémur y los huesos planos como el omóplato.

El aspecto seco de los huesos se debe a su escasa proporción de agua, y la dureza a las sales minerales y proteínas, que les proporcionan cierta elasticidad.

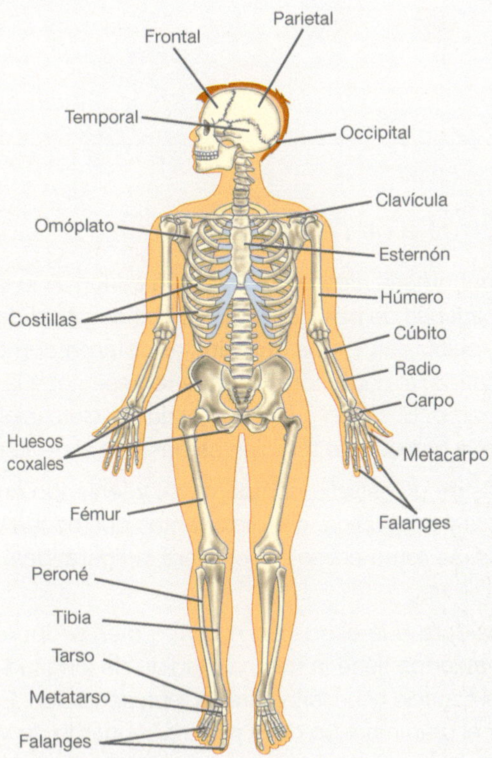

LOS MÚSCULOS

Los músculos son los principales responsables de la locomoción gracias a su capacidad de contracción. Los músculos se pueden clasificar según la zona donde se pueden encontrar.

En la zona de la cabeza se encuentran los músculos responsables de los gestos faciales y los que controlan el movimiento de la mandíbula inferior.

En la zona del cuello están los músculos que permiten el giro y movimiento de la cabeza. Los músculos del tronco son responsables de los movimientos de las extremidades y de la respiración. Los de las extremidades superiores se ocupan de acciones precisas e incluyen los de las manos, hombros, brazo y antebrazo. Los de las extremidades inferiores mantienen la postura y proporcionan eficacia en la locomoción.

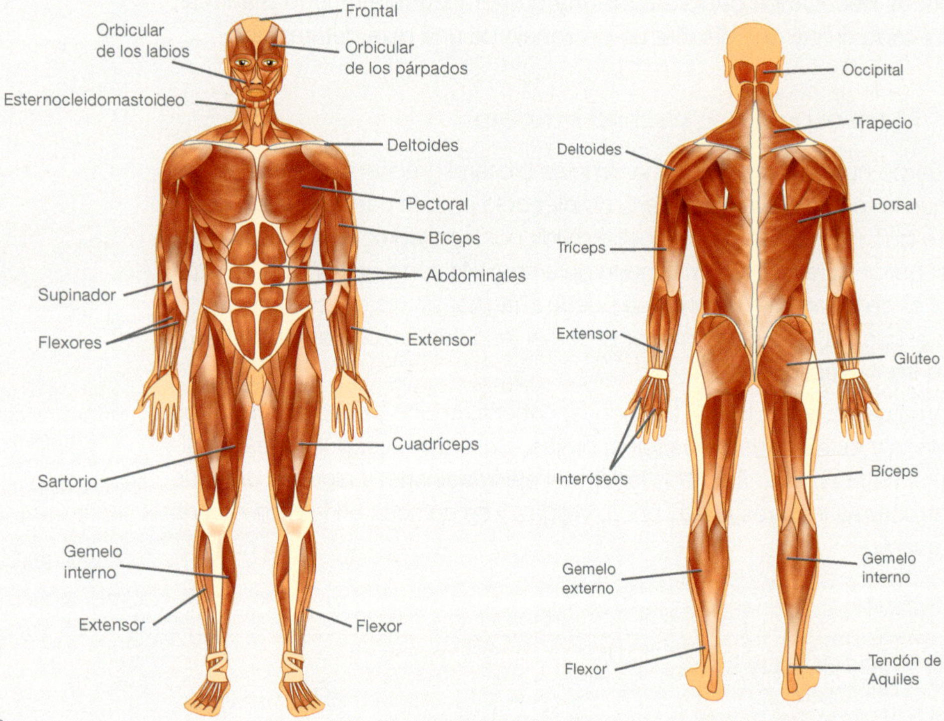

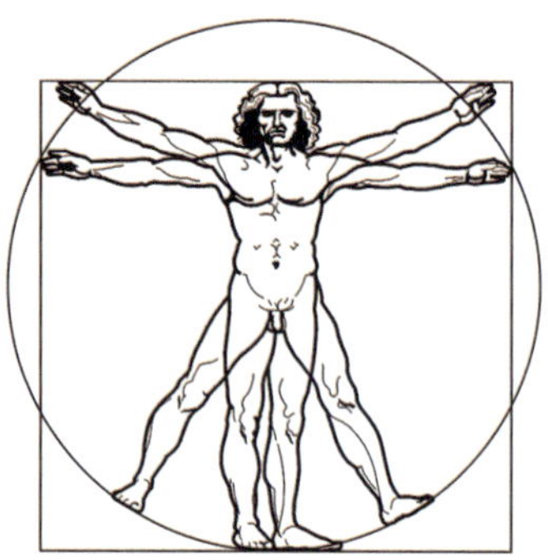

El hombre de Vitrubio, de Leonardo da Vinci.

1.2. Estudio de la figura ideal

La figura humana ideal se basa en un canon. A lo largo de la historia han existido varios cánones de belleza, establecidos en virtud de circunstancias históricas, religiosas, culturales... Los egipcios adoptaron como unidad de medida, es decir, como canon, el dedo corazón, que representaba la 19ª parte de la longitud de todo el cuerpo. El canon griego fue el de Polícleto (siglo v a. C.), que lo plasmó en su *Doríforo,* y parece que también se basó en el dedo medio.

Después de un estudio comparativo, y teniendo en cuenta la situación económica, social y geográfica, condicionantes que hacen variar la altura media de los individuos, se tomó como canon para la figura ideal aquella que medía 8 cabezas de alto.

Se considera que el cuerpo humano bien proporcionado es aquel que con los brazos abiertos tiene la misma medida de longitud que de altura, siendo un cuadrado el espacio necesario para su representación. Este canon fue llevado a la práctica por el gran maestro de la pintura Leonardo da Vinci.

Geométricamente, el armazón de la mujer podría encajarse en un triángulo apoyado en su base y el del hombre en un triángulo invertido.

TIPOLOGÍAS HUMANAS

Las tipologías son sistemas de clasificación de las personas, unas basadas en el aspecto físico o somático (Viola), en el aspecto psíquico de la persona (Jung, Adler) y las más importantes, teniendo en cuenta ambos aspectos (Kretschmer, Sheldon). Según los expertos, sirven para conocer la personalidad de un hombre según la figura que presenta. Debido a que la tipología de Sheldon y Kretschmer son muy similares y esta última es la más utilizada, a continuación se exponen las características fundamentales de las tipologías de Kretschmer.

TIPOLOGÍAS DE KRETSCHMER

	Leptosoma	Pícnico	Atlético
Silueta	Delgado	Redondo y rechoncho	Muscular
Caja torácica	Plana y alargada	Abombada y corta	Ancha y fuerte
Extremidades	Largas y delgadas	Cortas y anchas	Largas y fuertes
Cabeza	Pequeña	Redondeada y relativamente pequeña	Grande
Cuello	Largo y delgado	Corto y macizo	Ancho y fuerte
Cara	Estrecha y ovalada. Piel pálida y seca. Labios finos y rectos	Ancha con forma de pentágono. Labios y nariz gruesos. Sonrisa amplia	Angulosa con mandíbula robusta
Manos y pies	Largos y estrechos	Anchos y cortos	Grandes
Personalidad	Frío, poco sociable e introvertido	Abierto, sociable y práctico	Activos, poco flexibles y tozudos
Maquillaje	Natural y suave	De moda pero suave	Muy de moda y agresivo

- La teoría tipológica de Kretschmer presenta los tipos extremos, no los tipos promedio, divide en forma drástica y precisa a los individuos, olvidando muchas diferencias individuales. No tiene en cuenta los cambios físicos que pueden ocurrir con una simple variación en la alimentación y, finalmente, las investigaciones realizadas confirman esta tipología en los casos de psicóticos, mientras que no se confirma en individuos normales.

2. LA CABEZA

La cabeza es la zona superior del cuerpo. Su anatomía es la más compleja del cuerpo humano, lo que está en consonancia con sus funciones. Aloja al cerebro y varios órganos sensoriales y presta inserción a numerosos músculos que la dotan de gran movilidad. En la cabeza se distinguen, a su vez, la cara y el cráneo.

2.1. Morfología

Según la forma de la cabeza, se distinguen tres tipos:

- Cabezas redondas: su estructura se asemeja lo más posible a una esfera. Son las cabezas del tipo braquicéfalo o cabeza corta.
- Cabezas alargadas: su estructura es ovalada o, al menos, más larga que ancha. Son las cabezas de tipo dolicocéfalo o cabeza larga.
- Cabezas intermedias: su estructura es una combinación de las dos anteriores. Son las cabezas del tipo mesocéfalo. Cabezas ni anchas ni alargadas, más o menos perfectas.

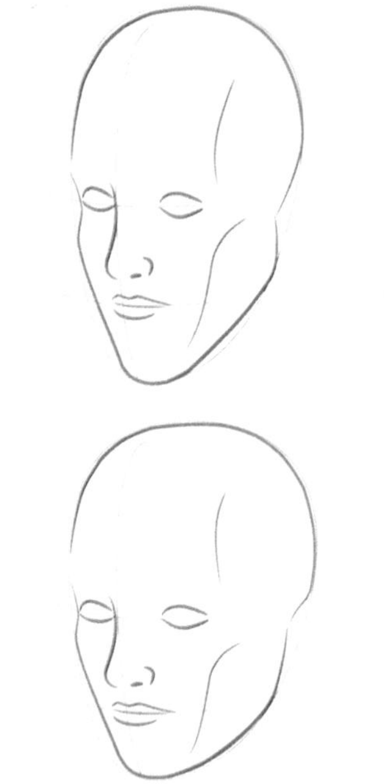

Cabeza alargada y cabeza redonda.

> • Conocer la distribución de los huesos y músculos de la cabeza nos será de gran utilidad a la hora de aplicar el maquillaje y conducirá a una lógica disposición de las pelucas y los postizos, pues cada color, peluca y postizo se tiene que aplicar en el lugar adecuado para conseguir las adaptaciones necesarias.

2.2. El cráneo

La estructura craneal define los rasgos externos de la cabeza dulcificándolos o endureciéndolos. En general, el cráneo del hombre es de mayor tamaño que el de la mujer. Los cráneos se clasifican:

- Según las proporciones que resultan de comparar los ejes longitudinales y laterales:
  - Dolicocéfalo: cráneo muy ovalado (más largo que ancho).
  - Mesocéfalo: cráneo ligeramente ovalado (un poco más largo que ancho).
  - Braquicéfalo: cráneo corto y redondo (es igual de largo que de ancho).
- Según la posición de los maxilares:
  - Prognático: es el cráneo en el que los maxilares están por delante del plano frontal.
  - Ortognático: es el cráneo que dispone los maxilares en el mismo plano frontal.

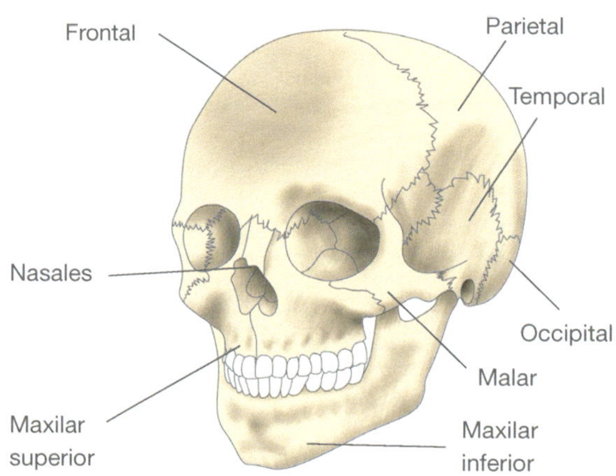

El cráneo está formado por 8 huesos (1 frontal, 1 occipital, 1 esfenoides, 1 etmoides, 2 parietales y 2 temporales) para proteger al encéfalo. En los huecos del cráneo se alojan los ojos, oídos y nariz. Alrededor del cráneo se encuentran varios músculos casi pegados al hueso y sin apenas movimiento pero que sirven de protección.

> **LA FISIOGNOMÍA**
>
> Es la ciencia que estudia las características psicológicas y morales de una persona a partir de su aspecto físico y, de manera especial, a partir de los rasgos y de las expresiones del rostro. Algunas empresas se basan en la fisiognomía a la hora de elegir a sus colaboradores.

3. EL ROSTRO

La cara es la parte de la cabeza humana que le da el carácter y la personalidad al individuo. Los rostros siempre tienen un número de órganos y de características más o menos constantes, todos presentan cejas, ojos, boca, nariz, barbilla, etc.; pero aunque todos los rostros se parezcan, también todos se diferencian individualmente de los demás.

3.1. Tipos de rostros

Los rostros se pueden clasificar teniendo en cuenta sus dimensiones y según la forma del óvalo.

Tipos de rostros según sus dimensiones

Se pueden encontrar tres tipos de caras:

- Euriprosopa: cara baja y ancha.
- Leptoprosopa: cara alta y estrecha.
- Mesoprosopa: cara media.

Tipos de rostros según el óvalo

Desde el punto de vista morfológico, pueden dividirse en siete tipos generales, según los definió Westmore, famoso maquillador americano, en 1930:

- Ovalado. Los pómulos son ligeramente más anchos que la línea de la frente, que a su vez es más ancha que la línea de la mandíbula.
- Redondo. Presenta mejillas rellenas y la línea de mandíbula redonda.
- Cuadrado. Presenta línea de implantación del cabello recta, frente y mandíbula anchas y línea recta de mejillas.
- Rectangular. Es un tipo de rostro con cara larga, de configuración algo cuadrada y estrecha y generalmente, con nariz larga.
- Triangular. Este óvalo se identifica por una línea de implantación del cabello irregular, pómulos estrechos, mandíbula ancha, y normalmente con los ojos bastante juntos.
- Triangular invertido. Al contrario que el tipo anterior, este rostro presenta frente ancha, ojos separados, mandíbula estrecha y pómulos altos.
- Diamante o hexagonal. Presenta una frente estrecha, pómulos altos y prominentes y una barbilla pequeña.

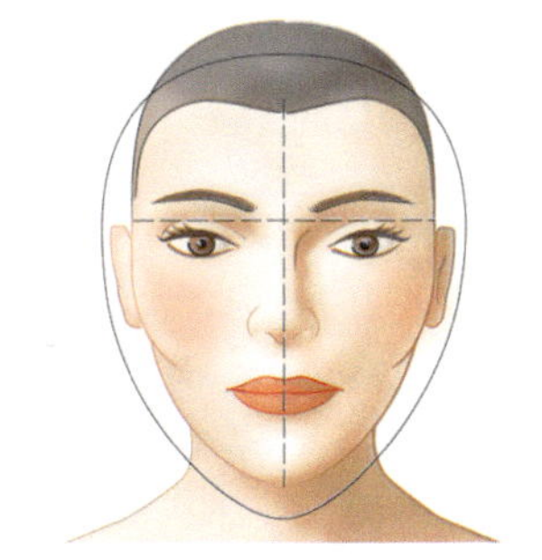

Rostro ovalado.

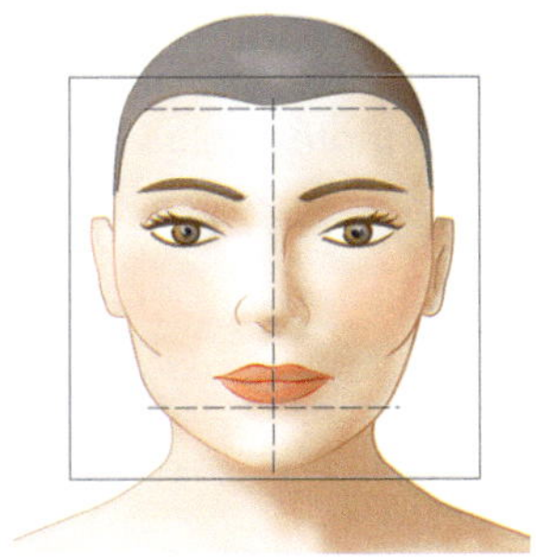

Rostro redondo/dilatado.

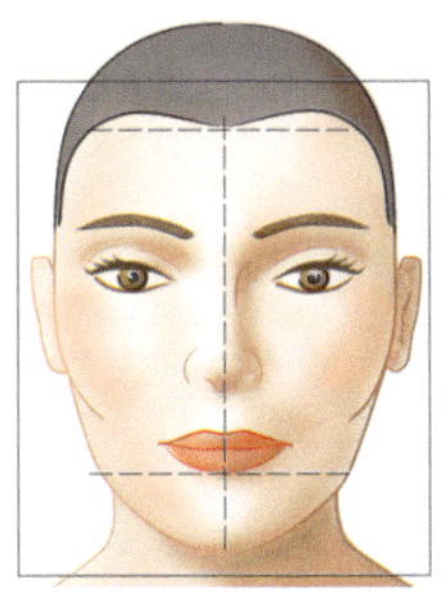

Rostro mixto.

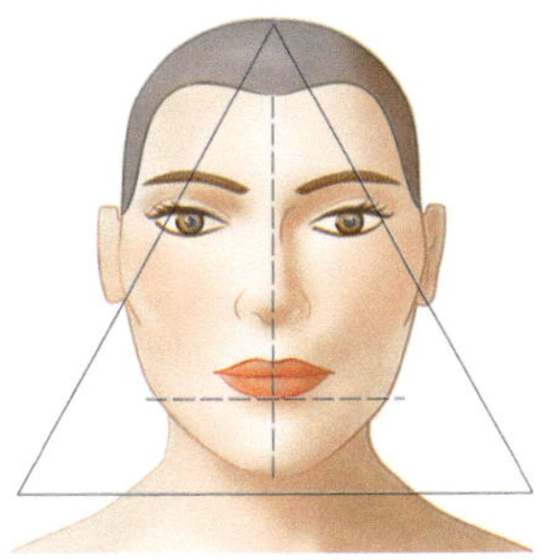

Rostro triangular.

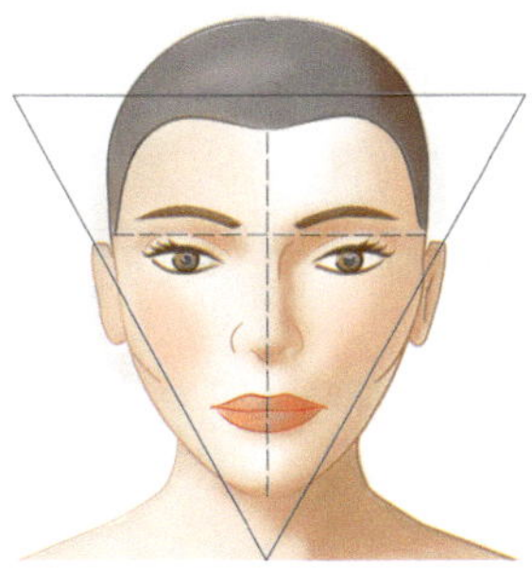

Rostro triangular invertido.

3.2. Anatomía y expresiones faciales

El estudio anatómico más interesante para un caracterizador es el relacionado con el rostro, por este motivo, se deben estudiar aquellos huesos visibles, o sea, aquellos que estructuran y conforman las partes externas, y los músculos que dan lugar a todas las expresiones faciales.

Los huesos de la cara se dividen en mandíbula superior y mandíbula inferior.

De todos los huesos de la mandíbula superior interesa conocer los nasales, los maxilares y los malares. Los nasales son dos huesecillos que dan lugar a los diversos tipos de nariz (rectas, aquilinas, anchas, respingonas...). El maxilar superior es un hueso doble que forma la parte media de la cara y en él se insertan los dientes. Y el malar es un hueso doble que forma el pómulo, debido a ello es uno de los elementos más interesantes, pues contribuye a proporcionar una morfología particular a los rostros de las distintas razas humanas, por ejemplo, las razas asiáticas y africanas los tienen muy prominentes.

- Es interesante conocer las características morfológicas de cada tipo de rostro ya que cada tipo se adaptará mejor al físico del personaje y necesitará adaptaciones diferentes de maquillaje y prótesis.

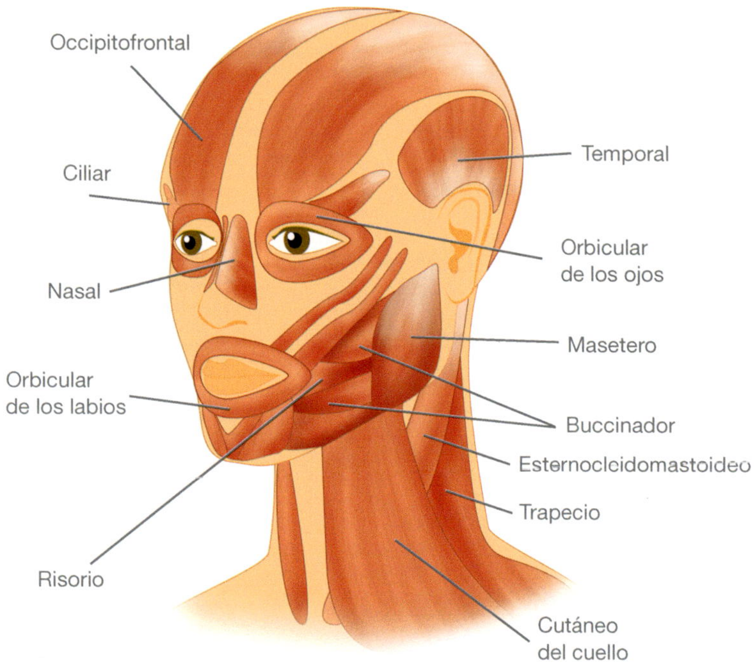

La mandíbula inferior forma la parte inferior de la cara. Este hueso es el único con movilidad y tiene importancia en cuanto a que su estructura dará carácter a rostros diversos: rostros de mandíbulas muy acusadas, duras o suaves; barbillas hundidas, salientes… Lo mismo ocurre con los dientes, los huesos más duros del cuerpo. Forman un total de 32 piezas (adulto) y su colocación y tamaño influyen en el aspecto de la boca y rostro en general. Marcan el tipo de caracterización que realizar, sobre todo en los procesos de envejecimiento de personajes.

La variedad de músculos en la cabeza es notoria, especialmente en la cara. Al verlos al natural, muchos de ellos no son fácilmente apreciables, sin embargo, junto con los huesos, contribuyen a la conformación estructural y expresiva del rostro humano.

En el siguiente cuadro se concretan las expresiones faciales que producen los músculos más importantes del rostro.

MÚSCULO	EXPRESIÓN FACIAL
Masetero y temporal	Cólera, violencia
Frontal	Terror, asombro, sorpresa, carcajada
Superciliar	Preocupación, concentración, disgusto
Orbicular de los párpados	Inteligencia, vivacidad, sensualidad
Transverso de la nariz	Opresión, terror
Elevador profundo	Desprecio, burla, asco, desinterés
Dilatador alas de la nariz	Orgullo
Cigomático menor	Pena, compasión, cordialidad
Cigomático mayor	Sonrisa, risa, carcajada
Orbicular de los labios	Asco, dolor, beso, soplo, silbido
Elevador del labio superior	Pena, dolor, angustia
Buccinador	Risa, bostezo, silbido, resignación
Risorio	Alegría
Cuadrado de la barba	Disgusto, desgana
Borla del mentón	Duda, rabia, cólera, amenaza

3.3. Estudio del rostro ideal

Para el estudio del rostro hay que partir de un patrón ideal cuyas proporciones se basan en el modelo griego. En la naturaleza, a veces, existe este ideal de belleza pero es difícil encontrarlo. El rostro se suele estudiar desde dos planos:

- El plano horizontal. Se divide horizontalmente el rostro en tres partes, debiendo ser estas iguales entre sí en el rostro ideal. Estas zonas son: desde la implantación de los cabellos hasta la raíz de la nariz, desde la raíz de la nariz hasta su base y desde la base de la nariz hasta la punta del mentón. Si existe una diferencia demasiado grande entre dos regiones, hay que restablecer el justo equilibrio por medio del maquillaje o del peinado.
- El plano vertical. Trazando una línea que divida el rostro en dos partes iguales, se pueden comprobar sus asimetrías más o menos aparentes entre su parte derecha y su parte izquierda, que suele ser más delgada y pequeña. El rostro ideal no debe presentar asimetrías.

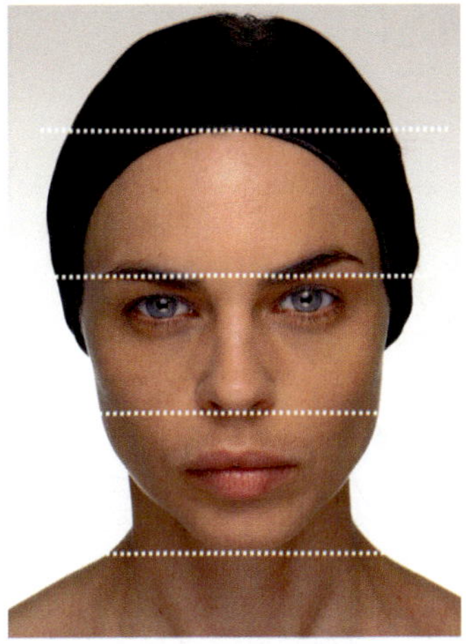

Plano horizontal.

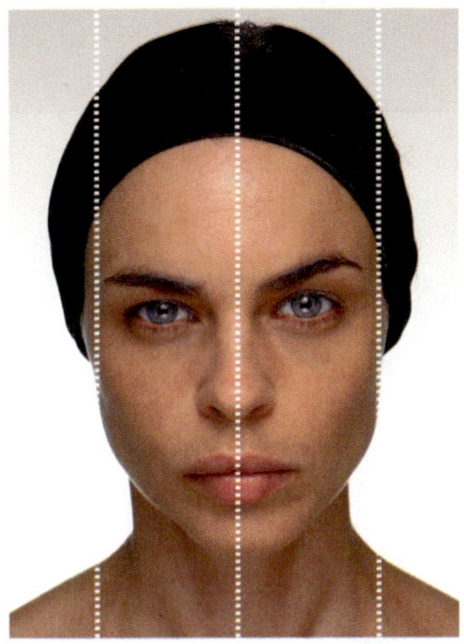

Plano vertical.

EL JUEGO DEL ROSTRO DIVIDIDO POR LA MITAD

Toma una foto frontal del rostro, córtala en dos partes iguales y posteriormente fotografía la parte derecha. Entonces esta pasará a ser inversa, como cuando nos miramos en el espejo. Pega esta parte inversa junto a la mitad derecha: obtendrás así un rostro completo que, sin embargo, estará formado solamente por la derecha duplicada. Repite el mismo procedimiento para la parte izquierda de la foto, obtendrás un rostro distinto del otro. Al final tendrás ante tus ojos dos dobles mitades derechas y dos dobles mitades izquierdas. Tendrás, en suma, dos rostros diferentes.

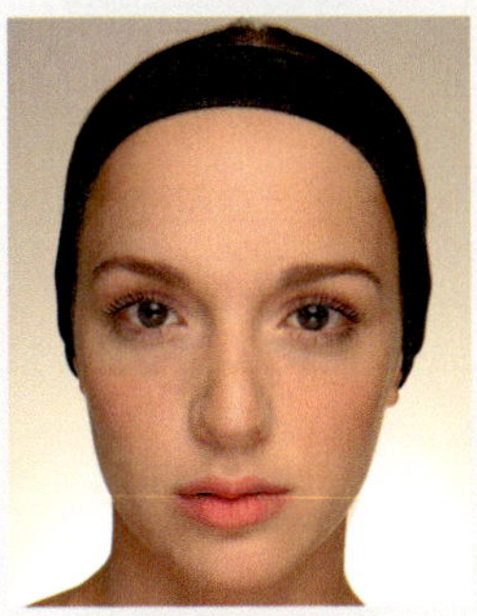

Rostro/modelo.

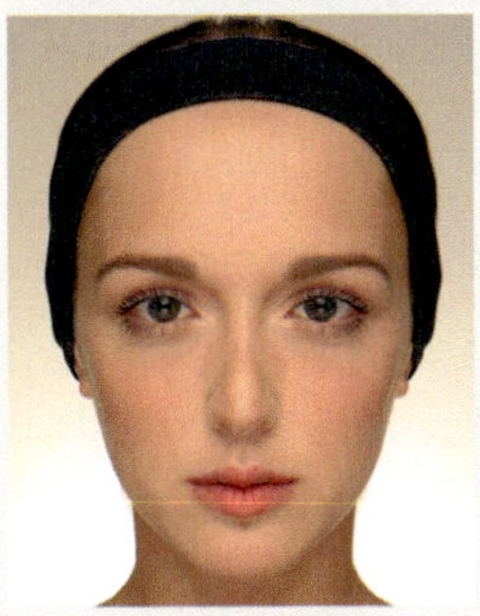

Rostro obtenido con la mitad izquierda de la cara.

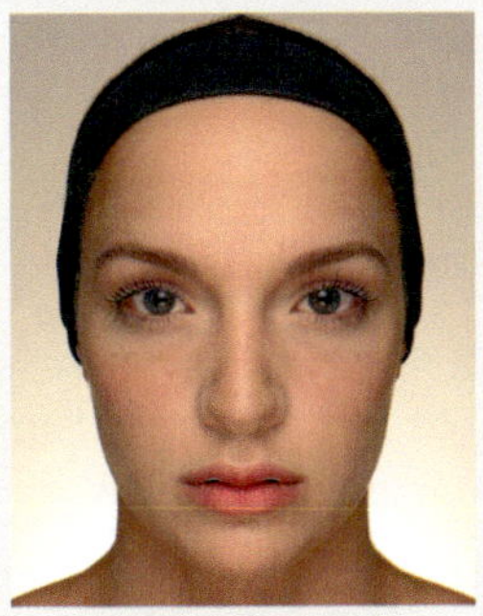

Rostro obtenido uniendo la parte derecha del rostro.

4. ESTUDIOS ANTROPOLÓGICOS

El estudio de los diferentes orígenes étnicos proporciona el conocimiento de las características físicas de diversos personajes cuyo diseño y caracterización se puede plantear a lo largo de la vida laboral de un caracterizador, sobre todo si trabaja en proyectos históricos o antropológicos.

Una raza es un grupo humano con rasgos fenotípicos comunes entre sí. Esos rasgos físicos son transmisibles genéticamente y, por tanto, no surgen espontáneamente en otros grupos; la investigación genética lo que demuestra es la unidad de la especie, y ese es un hecho irrebatible.

• Actualmente, debido a la inmigración y la globalización existe un gran mestizaje, con lo cual los rasgos típicos de cada etnia se están perdiendo.

Etnia negroide.

Etnia mongoloide.

Etnia caucasoide.

La especie humana está compuesta por una única raza aunque esta se divide en diferentes orígenes étnicos que, a su vez, presentan subclases dependiendo de su situación geográfica. Los cuatro orígenes étnicos principales, que retoman en parte la clasificación original de Johann Friedrich Blumenbach, son: caucásico, negroide, mongoloide y australoide.

El primero se observa principalmente en los individuos originarios de Europa (excepto los lapones y los fineses), Asia occidental y norte de África. El negroide, en los nativos africanos y del sur de la India. Los nativos asiáticos y amerindios, los lapones, los esquimales, y parcialmente los fineses, pertenecen al grupo mongoloide y los nativos australianos y los melanesios, al australoide.

4.1. Rasgos físicos de los principales orígenes étnicos

A continuación, se presentan en un cuadro las características físicas de los cuatro orígenes étnicos marcados por Blumenbach. Es necesario resaltar que en cada caso es importante realizar un estudio más exhaustivo teniendo en cuenta el origen geográfico del personaje.

RASGOS FÍSICOS	ETNIAS			
	Caucasoide	Negroide	Mongoloide	Australoide
Complexión	Mediana	Grácil y resistente	Pequeña	Grande
Cara	De características variadas	Con pómulos altos y prominentes, puente cóncavo y ventanillas dilatadas	Ancha y plana con mentón que se proyecta	Con marcado arco superciliar
Nariz	Larga y estrecha	Corta y ancha	Pequeña y chata	Chata
Ojos	Color y forma variada	Negros o castaños con iris negro	Oscuros con pliegue oblicuo del párpado	Oscuros
Labios	Medianos y estrechos	Medianos y gruesos	Finos	Medianos y gruesos
Cabello	Liso y ondulado Varios colores	Muy rizado y negro	Muy liso y negro	Negro y rizado pero sin llegar a ser crespo
Piel	Fina con abundante vello	Gruesa generalmente de poco vello	Fina	Gruesa
Tez	De marrón a casi blanca	Marrón claro a marrón muy oscuro casi negro	Amarillenta	Marrón claro a marrón muy oscuro

PARA RECORDAR

- La tipología es la forma característica de constitución o estructura mental de un hombre que lo distingue particularmente de otros individuos.
- Conocer la distribución de los huesos y músculos de la cabeza será de gran utilidad a la hora de aplicar el maquillaje, pues cada color se aplicará en un lugar determinado y conducirá a una lógica disposición de las pelucas y los postizos.
- Según Westmore, existen siete tipos de óvalos: redondo, cuadrado, ovalado, triangular, triangular invertido, rectangular y diamante.
- Para considerar un rostro ideal, horizontalmente debe tener la zona superior, media e inferior iguales y, verticalmente, el lado derecho igual que el lado izquierdo.
- Los cuatro orígenes étnicos principales, que retoman en parte la clasificación original de Johann Friedrich Blumenbach son: el caucásico, el negroide, el mongoloide y el australoide.

Actividades

Repasa

1. Indica las expresiones que se pueden obtener con el músculo buccinador, risorio, cigomático mayor y superciliar.
2. Explica cómo es el rostro ideal desde el plano horizontal.
3. Enumera las diferencias que existen entre los rasgos físicos de los distintos orígenes étnicos.

Practica

1. Haz un estudio de las adaptaciones (maquillaje, peinado y vestuario) que cada tipología humana requiere para conseguir una figura y un rostro ideal. Para ello, ten en cuenta todos los conocimientos que tengas de visajismo e iconología. También puedes ayudarte mediante la investigación y la documentación a través de la biblioteca o de internet.

   Sugerencia: Puedes dibujar las distintas tipologías en tu cuaderno de dibujo o en un folio y realizar las modificaciones encima sobre papel vegetal, de la misma forma que cuando haces un boceto.
2. Realiza dibujos de los diferentes óvalos, indicando las diferencias entre ellos.

Proyecto

1. Continuando con el proyecto, elabora un estudio de la figura y rostro de tu personaje, plasmando posteriormente sus rasgos físicos en un dibujo.

HISTORIA DE LA IMAGEN. DESDE LA ANTIGÜEDAD A LA EDAD MEDIA

Índice de contenidos

Qué vas a aprender...

- Cómo han ido cambiando los cánones de belleza desde la Antigüedad a la Edad Media, qué personajes han marcado tendencias y qué prendas han sido las características en cada época.

Para qué te va a servir...

- Para asociar cada época histórica con los cánones de belleza y de moda en el peinado, el maquillaje y la indumentaria, lo que es fundamental a la hora de realizar caracterizaciones históricas para evitar los anacronismos.

Qué vas a necesitar...

- Cualquier fuente de documentación puede ser de gran utilidad, sobre todo aquellas que al arte se refieran, puesto que en los cuadros y en las esculturas se encuentran los mejores ejemplos de cómo ha ido variando la imagen de hombres y mujeres a través de los siglos.

1. LA IMPORTANCIA DE LA IMAGEN PERSONAL DESDE LA ANTIGÜEDAD

La historia de la imagen comienza mucho antes de que las primeras civilizaciones de Egipto y Mesopotamia hicieran su aparición. En los últimos años un gran número de descubrimientos arqueológicos y el estudio de las pinturas rupestres han proporcionado documentación más antigua.

En cuanto al traje se refiere, durante las glaciaciones, en las que el clima de gran parte de Europa fue extremadamente frío, el motivo principal para cubrirse el cuerpo, además de las consideraciones sociales y psicológicas, fue preservarse de las bajas temperaturas. El hombre primitivo se dio cuenta de que podía cazar a los animales para conseguir, además de su carne, su piel y cubrirse, así, con ella. Después aprendió a darle forma, a tratarla y teñirla, hasta hacerla definitivamente flexible e impermeable. Con el invento de la aguja con ojo pudieron coser unas pieles con otras y ajustarlas al cuerpo (como el traje tradicional de los esquimales).

A su vez, la gente que vivía en climas más templados descubrió el uso de las fibras animales y vegetales. Utilizaron la lana de las ovejas, la llama, la alpaca o la vicuña y las fibras de algodón, lino o cáñamo para empezar a tejer.

La forma más sencilla de cubrirse con una tela era enrollándosela a la cintura. Así nació el *sarong*, la forma más primitiva de falda. El paso siguiente consistió en poner otro rectángulo de tela sobre los hombros, que se sujetaría con fíbulas. Egipcios, asirios, griegos y romanos usaron prendas drapeadas (plegadas y no ceñidas) de este estilo.

En cuanto al peinado, se pueden encontrar diferentes tipos en cuanto a la longitud, la forma, el cuidado o arreglo de los bucles, adornos y color según el pueblo y su cultura.

Así como la indumentaria de los pueblos antiguos se mantenía igual durante siglos, y la moda se reducía a cambios en el espesor del tejido, en el plegado o en los adornos, en el caso de los peinados los cambios se sucedían con mayor velocidad.

2. EGIPTO

En general, el egipcio apenas utilizaba vestimenta alguna. De hecho, la mayor parte de las clases bajas y los esclavos iba casi o totalmente desnudos. El ir vestido era una especie de distintivo, de privilegio de clase.

Durante el Imperio Antiguo (anterior a 1500 a. C.), la prenda característica fue el *schenti*, un paño de lino o algodón plegado alrededor de la cadera de carácter envolvente (a modo de taparrabos o pampanilla) que se sujetaba con un cinturón.

Bajo el Imperio Nuevo (1500 a. C.-332 a. C.) los faraones usaban también el *kalasiris*, túnica larga con flecos en el borde, muy transparente, que dejaba ver el *schenti* de debajo.

El de las mujeres acababa por debajo de los pechos e iba sujeto con uno o dos tirantes. A veces se cubrían los hombros con una capa corta o llevaban un gran collar adornado con piedras preciosas, dejando los pechos al descubierto.

Micerino y su esposa (Fine Arts Museum, Boston). El faraón va ataviado con el *klaft*, la barba postiza y el paño real mientras su esposa, Khamerer-Nebti, viste una fina túnica de lino.

Pintura mural de la tumba de la reina Nefertari en el Valle de los Reyes, Tebas. El vestido plisado de lino transparente representa la moda de la época mientras que la túnica con tirantes de la diosa es el antiguo vestido tradicional que alude a la eternidad.

Rahotep y su esposa Nofret (Museo del Cairo). El diferente color de la tez de ambos corresponde a un ideal estético.

El faraón Tutankamon y su esposa. El traje real se realizaba en tejidos finos, con cinturones bordados y collares de oro y esmalte.

Las prendas estaban hechas en su mayoría de lino pues es un tejido ligero y fácil de lavar, ideal para el clima caluroso. Apenas utilizaban lana, pues consideraban las fibras animales impuras.

En cuanto al calzado, los egipcios solían utilizar sandalias fabricadas con suelas de cuero, papiro o madera y se ataban con cordones de cuero, metal o fibras de plantas.

Por razones de higiene, hombres y mujeres se afeitaban la cabeza y se la cubrían con pelucas de pelo natural o de lino o palmera, que dependiendo de la época, eran de una forma o de otra. Otras veces, los hombres para protegerse del sol usaban el típico *klaft*, tocado que consiste en una tela cuadrada de rayas que se ceñían a las sienes en pliegues angulosos sobre las orejas.

Ellos crearon de forma primitiva la mayoría de los utensilios de maquillaje que existen en la actualidad. Las mujeres se aclaraban la piel con un color ocre amarillo, mientras que los hombres se la oscurecían con una pintura anaranjada; se hacían los ojos más grandes con *kohl* negro o polvo de malaquita verde; se alargaban y realzaban las cejas en gris; usaban brillo de labios rojo y colorete; y se pintaban las uñas con un tinte rojo, probablemente henna.

3. LA CRETA MINOICA

Los cretenses fueron un pueblo que destacó por la originalidad de sus trajes. El traje masculino consistía en un taparrabos, que dejaba el torso al desnudo, pero su forma era mucho más variada que la del *schenti* egipcio y además podía variar el material: lino, lana o cuero. En el caso de la mujer, su pampanilla se había alargado hasta alcanzar el suelo, y luego, por un proceso de superposición de telas, se había llegado a una indumentaria de un efecto visual similar a la moda europea de mediados del siglo XIX, con una cintura exageradamente fina y un corpiño que terminaba bajo el pecho. Hombres y mujeres llevaban cinturones adornados con placas metálicas o enteramente de metal (oro, plata o bronce; a veces, ricamente repujados). La estrechez de sus cinturas hace pensar en la posibilidad de que llevaran esos cinturones desde la infancia.

Rey-sacerdote de Cnossos, Creta, 1550-1450 a. C. Este relieve representa a un hombre joven, tocado con una amplia tiara y un típico faldellín corto con estuche fálico por todo vestido, al modo egipcio. En el cuello, un collar de cuentas en forma de flores de lis.

Estatuilla de terracota de Petsofa o *Diosa de las Serpientes*, del palacio de Cnossos, Creta (hacia 1600 a. C). Representa a una diosa con el típico vestido minoico de falda larga con volantes, delantal superpuesto y corpiño con media manga y dejando el pecho al descubierto.

Por lo general, los hombres no llevaban nada en la cabeza, a veces, algún turbante o bonete, e iban bien afeitados. Las mujeres llevaban tocados muy complicados sobre el peinado o una sola cinta para apartar el cabello de la cara, y este recogido en una cola baja o suelto con grandes ondulaciones y trenzas, o bien con un mechón sencillo o doble que se rizaba encima de la oreja y caía hasta el cuello.

Los cretenses mostraron una extraordinaria pasión por los colores vivos: rojo, amarillo, azul y púrpura. Eran también muy aficionados a la joyería: anillos, brazaletes, collares y alfileres para el cabello.

4. LA BELLEZA CLÁSICA

Tanto la belleza femenina como la masculina se basaban en la simetría, según la cual un cuerpo es bello cuando todas sus partes son proporcionadas con la figura entera. La diferencia es que para las mujeres se buscaban formas más suaves y sinuosas, y más atléticas para los hombres.

Considerada, además, como una belleza en armonía con el cuerpo y el entorno, para la vestimenta se utilizaban telas más suaves, y los drapeados fueron adquiriendo mayor refinamiento, de forma que la ropa caía de manera natural sobre el cuerpo. Se cortaba y se cosía lo mínimo posible –o incluso se prescindía de ello–, y la atención se centraba en los pliegues. En su forma ideal, la ropa debía ser tan fina que resultara difícil diferenciar entre cuerpo y tela.

Auriga de Delfos, Pithagoras de Reggio, 478-74 a. C. La túnica larga la utilizaban por igual hombres y mujeres.

Koré con chitón y manto (Museo de la Acrópolis, 450 a. C.).

4.1. Grecia

El traje griego se caracterizaba por carecer de forma propia. Los trajes consistían en rectángulos de tela de tamaño variable que se enrollaban o colgaban del cuerpo sin cortar la tela para ello. Había una gran variedad de formas de colocarse las prendas, pero las características básicas permanecieron inalterables hasta la época de Alejandro Magno.

Hombres y mujeres llevaban una túnica llamada *chiton*; la de los hombres llegaba hasta las rodillas y la de las mujeres hasta los tobillos, aunque, a veces, los hombres utilizaban un chitón largo. El *chiton* se sujetaba a los hombros (a uno o los dos) por medio de alfileres o broches y generalmente se ceñía a la cintura con un cinturón o cordón.

Durante algún tiempo se creyó que el traje griego era blanco o del color natural de la lana o el lino, pero se ha demostrado que las telas eran de colores con motivos decorativos, excepto posiblemente los de la gente pobre. La decoración de las prendas se restringía, por lo general, a los bordes y solía ser bordada. Los motivos más habituales eran la greca griega, flores y animales.

Sobre el *chiton*, los jóvenes, y sobre todo los jinetes, llevaban un manto corto, la clámide, que se abrochaba en uno de los hombros. Tampoco era extraño llevar la clámide sola, sin el chitón (en el *gimnasium* hombres y mujeres hacían ejercicios totalmente desnudos). Cuando hacía frío llevaban un manto mucho más largo, el *himation*. La versión femenina de la clámide era el *peplos,* que fue confeccionándose en tejidos más refinados, incluso de seda, a medida que aumentaba el lujo.

Friso de las Ergastinas. Museo Británico.

LAS SANDALIAS DE LAS CORTESANAS GRIEGAS

Solían llevarlas adornadas, con las suelas tachonadas con clavos, dispuestos de tal forma que al caminar dejaban huellas con palabras como «sígueme».

Los griegos casi nunca llevaban calzado en el interior de las casas, y los hombres de las clases bajas iban descalzos incluso por las calles. Las sandalias constituían el calzado habitual, también para las clases adineradas.

En los estilos de peinados sí se pueden establecer cambios apreciables a lo largo de los siglos.

Antes de la victoria griega sobre los persas, hombres y mujeres llevaban el cabello largo. Más adelante, el pelo largo se consideró adecuado solo para niños y mujeres. Los jóvenes, al llegar a la pubertad, cortaban sus cabellos y se los ofrecían a los dioses.

Antes del siglo v a. C. las mujeres se sujetaban el cabello con una cinta o en una especie de moño bajo, a la altura de la nuca. Tras la conquista romana los peinados se hicieron mucho más variados y complicados, con rizos, ondas y cabellos postizos. Los hombres llevaban generalmente barba, y los más jóvenes se afeitaban la cara.

En cuanto a los cuidados estéticos, sobre todo se dio importancia a la figura, dedicando especial atención a los senos. En el rostro primaba la blancura de la tez, considerada signo de apasionamiento. Para los ojos empleaban el *khol* pero de forma mucho más discreta que las egipcias, pintando los párpados de azul y negro. Las cejas las perfilaban suavemente sin alargarlas demasiado. Coloreaban las mejillas y los labios con rojo orcaneta y minio. Las uñas las coloreaban en armonía con los labios.

EL CABELLO HABLA

En las culturas griega y romana, el significado, la dignidad y el estado social del hombre podían apreciarse según la longitud de sus cabellos. Cabellos largos llevaban los libres por nacimiento, los nobles, los guerreros y los dioses, mientras que los esclavos, los sirvientes y los trabajadores llevaban cabellos cortos que les proporcionaban mayor higiene. El recuperar la libertad o ascender en la escala social significaba también poder dejarse crecer los cabellos.

Como la sociedad en Grecia era fundamentalmente machista, las mujeres nunca debían ir maquilladas, solo podían mostrar su maquillaje en sus gineceos (habitaciones de mujeres).

4.2. Los etruscos

Los etruscos, dinastía extranjera que rigió Roma antes de su desarrollo y mantuvo relaciones con los griegos y con Asia Menor, vieron influenciada su indumentaria por ambos pueblos. De los griegos adoptaron la sandalia, puesto que, anteriormente, ellos calzaban un tipo de botas altas, con cordones y las puntas levantadas (*calcei repandi*), cuyo origen evidente era Asia Menor.

Sus trajes eran tanto cosidos como drapeados, evolucionando desde el vestido-túnica a la toga (en la que tiene su antecedente la toga romana). Los hombres vestían una toga hecha a partir de un semicírculo de tela o bien de un rectángulo, a modo de manto. Mientras que las mujeres, usaban un vestido largo y ajustado, sin cinturón, de manga corta y, a veces, con una abertura en la espalda que se cerraba con cintas (una vez metido el vestido por la cabeza).

Sobre el vestido llevaban un manto largo y rectangular, con el que cubrían la cabeza en las ocasiones que así lo requerían.

Danzarina de la *Tumba de las Leonas* de Tarquinia, siglo vi a. C. La danzarina lleva un traje jónico con el correspondiente *tutulus* cubriendo la cabeza y calzada con los puntiagudos *calcei repandi*.

Flautista de la *Tumba de los Leopardos,* 470 a. C.

• Las prendas drapeadas se convirtieron en un signo de civilización. Los trajes ajustados y entallados se consideraban bárbaros, y los romanos llegaron tan lejos como para decretar, en una ocasión, la pena de muerte para quienes usaran este tipo de prendas.

Augusto lleva la toga encima de la túnica con mangas.

4.3. Roma

Los romanos tomaron una prenda de los etruscos: la toga, que adquirió dimensiones mucho mayores, por lo que enrollarla alrededor del cuerpo requería una considerable destreza y era, por tanto, poco práctica y usada fundamentalmente por las clases altas. La toga era blanca para los senadores, con el borde púrpura para los jóvenes patricios y oscura para el luto. Se disponía sobre el cuerpo formando pliegues; un extremo se colocaba sobre el pecho y, atravesando por encima del hombro izquierdo, rodeaba la espalda, volvía hacia adelante pasando por debajo del brazo derecho, de allí tornaba otra vez sobre el hombro izquierdo y se ataba a la espalda. A partir del año 100 d. C. la toga empezó a hacerse más pequeña, encogiendo hasta convertirse en el *pallium*, y luego en una simple banda de tela, la *estola*.

En los primeros tiempos de la República los hombres llevaban un simple taparrabos de lino, que en el Imperio se sustituyó por una túnica cosida, consistente en dos telas que se ponían por la cabeza y se sujetaban con un cinturón. Llegaba hasta las rodillas, excepto en ocasiones especiales, como en las bodas, que llegaba hasta los pies. Los patricios la llevaban debajo de la toga y los trabajadores como prenda única.

El traje femenino era muy parecido al masculino. La túnica, sin embargo, era mucho más larga, similar a un vestido que llegaba hasta los pies. En un principio fue de lana, luego de lino y algodón, y más tarde, para las mujeres ricas, de seda. Los colores preferidos eran el rojo, el amarillo y el azul, y a veces se adornaban con ricos bordados. La *stola*, que se llevaba encima de la túnica, era una prenda similar pero con mangas. Y para salir de casa, encima de la estola, se colocaban la *palla* (un gran manto enrollado, parecido a la toga pero de forma rectangular).

En público solían cubrirse la cabeza con un velo.

En los primeros tiempos los romanos llevaban barba, pero desde el siglo II a. C. empezaron a afeitarse, lo que se hizo un hábito general hasta la época del emperador Adriano, quien de nuevo impuso la barba. Llevaban el pelo corto y los más elegantes se rizaban el cabello con tenacillas calientes.

El emperador Trajano con el cabello corto peinado hacia delante.

Agripina la Menor va peinada a la manera de Livia: cabello partido con leves rizos laterales (Museo del Louvre).

Los peinados se fueron complicando con el transcurso del tiempo. Se utilizaban pelucas y postizos y estaba de moda el pelo rubio, por lo que tanto hombres como mujeres aclaraban sus cabellos. Además, los romanos ricos se echaban polvo de oro sobre ellos o se hacían elaborar postizos con pelo rubio que traían de Germania.

Las mujeres romanas, al igual que las griegas, se aplicaban en la piel una base de maquillaje blanca: una fórmula tóxica compuesta de plomo, miel y grasa; a la que añadían posos de vino, espuma de salitre y ocre, para obtener un tono más sonrosado. Además se aplicaban hollín en pestañas y cejas y usaban colorete y lunares postizos.

A medida que el lujo crecía, el Imperio decaía. Las joyas tuvieron un uso cada vez mayor: tiaras con incrustaciones de piedras preciosas, camafeos, brazaletes, tobilleras, collares y pendientes adornaban a hombres y mujeres.

La ornamentación se extendió, incluso, al calzado, que pasó de las sandalias de extrema sencillez a zapatillas de estar por casa que se pintaban y adornaban con piedras preciosas.

Con la ampliación del Imperio las influencias extranjeras de todo tipo se acentuaron, sobre todo con la expansión hacia el Este. Cuando la corte se trasladó a Bizancio, se abrió un nuevo capítulo en la historia del traje romano. El traje bizantino se caracterizó por el colorido alegre, de franjas, borlas y joyas del Este. Alrededor de la cabeza se ponía una cinta de tela anudada en la nuca, que los emperadores posteriores sustituyeron por un tipo de corona, adornada con joyas y con hileras de piedras preciosas colgantes a ambos lados. Los tejidos eran ricos y los materiales variados. Se sustituyó la lana por el algodón, el lino y la seda (en principio traída de China y más tarde hilada y tejida en el propio Bizancio).

A lo largo de los siglos el traje bizantino se fue orientalizando. En el siglo XII se adoptó el *caftán* persa y un manto abotonado por delante hasta abajo. A partir del siglo VI se llevaron también turbantes. A su vez, el traje bizantino influenció a los pueblos de su alrededor, de forma que, incluso después de la caída de Constantinopla, los reyes búlgaros vestían con trajes de inspiración bizantina. Y los gobernantes rusos sufrieron esta influencia hasta el siglo XVII. Incluso la Iglesia ortodoxa ha continuado hasta nuestros días celebrando las ceremonias religiosas con vestiduras muy semejantes a las de los emperadores bizantinos.

Mosaicos de San Vital de Rávena: la emperatriz Teodora y sus damas, Rávena, 547 d. C.

5. EDAD MEDIA

Tras la caída del Imperio romano, las invasiones bárbaras dejaron poco tiempo para el arreglo del cuerpo, además la cristianización de Occidente puso de moda la austeridad y el pudor, por lo que los cuidados de belleza cayeron en desuso.

El canon de belleza femenino de esta época es la mujer joven, adolescente de cabello rubio y rizado en trenzas o suelto. La piel blanca y las mejillas y labios rojos. Las cejas morenas, finas y arqueadas. Y la frente al final de la Edad Media se depila y se muestra muy amplia, haciendo muy grandes los ojos y destacando el perfil.

El hombre, por su parte, debía ser delgado y fino de talle, con cabellos medianos, ligeramente ondulados y sin barba, ya que esta estaba relegada a los mayores, que la llevaban como símbolo de dignidad y sabiduría.

Otón III recibe el homenaje de las cuatro provincias del Imperio. Código Egbert, 983. Museo Condé, Chantilly.

• Cuando haya que documentarse para una caracterización histórica es fundamental centrarse no solo en la época, sino también en la región geográfica en la que transcurrieron los hechos. Por ejemplo, la vestimenta y los tocados de España durante la Edad Media eran completamente distintos a los del resto de Europa, debido a la influencia de la dominación musulmana.

Señor de Johansdorf, del manuscrito Manesse, principios del siglo XIV.

No obstante, describir la imagen medieval no es tarea fácil, sobre todo porque las modas variaron mucho a lo largo de los siglos y según regiones. Variaba incluso a una escala de pocos años, dándose el caso de personas mayores, por ejemplo, que llevaban prendas o tocados que los más jóvenes ya no usaban.

En general se vestía con muchas prendas superpuestas. La ropa interior consistía en una camisa que se mantuvo más bien larga durante toda la Edad Media. Respecto al resto de la ropa interior, se sabe que los hombres llevaban calzones (parecidos a los calzoncillos largos actuales o estilo *boxer*) y calzas (medias de tela cortada al bies) que se ataban a los calzones. El caso de las mujeres es más misterioso: se sabe que llevaban calzas, aunque quizás no siempre, y probablemente llegasen solo hasta las rodillas. Es posible que llevasen también calzones. Hacia finales del siglo XV hay indicios también de que, al menos las españolas, habían adaptado la ropa interior de los hispano-árabes: una especie de pantalones muy anchos y sueltos que llegaban hasta las rodillas llamados *zaragüelles*. No se sabe si llevaban algún tipo de sujetador, aunque hay que decir que los trajes ajustados no solían precisarlo.

Hacia el final de la Edad Media las calzas se vuelven más sofisticadas, permitiendo lucir más pierna (masculina) hasta llegar a las calzas enteras, que serían como pantalones ajustados con un parche delantero para cubrir el hueco de la bragueta. Al llegar a ese punto los hombres llevaban ya un *jubón* (especie de chaqueta ajustada al cuerpo) y sobre este un *sayo* (traje más parecido al medieval clásico).

Hombres y mujeres, sobre la ropa interior, llevaban un traje, y un traje de encima y/o capa en su caso.

Otra característica de la ropa medieval es la de cubrir gran parte del cuerpo. Normalmente tanto hombres como mujeres iban cubiertos desde el cuello hasta la muñeca y hasta los tobillos. Solo en las ilustraciones de labores del campo o en las de gente relajándose en casa, se ven piernas o brazos descubiertos (normalmente porque las calzas y mangas están arremangadas).

Por supuesto, no existían cremalleras y los botones solían ser pocos y más bien decorativos.

Para cierres pequeños (como el del escote) se usaban broches o botones, según la época. Para los trajes ajustados solían usarse los cordones (atados siempre en zigzag).

5.1. Alta Edad Media

El traje masculino en esta época, básicamente, estaba compuesto por una túnica hasta las rodillas, bajo la cual llevaban unos calzones. Las mujeres vestían con una única túnica larga, decorada con cenefas bordadas, que no cubría los brazos y que se sujetaba a los hombros por medio de broches. Encima llevaban una especie de manto para cubrir los hombros. Y tanto hombres como mujeres ceñían la túnica a la cintura mediante un cinturón.

Con las Cruzadas, el traje europeo se vio influenciado por el Oriente Próximo. No solo se trajeron joyas y tejidos refinados y mucho más lujosos, sino también el aprendizaje de la hechura de las prendas que allí se usaban. Las damas occidentales adoptaron el velo mahometano, o por lo menos una toca o *griñón* que ocultaba la parte inferior de la cara.

Además, empezaron a ajustar sus túnicas a la figura por medio de botones que bajaban por los lados, dejando la parte superior del traje apretada encima del busto. Las mangas se hicieron inmensamente largas y muy amplias a la altura de la muñeca.

En torno a 1130 apareció un estilo nuevo, al menos para las mujeres de la clase alta, en el que el cuerpo de la túnica se ajustó hasta las caderas y la falda caía en pliegues hasta los pies, a veces tan larga que formaba una cola.

A partir de finales del siglo XII y hasta el XV se llevó el *barboquejo* o *barbette*, tocado que consistía en una banda de lino que pasaba por debajo de la barbilla y subía luego hasta las sienes. Junto con el barboquejo, a finales del siglo XIII, surge la *crespina*, especie de red que cubre el cabello y que, por primera vez en la Edad Media, lo deja al descubierto, lo que antes había sido considerado inmoral para toda mujer casada.

Los hombres, al principio, llevan el cabello corto y a partir del siglo XIII, lo fueron dejando crecer y lo llevaban con flequillo o con raya al medio, y en ocasiones se lo rizaban usando planchas. La clase religiosa se caracterizaba por llevar los cabellos cortos y la tonsura (círculo de cabellos afeitado en la coronilla).

Burgueses de Siena, fragmento del fresco *Alegoría del Buen Gobierno* (1333-1339), de Ambrogio Lorenzetti.

5.2. Baja Edad Media

El crecimiento del comercio y el florecimiento de las ciudades hizo que surgiera una nueva clase social: la burguesía, y con ella el fenómeno de la moda tal y como se entiende hoy en día. Surgen innumerables disposiciones sobre las vestiduras, cuyo objeto principal es mantener las diferencias de clases y restringir las exageraciones en el lujo. Así se muestra en Occidente una coquetería hasta ese momento desconocida.

Los hombres acortan sus jubones y los almohadillan por delante para ensanchar el tórax.

Encima, las clases altas llevaban la *cotardía* que era una túnica de cuello bajo, abotonada por delante hasta abajo, con mangas ajustadas que se acampanaban al llegar al codo, y se hacían tan anchas que llegaban hasta las rodillas. Otra prenda característica fue la *hopalanda*, que se ajustaba a la forma de los hombros y luego caía suelta, ciñéndose con un cinturón a la cintura. Sus mangas eran tan anchas que a veces llegaban hasta el suelo.

Para las mujeres surgen los escotes que dejan al descubierto parte del pecho, las mangas se alargan y estrechan cubriendo parte de la mano y se abandona el velo, que pasa a ser utilizado sólo por monjas y viudas. En su lugar aparecieron una serie de tocados, que hasta finales del siglo XV se fueron haciendo cada vez más complicados y fantásticos.

El matrimonio de Giovanni Arnolfini y Giovanna Cenami, de Jan van Eyck, 1434.

Abril, detalle de *Les Très Riches Heures du duc de Berry*. Museo Condé, Chantilly.

Retrato de joven dama, de Petrus Christus, 1460-1470, Berlín.

Cristina de Pisa ofreciendo su libro de poemas a Isabel de Bavaria, reina de Francia, principios del siglo XV.

Margarete van Eyck, de Jan van Eyck, 1439.

También el peinado de las mujeres experimenta un importante cambio. Hasta el momento, durante el medievo, las cabezas y los rostros de las mujeres casadas se habían mantenido alejadas de las miradas, y ahora, empiezan a preocuparse por lucir auténticos peinados que exigen gran detalle y largo tiempo en su preparación.

Uno de los peinados típicos de finales del siglo XIV, y que se mantuvo durante el XV, se basaba en dos trenzados amplios que corrían por las dos mejillas, rodeando las orejas y casi siempre sostenidos por una red.

Además, tocados propios de este periodo fueron el tocado cojín, el de cuernos, el tocado salchicha, el tocado turbante, el de tubo de chimenea, el de aguja y el de mariposa.

PARA RECORDAR

- Los hombres y las mujeres del Antiguo Egipto se afeitaban la cabeza y se la cubrían con pelucas de pelo natural o de lino o palmera. Otras veces, los hombres para protegerse del sol usaban el *klaft,* una tela cuadradas de rayas que se ceñía a las sienes en pliegues angulosos sobre las orejas.
- Las mujeres egipcias se aclaraban la piel con un color ocre amarillo, mientras que los hombres se la oscurecían con una pintura anaranjada; se hacían los ojos más grandes con *kohl* negro o polvo de malaquita verde; se alargaban y realzaban las cejas en gris; usaban brillo de labios rojo y colorete; y se pintaban la uñas con un tinte rojo, probablemente henna.
- Los hombres y las mujeres cretenses llevaban cinturones adornados con placas metálicas o enteramente de metal. La estrechez de sus cinturas hace pensar en la posibilidad de que llevaran esos cinturones desde la infancia.
- El traje griego se caracterizaba por carecer de forma propia, consistía en rectángulos de tela de tamaño variable que se enrollaban o colgaban del cuerpo sin cortar la tela para ello.
- En la Grecia clásica los hombres y las mujeres vestían una túnica llamada *chiton*; la de los hombres llegaba hasta las rodillas y la de las mujeres hasta los tobillos. El *chiton* se sujetaba a los hombros (a uno o a los dos) por medio de alfileres o broches y, generalmente, se ceñía a la cintura con un cinturón o cordón.
- Los romanos usaban una toga de grandes dimensiones que debían enrollar al cuerpo con destreza, por lo que era poco práctica y la usaban fundamentalmente las clases altas. La toga era blanca para los senadores, con el borde púrpura para los jóvenes patricios, y oscura para el luto.
- Los romanos utilizaban pelucas y postizos, y estaba de moda el pelo rubio, por lo que tanto hombres como mujeres aclaraban sus cabellos. Además, los ricos se echaban polvo de oro sobre ellos o se hacían elaborar postizos con pelo rubio que traían de Germania.
- El traje bizantino se caracterizó por el colorido alegre, de franjas, borlas y joyas del Este.
- El canon de belleza femenino en la Edad Media es la mujer joven, adolescente, de cabello rubio y rizado en trenzas o suelto. La piel blanca y las mejillas y labios rojos. Las cejas morenas, finas y arqueadas.
- El hombre joven en la Edad Media debía ser delgado y fino de talle. No llevaba barba, ya que esta estaba relegada a los mayores, que la llevaban como símbolo de dignidad y sabiduría.
- Al principio de la Edad Media, los hombres llevaban el cabello corto y a partir del siglo XIII, lo fueron dejando crecer y lo llevaban con flequillo o con raya al medio, y en ocasiones se lo rizaban usando planchas.
- Uno de los peinados típicos de finales del siglo XIV, y que se mantuvo durante el siglo XV, se basaba en dos trenzados amplios que corrían por las dos mejillas, rodeando las orejas y casi siempre sostenidos por una red.

Actividades

Repasa

1. Realiza una tabla donde recojas las características acerca del vestuario, maquillaje y peinado de las diferentes épocas estudiadas.
2. Enumera las características del maquillaje egipcio.
3. ¿Qué eran el *chiton*, la *clámide* y el *himation*?
4. ¿Cuál era el canon de belleza en la Edad Media?
5. Indica las diferencias respecto a la indumentaria entre la Baja y la Alta Edad Media.

Practica

1. Elige un personaje histórico e investiga cómo era la moda en el vestido, el peinado y el maquillaje en la época y la región en la que vivió.
2. Representa con dibujos sencillos los siguientes tocados medievales: el de cuernos, el tocado turbante, el de tubo de chimenea, el de aguja y el de mariposa.
3. Diseña un boceto de un personaje masculino romano en el que se recojan las características de la moda de esa época.

6 TEMA
HISTORIA DE LA IMAGEN. DESDE EL RENACIMIENTO AL ROCOCÓ

Índice de contenidos

Qué vas a aprender...

- La evolución de los cánones de belleza desde el Renacimiento al Rococó, los personajes que han marcado tendencias y las prendas características de cada época.

Para qué te va a servir...

- Para asociar cada época histórica con los cánones de belleza y de moda en el peinado, el maquillaje y la indumentaria, lo que es fundamental a la hora de realizar caracterizaciones históricas para evitar los anacronismos.

Qué vas a necesitar...

- Cualquier fuente de documentación puede ser de gran utilidad, sobre todo aquellas que al arte se refieran, puesto que en los cuadros y esculturas se encuentran los mejores ejemplos de cómo ha ido variando la imagen de hombres y mujeres a través de los siglos.

1. RENACIMIENTO

Detalle de Francesco del Cossa, *Triunfo de mayo*, Ferrara, hacia 1470.

El término Renacimiento designa el movimiento cultural (filosófico, político, artístico y literario) que surge en Europa durante los siglos XV y XVI, así llamado por su intento de volver a los valores formales y espirituales de la Grecia antigua. Se caracteriza por una cierta oposición al medievo (teocéntrico y autoritario), por una exaltación del ser humano como individuo y de su capacidad creadora, y por un redescubrimiento del mundo terrenal.

Aún siendo sobre todo un movimiento cultural de origen italiano, el Renacimiento se desarrolló en una Europa caracterizada por la explosión demográfica, la intensa circulación de hombres e ideas y el desarrollo de una economía internacional estimulada por un creciente capitalismo.

1.1. Siglo XV

En España, a lo largo de este siglo, los hombres vestían en general de acuerdo a las pautas internacionales (como en el siglo anterior) y sus ropas reflejaban las modas francesas, borgoñas, flamencas e italianas, aunque también había influencias moriscas. Sin embargo, las mujeres tenían una indumentaria que seguía una trayectoria claramente independiente, de marcado carácter nacional.

En el traje masculino la prenda principal seguía siendo el *jubón*, que se llevaba extremadamente corto (tanto que a veces era imprescindible el uso de braguetas) e incorporó el cuello alto. Se utilizaban hombreras para aumentar la apariencia de la anchura del tórax. Además se usaron cada vez más los sombreros, que podían ser de distintas formas: de copa baja y ala estrecha, altos y sin ala, similares a los bombines, adornados con plumas... Hacia finales de siglo era común una gorra plana con un ala levantada adornada con una sola joya. Hasta 1480 los zapatos masculinos tenían la punta muy alargada, a veces de forma exagerada (zapatos «a la polonesa» o «a la cracoviana»).

Don Íñigo López de Mendoza, por el maestro de Sopetrán (Museo del Prado), hacia 1470. La figura masculina lleva un tabardo sobre un sayo sin mangas y calza zapatos a la cracoviana.

El festín de Herodes, de Pedro García Bernanarne (Colección Mutadas, Barcelona), hacia 1470-80. Las mujeres visten *briales* con *verdugos* y camisas moriscas listadas. Salomé lleva una cofia de *tranzado*.

EL VERDUGO: ¿ESTÉTICA O DISIMULO?

Verdugo es el nombre del arbusto con cuyas ramas se hacían los aros que se cosían a las faldas y, por extensión, se llamó verdugo a todo el conjunto de falda armada de forma acampanada. Se cuenta que su inventora fue Juana de Portugal, esposa del rey de Castilla, Enrique IV el impotente para ocultarle a este la evidencia de sus infidelidades.

El traje femenino a partir de 1450, en general, se manifiesta original e independiente de las modas extranjeras, salvo en ciertas pervivencias francesas (vestidos plegados, tocados de cuernos, rollos y bonetes) y algunas italianas (como las aberturas en las mangas de los vestidos a través de las cuales asomaban las mangas blancas de la camisa).

Los *verdugos*, los *tranzados* y los *chapines* constituyen posiblemente las aportaciones más atractivas de la moda española. Los *verdugos* eran unos aros cosidos a la parte exterior de la falda. Hay que considerarlo como el precedente de los armazones de las faldas de las mujeres: *verdugados*, *guardainfantes*, *tontillos* y *crinolinas*.

El *tranzado* consistía en una cofia con una larga cola dentro de la cual se metía el pelo, recogido en una sola trenza. Los *chapines* eran de herencia musulmana (igual que los *zuecos* y los *alcorques*, todos ellos calzados sin talón y con suela de corcho) y constituían una creación de la moda española. Se caracterizaban por tener unas suelas de corcho muy altas, a veces lujosamente adornadas, que en siglo XVI pasarían a toda Europa, siendo especialmente populares en Venecia.

También de influencia morisca eran las *camisas labradas* (bordadas o con ricas labores de pasamanería superpuestas), las *camisas listadas* (con cintas de diversos colores cosidas a la tela) y las *escacadas* (con adorno ajedrezado). Origen morisco también tenían los *alharemes* y *almaizares*, tocas moras a modo de turbantes que adoptaron tanto hombres como mujeres.

El lujo que se alcanzó a finales del siglo XV fue muy criticado, por lo que los Reyes Católicos para dar ejemplo de sobriedad en el vestir publicaron las pragmáticas contra el lujo. El traje español se convirtió a partir de entonces en un traje elegante y señoril, con tendencia a los colores oscuros y con pocos adornos.

En cuanto a la estética femenina, algunas mujeres se afeitaban las cejas y la frente, imitando a las esculturas clásicas, lo que dejaron de hacer a medida que fue avanzando el siglo, de forma que en vez de retirar el pelo hacia atrás, empezaron a peinarlo con raya al medio, llevándolo liso hacia la nuca, donde se ajustaba en un moño.

Entre los hombres las barbas eran poco apreciadas, y el cabello pasó de llevarse liso con flequillo y corte de paje, a dejarse crecer hasta los hombros y ondularse hacia finales de siglo.

Degollación de San Juan Bautista (Museo del Prado, Madrid), hacia 1490. Salomé aparece con una falda con *verdugos* bajo el *brial*, cofia de *tranzado* y camisa morisca. El verdugo viste *jubón, calzas* y *sayo* sin mangas.

Hombre con turbante rojo, de Jan van Eyck (National Gallery, Londres).

Imagen de un hombre joven, de Sandro Boticelli, 1475.

1.2. Siglo xvi

En el siglo xvi, con los reinados de Carlos V y Felipe II, España impuso su moda a Europa. A principios de siglo el traje español mezclaba notas nacionales con influencias extranjeras. Felipe el Hermoso había introducido en España los esplendores de la corte de Borgoña, así como detalles de la indumentaria de Flandes que se intensificaron con la llegada de Carlos V. El emperador trajo también consigo las modas alemanas que triunfaban por toda Europa y que aquí influyeron sobre todo en el traje masculino: las braguetas prominentes, las *cuchilladas* (rasgaduras en la tela de las prendas a través de las cuales se sacaba el forro), cierto tipo de gorras y una capa, el *tudesco.* Italia también hacía patente su influencia en el cabello corto de los hombres, algunas gorras y los escotes de los trajes femeninos. Sin embargo, la severa etiqueta de la casa de los Austrias, su contención en las formas, daba un aire homogéneo y fundía estas diversidades.

Isabel de Portugal, de Tiziano, 1535 (Museo del Prado). La reina viste una *saya de mangas de punta* y *gorguera* alta con *lechuguilla.*

España gozaba de un gran prestigio en Europa desde finales del siglo xv con el descubrimiento de América, la expulsión de los árabes y la unificación nacional. La subida al trono de Carlos V supuso la concentración en su persona del más vasto y poderoso imperio de Occidente. La hegemonía española en el panorama internacional trasciende al campo de la moda y el traje hispano se va a identificar de tal manera con su poderío y prestigio que, a mediados de siglo, vestir «a la española» suponía la suprema distinción. El carácter dominante del traje español era su sobriedad, su austera elegancia, pero su gravedad no iba reñida con el lujo. Su color era el negro. Se tiende a una estilización de las líneas del cuerpo, a su reducción a formas rectas y geométricas tanto en el traje masculino como en el femenino. Los detalles del exterior se atemperan haciéndolos suyos, como las *cuchilladas*.

Las prendas principales de la indumentaria varonil son el *jubón*, las calzas (divididas ahora en *muslos* y *medias*) y el *sayo* (un traje con faldas que se vestía directamente sobre el jubón). Las medias hasta 1590 eran cortadas al bies y a partir de entonces podían ser de punto o, a veces, de seda, de manera que quedaban muy elegantemente ajustadas a la pierna. Las gentes de condición humilde llevaban calzones que podían ser largos (similares a los pantalones actuales) o cortos hasta las rodillas, que a diferencia de las calzas no se amoldaban a la forma de las piernas y eran de enorme sencillez. A partir de 1530 se sustituye el *sayo* por el *coleto* (una especie de chaleco que apenas pasaba de la cintura, dejando las piernas al descubierto). El tocado habitual era la gorra, plana o adornada con una pluma.

Alejandro Farnesio, de Sánchez Coello, hacia 1550 (Museo de Dublín). El retratado viste un lujoso *tudesco* sobre el *jubón* de cuello levantado.

Jane Seymour, hacia 1536-1537, de Holbein.

LA LECHUGUILLA

Los cuellos o lechuguillas constituyen un ejemplo extremo de la tendencia humana a demostrar con ciertos trajes que quienes los usan no necesitan trabajar o que, por supuesto, no se dedican a ninguna ocupación agotadora. El tamaño que llegó a alcanzar hace difícil imaginar, incluso, cómo quienes la usaban lograban llevarse comida a la boca.

El traje femenino abandona las líneas curvas a favor de las formas rectas y rígidas, lo que se consigue gracias a dos prendas: el *cuerpo* y el *verdugado*. El *cuerpo* era un corsé rígido, colocado en punta encima de la falda y sobre la *camisa*, forrado de tela basta y bordeado de alambre, que imponía al busto una forma casi geométrica, alargaba el talle y comprimía el pecho hasta casi hacerlo desaparecer. El *verdugado* permitía a la falda que llevaba encima adquirir una forma acampanada y sin ninguna arruga, acentuando así la finura de la cintura. Este se mantuvo de moda para las ceremonias hasta mediados del siglo XVII y las clases populares no lo llevaron jamás. El traje de vestir habitual era la *saya*, que reflejaba las influencias italianas en el escote redondo o cuadrado y en las anchas mangas abiertas, denominadas mangas de puntas. Pero a partir de 1530 lo más común fue el sayo alto, sin escote, sobre el cuerpo y el verdugado.

Felipe II anciano, de Pantoja de la Cruz, finales del siglo XVI.

Mientras el traje femenino mostraba a la mujer como algo inaccesible, encerrado en una preciosa jaula, el masculino mostraba a los varones más atractivos al acortar los muslos, ensanchar las espaldas con múltiples hombreras y almohadillar con guatas, jubones y coletos.

LAS PELUCAS DE LA REINA

Isabel I de Inglaterra llegó a tener más de 80 pelucas. La confección de pelucas dio lugar a que las madres pobres vendieran el pelo de sus hijas para obtener unas monedas.

Reina Isabel I, de Nicholas Hilliard, 1585, colección privada.

Bajo el reinado de Felipe II el traje se vuelve aún más sobrio, sus formas geométricas se acentúan y el color negro se hace omnipresente en el vestuario masculino, convirtiéndose en el traje de ceremonia por excelencia de las cortes europeas. Los escotes desaparecen por completo, los cuellos se hacen altos y aparecen los *cuellos* o *lechuguillas* (erróneamente llamados gorgueras). Al principio era una pequeña banda de encaje fruncida que se utilizaba como adorno, pero pronto adquirió enormes proporciones y hacia finales de siglo tenía que sostenerse con un armazón de alambre, el rebato, que lo levantaba muy por encima de la nuca. De elemento ornamental se convirtió en distintivo de alcurnia y se difundió por toda Europa.

El recato del traje femenino llegó hasta tal punto que, para impedir que los pies quedaran a la vista cuando las damas se sentaban (lo que era considerado como una incorrección suprema), se había provisto a las faldas de un alto pliegue.

Con Felipe II el cuero sustituye al raso en el calzado y se ponen de moda las botas altas de cuero negro, que llegan al alto de las calzas, así como el *ferreruelo*, una capa semicircular.

En cuanto al peinado femenino, en contraposición a la vestimenta de potentes y abultadas mangas y voluminosas faldas que esconden las caderas y hacen aparecer a las mujeres como imponentes y pomposas, intenta mantener la cabeza pequeña con peinados sencillos y sin ocultar los cabellos bajo cofias, luciéndolos y adornándolos con finas redes.

La señal característica es el cabello con raya al medio, peinado liso hacia ambos lados de la cabeza y llevado hacia atrás por encima de las orejas. También es típico el tocado en el que a partir de la raya al medio, se arma un rollo en la parte superior de la cabeza que la rodea en forma de diadema, dándole marco a la cara, y que según la clase social de quien lo lleva, se adorna con cintas, perlas o pedrerías.

A finales del Renacimiento, a medida que los escotes desaparecen y se sustituyen por cuellos altos y tiesos, el peinado también gana en altura, y se riza en el caso de la corte de Isabel I.

También se usaban pelucas y postizos. El rubio era aún el color ideal, por lo que las mujeres se aplican decolorantes y tintes para obtener este tono. En Inglaterra, Isabel I puso de moda el pelirrojo por ser su color de pelo.

Respecto al cabello de los hombres, la moda tiene mucha más unidad internacional que en el caso de las mujeres. Unido a los altos cuellos, el cabello se lleva corto y el interés se centra en la barba, que pasa de ser cuadrada a principios de siglo, a puntiaguda, a finales.

Con el maquillaje, las mujeres deseaban resaltar sutilmente la propia belleza natural, por lo que apreciaban el colorete y los polvos blancos para la cara, mientras que la sombra de ojos no era tan habitual.

Lucrecia Panciatichi, de Angelo Bronzino, hacia 1540.

MAQUILLAJE TÓXICO

La costumbre de aplicarse plomo blanco, o incluso mezclas que contenían mercurio para obtener un rostro pálido, llevó a muchas mujeres a enfermar, puesto que después de varias capas, y dado que en la época lavarse no era una práctica muy habitual, la pintura que permanecía en la piel desprendía su toxicidad.

2. BARROCO

La influencia de la moda española sobrevivió a la muerte de Felipe II y persistió durante los primeros años del siglo XVII, aunque con ciertas modificaciones, que consistieron sobre todo en el abandono de ciertos elementos del jubón como el relleno, el armazón de ballenas, la bragueta y las mangas ensanchadas. Además las gorgueras se hicieron cada vez más pequeñas en Francia e Inglaterra, mientras que en los Países Bajos continuaron aumentando de tamaño.

Pero con la decadencia del Imperio español el traje perdió también su preponderancia y fue Francia quien tomó la antorcha en el liderazgo de la moda, mientras España seguía su curso independiente, apegada a sus prendas tradicionales.

Lo más característico del reinado de Felipe III fueron los enormes cuellos o lechuguillas que fueron aumentando progresivamente de tamaño. El invento del almidonado permitió al menos al cuello prescindir del armazón de alambre que había necesitado hasta entonces.

Rubens y su mujer Isabella Brant, de Rubens, 1610. El pintor luce un cuello caído y su mujer una gorguera. El corpiño va ajustado con un armazón de ballenas.

Retrato de una princesa española, de Sánchez Coello, hacia 1615 (Col. Mercer, Nueva York).

El resto de las prendas masculinas son las mismas que en tiempos de Felipe II, pero se abultan y adquieren mayor riqueza de color y profusión de adornos. Esta tendencia desaparece con Felipe IV, que prohíbe los cuellos (convertidos a partir de entonces en símbolo de viudedad) y en su lugar adopta la *valona* (cuello de lienzo) sobre *golilla* (armadura de cartón sobre la que se apoyaba). El traje masculino se hace cada vez más sencillo. El cabello se peina en melena corta y se estila el bigote.

A medida que el traje masculino se va simplificando, el femenino se hace cada vez más complicado. Los corpiños de los trajes se escotan y las faldas o *sayas* adquieren unas dimensiones enormes, debido al invento de un nuevo armazón de alambre, el *guardainfantes*. Al desaparecer las *lechuguillas*, el cabello se peina en forma de melena, cada vez más abultada y adornada con joyas y lazos. Las prendas de cubrir eran los mantos, que cuando se hicieron más pequeños y de encaje, dieron lugar a la mantilla.

Mientras esto sucedía en España, en Francia e Inglaterra, la costumbre masculina era vestir con una indumentaria asociada a mosqueteros (en Francia) y a los *cavaliers* (en Inglaterra), con un cierto componente de pavoneo militar por los calzones, el jubón, la capa corta colgando de un hombro, el sombrero de ala ancha adornado con una pluma y, sobre todo, las botas. Estas podían ser de varias formas pero el estilo más característico era el de las llamadas «botas de embudo», con anchas vueltas y, a veces, adornadas con encaje.

El traje femenino estaba formado por el «cuerpo», las enaguas y el vestido. El «cuerpo» a veces tenía un escote extravagante y una decoración de encaje y cintas de seda por delante. Las mangas eran amplias y podían ir acuchilladas o con bandas, y se hinchaban con relleno. Lo característico de las faldas era llevar dos, con la sobrefalda recogida hacia arriba, mostrando la de debajo.

Retrato de una desconocida, de Pantoja de la Cruz, hacia 1629 (Museo del Prado).

La infanta María Teresa, de Velázquez, hacia 1659-1660 (Museo del Prado). La indumentaria de la Infanta refleja la moda de mediados de siglo XVII: corpiño escotado, un gran guardainfante bajo la saya y una abultada melena.

James Hamilton (Daniel Mitens, 1629) viste un jubón cuyo faldón está formado por unas lengüetas superpuestas, curvadas hacia abajo y terminadas en forma puntiaguda.

La reina Henrietta Maria con Sir Jeffrey Hudson, de Anthony van Dyck, 1633.

Retrato de Luis XIV en el que luce la peluca *in-folio*.

James Stuart y su hermana Louisa Maria Theresa, de Largilliere, 1695.

A finales de 1650 el traje español se encontraba en las antípodas del francés, caracterizado por extravagantes *rhingraves* (especie de calzones atados por encima de la rodilla, de pernera exageradamente ancha y adornados con muchas cintas y lazos), zapatos con tacones bastante altos y largas pelucas para los hombres y trajes de corte mucho más sencillo que los españoles para las mujeres.

Hubo que esperar al reinado de Carlos II para advertir una leve infiltración de las modas francesas en España. Poco a poco se pudo observar a los hombres llevando grandes pelucas, *casacas*, *veste* (futuro chaleco) y corbatas de encaje. Y a su vez, las mujeres adoptaron trajes corrientes de línea más sencilla (el guardainfantes y la melena quedaban como parte del traje cortesano) con faldas en forma de cono o campana, por el uso de nuevo del verdugado.

Para los hombres de finales del siglo XVII dos símbolos de etiqueta extrema fueron la peluca y el sombrero (que se llegó a llevar en el interior de las casas, incluso en la mesa, y los caballeros solo se descubrían ante la realeza). En este caso son de destacar la peluca *in-folio* y el sombrero de picos.

Las mujeres no llevaban pelucas, pero aspiraban a alcanzar alturas semejantes a las de los hombres a través de sus tocados, con lo que se puso de moda el peinado *a la Fontagne*, cabello recogido en la parte superior, en principio con una cinta y más tarde en una cofia rematada en una alta puntilla de encaje que se sujetaba con un alambre, al que irónicamente llamaban «cómodo».

RIZO DE AMOR

En ocasiones, tanto hombres como mujeres, sobre todo los más extravagantes, dejaban crecer un único mechón, largo, que generalmente dejaban colgar sobre el hombro izquierdo, en cuya punta colocaban moñas y rosetas, a menudo regalos de sus admiradoras.

3. ROCOCÓ

Con la muerte de Luis XIV y la coronación de Luis XV, en 1715, floreció un estilo elegante y refinado llamado rococó. Aunque el término fue utilizado despectivamente en el siglo XIX, equiparándolo a exceso y frivolidad, hoy día se refiere a un estilo ar-

Mr. y Mrs. Andrews, de Tomas Gainsborough, hacia 1748 (National Gallery) Londres). El caballero viste un traje informal y la dama unos *paniers* muy anchos.

tístico general representativo de la armoniosa cultura francesa. La cultura responsable del estilo rococó se caracterizaba por la búsqueda del placer personal y como ese placer también incluía la indumentaria, esta fue pronto elevada a la categoría de arte. Aunque Francia ya había sido el líder reconocido de la moda durante el reinado de Luis XIV, el período rococó confirmó la reputación del país como líder de la moda femenina de todo el mundo.

Tras la popularidad inicial del rococó, el estilo de vestir se dividió en dos direcciones diametralmente opuestas, una que implicaba un fantástico amaneramiento de estética artificiosa, y otra que manifestaba un deseo de volver a la naturaleza. La Revolución Francesa de 1789 modernizó muchos aspectos de la sociedad y ocasionó un claro cambio en la indumentaria: del decorativo rococó a los vestidos más sencillos del neoclasicismo.

En España, el siglo XVIII comienza con la subida al trono español de Felipe V, nieto del rey francés Luis XIV. Con la llegada de la dinastía gala de los Borbones, se introducen ya de lleno las modas y las costumbres francesas. El traje de las clases altas españolas no se separa un ápice del patrón que Francia había impuesto a toda Europa; en ajustarse exactamente a él estaba la suprema elegancia.

Los hombres vestían lujosas *casacas*, *chupas* (especial de chalecos casi tan largos como las casacas), *calzón*, camisa blanca, *chorrera*, pañuelo para el cuello, medias, zapatos con tacón rojo y pelucas blancas. Aún así, podían diferenciarse claramente dos tipos de hombres en España: los afeminados petimetres o currutacos, que seguían con adoración servil las modas que llegaban de París tanto en vestimenta como en actitudes y lenguaje; frente al fuerte y agigantado majo, prototipo de hombre varonil hispano embozado en su gran capa y con sombrero de ala ancha.

Más tarde, hacia 1760, el estilo de corte francés empezó a decaer, sustituyéndose progresivamente por los trajes de campo ingleses. Se tendía hacia lo práctico, hacia una mayor simplicidad. Las *casacas* eran más sencillas, con puños más estrechos y faldones que, a veces, desaparecían en la parte delantera para permitir una mayor comodidad al montar a caballo.

Madame Pompadour, de Françoise Boucher, 1759. Colección Wallace, Londres.

La Tirana, de Goya, 1799, Academia de San Fernando.

Doña Tadea Arias de Enríquez, de Goya, 1793-1794, Museo del Prado.

Las mujeres también vestían al dictado de la moda francesa. El *panier* (la nueva versión del *verdugado* del siglo XVI o del *guardainfantes* del siglo XVII) que se imponía en Francia a principios de siglo, pasó a España donde recibió el nombre de *tontillo,* y junto con el corsé daban forma a la silueta. En un principio los *tontillos* eran de hierro y madera (aunque más tarde se hicieron de ballenas) y producían tal ruido al andar que se conocieron con el nombre de *chillones*. Por encima, los elementos básicos del atuendo femenino fueron un vestido con falda y sobrefalda y un peto triangular o «pieza de estómago» que cubría el pecho y el estómago bajo la abertura frontal del vestido. Las mangas acababan encima o justo por debajo del codo, y eran lo suficientemente anchas como para permitir que la manga de la camisa saliese por debajo con sus volantes de encaje.

La moda gala imperó a lo largo del siglo XVIII, en los sucesivos reinados de Felipe V, Fernando VI, Carlos III y Carlos IV, apreciándose pequeñas variantes y reflejando siempre los cambios acontecidos en Francia. Pero aunque primara lo francés se recibía con gusto todo lo que venía marcado con nota de exotismo y es que ya hacía tiempo que los europeos sentían gran curiosidad por los diversos productos importados de Oriente: sedas, abanicos plegables, tejidos de dibujos asimétricos y combinaciones inusuales de colores de influencia china, kimonos japoneses y telas indianas (tejidos pintados o estampados hechos en la India), entre otros. Además, el elemento castizo (siempre latente en el traje español) adquirió mayor importancia, de manera que podía observarse la dualidad de la España del siglo XVIII reflejada en sus trajes: el pueblo apegado a los trajes castizos mientras la nobleza esperaba con impaciencia el figurín de Francia. Fue el siglo de oro de los atavíos populares y regionales, y muchos, en estos momentos, adquirieron su forma definitiva.

El conde de Fernán Núñez, de Goya, 1803. Colección particular. Ataviado con calzones ceñidos, botas de montar y gran corbata, la capa le confiere un aire de «majo».

GOYA Y LA MODA

Testigo de excepción de su tiempo, el pintor aragonés ofrece a través de sus retratos las modas que se sucedieron en España a lo largo del último cuarto del siglo XVIII y principios del XIX: la moda francesa del *panier*, los trajes castizos de *majos* y *majas*, la incorporación de las modas inglesas más cómodas, sobrias y prácticas, la aparición del traje neoclásico o traje Imperio (inspirado en la indumentaria griega y romana) y la fascinación de la aristocracia por vestirse de majos y majas.

El gusto por lo castizo se acentuó con el reinado de Carlos IV. A finales de siglo, Rousseau hacía una apología de la vuelta a la naturaleza y muy pronto sus ideas hicieron eco en otros escritores. Dentro de esta corriente de acercamiento al campo y lo popular que provocaron los ideales ilustrados, los nobles empezaron a vestirse y a divertirse como el pueblo. Y si María Antonieta se paseaba por el Trianon vestida de pastora, María Luisa de Parma y las nobles españolas gustaron de vestirse como las *majas*.

Hasta la Revolución Francesa, las mujeres llevaron enormes tocados de pelo blanco rellenos de estopa, lana o crin de caballo que causaban muchos dolores de cabeza, por lo que más tarde fueron sustituidos por un marco de alambre que se cubría con pelo natural al que se añadía después pelo falso, y se coronaban con los objetos más fantásticos imaginables: un barco con las velas desplegadas, un molino de viento con animales de granja alrededor, un jardín con flores naturales o artificiales… Los hombres también usaban grandes pelucas empolvadas.

Cabe destacar, entre los accesorios femeninos típicos de este periodo en Francia, los lunares, que podían tener todo tipo de formas: estrellas, medias lunas o incluso carrozas y caballos, y estaban hechos de tafetán inglés negro o de seda negra engomada. Seguía usándose la pintura blanca para la cara hecha a base de plomo y el colorete rojo.

A finales del siglo XVIII las líneas generales de la indumentaria estaban ya establecidas: para las mujeres, una versión de lo que fue más conocido como el traje Imperio; para los hombres, el *frac*. Modelos, femenino y masculino, que mostraron muy poca variación en toda Europa.

Ilustración de moda (1778) de un traje francés de corte con anchos *paniers*. En este periodo los tocados de las damas alcanzaron su altura más exagerada.

Reina María Antonieta, de Elisabeth Luisa Vigée-Lebrun, 1783.

PARA RECORDAR

- En el siglo XV la prenda principal masculina seguía siendo el jubón, extremadamente corto, con bragueta y cuello alto.
- Los verdugos, los tranzados y los chapines constituyen aportaciones españolas a la moda del siglo XV.
- En el siglo XVI, con los reinados de Carlos V y Felipe II, España impuso su moda a Europa.
- Las modas alemanas, que triunfaban por toda Europa en el siglo XVI, aquí influyeron sobre todo en el traje masculino: las braguetas prominentes, las cuchilladas, cierto tipo de gorras y una capa, el tudesco.
- Las prendas principales de la indumentaria varonil del siglo XVI son el jubón, las calzas y el sayo. El tocado habitual era la gorra, plana o adornada con una pluma. El traje femenino abandona las líneas curvas a favor de las formas rectas y rígidas, mediante el *cuerpo* y el *verdugado.*
- Con Felipe II el traje se vuelve aún más sobrio, sus formas geométricas se acentúan y el color negro domina en el vestuario masculino, convirtiéndose en el traje de ceremonia de las cortes europeas. Los escotes desaparecen, los cuellos se hacen altos y aparecen los cuellos o lechuguillas.
- Con Felipe III, en el siglo XVI, los cuellos se hacen aún más grandes, las prendas masculinas se abultan y adquieren mayor riqueza de color y adornos.
- Con Felipe IV aumenta la austeridad, el cuello es sustituido por la valona sobre golilla y el traje masculino se hace más sencillo. El traje femenino, al contrario, se hace cada vez más complicado. Los corpiños se escotan y las faldas adquieren unas dimensiones enormes por el guardainfantes.
- En Francia e Inglaterra, los hombres vestían como *mosqueteros* o *cavaliers*: calzones, jubón, la capa corta colgando de un hombro, el sombrero de ala ancha adornado con una pluma y, sobre todo, las botas de embudo.
- Para los hombres de finales del siglo XVII dos símbolos de etiqueta extrema fueron la peluca y el sombrero. Son de destacar la peluca *in-folio* y el sombrero de picos.
- En el siglo XVIII el traje de las clases altas españolas no se diferencia del patrón que Francia había impuesto a toda Europa.
- A finales de siglo XVIII, se puso de moda entre las nobles vestir como las mujeres del pueblo llano.

Actividades

Repasa

1. ¿Cómo era el traje masculino del siglo XV?
2. ¿Qué aportaron los alemanes a la moda española del siglo XVI? ¿Y los italianos?
3. ¿Qué eran el cuerpo y el verdugado?
4. ¿Cómo vestían los hombres franceses e ingleses del siglo XVII?
5. Describe los tocados de las mujeres del siglo XVIII.

Practica

1. Dibuja a una mujer española del siglo XV que lleve las tres aportaciones españolas a la moda de la época.
2. Dibuja a un hombre del siglo XVI con su típico tocado y la lechuguilla.
3. Dibuja a una mujer con el traje francés del siglo XVIII y señala en él sus características principales.
4. A partir de esta imagen de la película *Shakespeare enamorado*, identifica en qué época transcurre la historia y di qué prendas, complementos o tocados reconoces.

TEMA 7 HISTORIA DE LA IMAGEN. SIGLOS XIX Y XX

Índice de contenidos

Qué vas a aprender...

- Cómo han ido cambiando los cánones de belleza desde el siglo XIX a la Edad Contemporánea, qué personajes han marcado tendencias y qué prendas han sido las características en cada época.

Para qué te va a servir...

- Para asociar cada época histórica con los cánones de belleza y de moda en el peinado, el maquillaje y la indumentaria, lo que es fundamental a la hora de realizar caracterizaciones históricas para evitar los anacronismos.

Qué vas a necesitar...

- Cualquier fuente de documentación puede ser de gran utilidad, sobre todo aquellas que al arte se refieran. Desde el siglo XIX ya existen publicaciones de moda que junto con la fotografía y el cine, constituyen fuentes inmejorables para observar cómo las tendencias han ido evolucionando. Por esto, contar con una buena filmoteca será de gran utilidad.

1. SIGLO XIX

Francia se consolidó como la autoridad indiscutible en la moda femenina. Sin embargo, los ingleses eran quienes dominaban la moda masculina, gracias a una avanzada industria de la lana, una maquinaria textil superior y unas técnicas de sastrería más refinadas, desarrolladas durante el siglo XVIII. Estas diferentes influencias dieron paso a expresiones como «moda parisina» y «confección londinense». Durante el siglo XIX la moda femenina se caracterizó por una silueta en constante fluctuación, mientras que el atuendo masculino mantuvo su forma básica y cambió solo en los pequeños detalles.

LA LLEGADA DE LOS GRANDES ALMACENES

A mediados de siglo un segmento mucho más amplio de la población pudo disfrutar de la moda y las tendencias llegaron incluso a las clases bajas. La invención francesa de los grandes almacenes, en la década de 1850, contribuyó espectacularmente a esta expansión al ofrecer una libertad de elección junto a una variedad de mercancías a unos precios razonables.

1.1. Neoclasicismo

Los descubrimientos de Pompeya y Herculano en el siglo XVIII llevaron a los pensadores y artistas del momento a iniciar una reflexión sobre la decadencia de su mundo y a investigar las culturas pasadas o lejanas donde creían encontrar la pureza y moral perdidas. De ahí surgió el gusto nuevamente por los ideales de belleza de Grecia y Roma.

En España, a principios del siglo XIX, antes de la Guerra de la Independencia, los hombres vestían ya a la moda inglesa. Se habían suprimido las casacas para usar el *frac,* de cuello muy alto, corto de talle y faldones largos, se usaban chalecos cruzados de grandes solapas y muy cortos, y calzones ceñidos. Los más elegantes llevaban botas de montar sin tacón y también se generalizó el pantalón ancho, los sombreros de copa y los grandes corbatones en el cuello. Los chalecos eran de seda y sus grandes corbatas blancas llegaban a la altura de las orejas. Al final del reinado de Fernando VII se empezaron a llevar los pantalones largos con trabilla.

Mientras, las damas siguieron llevando el traje «Neoclásico», también llamado corte Imperio, las dos primeras décadas del siglo, que abandonaba, por primera vez desde hacía tres siglos, corsés y armazones. El traje femenino se distinguió en el reinado de Fernando VII por su sencillez, y las mujeres hacían gala de no aceptar las modas extranjeras.

Madame Verninac, retratada por Jacques-Louis David en 1799.

Retrato de una familia jugando a las damas, de Louis-Léopold Boilly,1803.

Madame Récamier, de François Gérard, 1802. Viste un vestido camisero y un chal.

En Francia, el *vestido camisa* o *camisero*, llamado así por su parecido con una camisola de ropa interior, se convirtió en la moda imperante. Se trataba de un vestido de algodón fino, casi transparente, con muy poca o ninguna ropa interior. Tenía la cintura alta y el cuerpo y la falda hechos de una sola pieza, en forma tubular. No obstante, el invierno europeo era demasiado frío para el fino material del vestido camisa, así es que se popularizaron los chales de Cachemira (traídos de dicha región de la India, de exóticos dibujos y atractivos y variados colores, pero muy caros) y las imitaciones que de ellos se hicieron en Lyon y en Paisley.

En 1829, con la boda del rey Fernando VII con María Cristina de Borbón, empezaron a infiltrarse en España las modas extranjeras y comenzaron a llevarse trajes de talle más bajo (reapareciendo con ellos el corsé) y mangas más anchas.

1.2. Romanticismo

El reinado de Isabel II coincide con la moda romántica, y durante la regencia ejercida por su madre, María Cristina (que venía dirigiendo el traje femenino desde su llegada a España), se impulsó esta moda. Las damas, a imitación suya, llevaban trajes de talle bajo, mangas abombadas (la manga de pernil o manga de jamón), lazos en el delantero, faldas huecas (que hacían imprescindible el uso de enaguas) y cortas (dejando a la vista los pequeños zapatos de tacón). Aparecieron medias de compleja ornamentación con el objeto de adornar los pies, ahora visibles.

Escote pronunciado y mangas abombadas hasta el codo, constante de la moda en esta ilustración de un vestido de tarde de 1837.

Louise de Broglie, Comtesse d'Haussonville, de Jean-Auguste-Dominique Ingres, 1845. The Frick Collection, Nueva York.

El romanticismo exigía que la mujer ideal fuera delicada y melancólica. La imagen de una mujer dinámica y saludable se consideraba vulgar. Estaba de moda mostrar el rostro abatido y pálido como un moribundo, tener la tez plomiza o las mejillas hundidas y los ojos oscuros y profundos porque daba un aire distinguido y artístico.

La emperatriz Eugenia y sus damas de honor, de Franz Xaver Winterhalter, 1855. El estilo y la forma de vestir de la esposa de Napoleón III fueron alabados e imitados en toda Europa.

Con el espíritu romántico lo español vuelve a merecer la atención de Europa; España estaba de moda y el traje «de española» se convertía en la delicia de los románticos. La afición a las cosas de España impone en Europa las modas castizas de nuestro país. El «majismo» traspasó las fronteras, los hombres se vestían con la *capa española* y las mujeres adoraban la *mantilla*, la *peineta* y el *abanico*.

La *crinolina* fue la prenda característica del período isabelino, como lo es del II Imperio en Francia, y de su gran promotora y difusora, la emperatriz Eugenia de Montijo (esposa de Napoleón III). Por tanto, la crinolina llega a España procedente de Francia y aquí recibe el nombre de *miriñaque*.

Cada vez las cinturas se hacían más pequeñas con corsés que cortaban la respiración y las faldas más voluminosas, por lo que llegó un momento en el que para conseguir el amplio contorno del vestido se necesitaban varias faldas superpuestas, lo que supuso un inconveniente para la movilidad de la mujer (una vez más, las incómodas vestimentas servían como indicador de riqueza). Además de la anchura añadida, las faldas volvieron a alargarse hasta barrer el suelo (destacando la modestia de la mujer) y se superponían volantes de manera horizontal para acentuar la forma cónica. Fue a finales de los años 50, cuando gracias a la invención de nuevos materiales apareció el *miriñaque* o *enagua con aros*.

VENTAJAS DEL MIRIÑAQUE

Para confeccionar una crinolina o miriñaque se empleaban hasta 60 metros de aros de acero, unos 8 metros de tela para la falda que se llevaba encima y la circunferencia que formaba esta jaula podía llegar a alcanzar los 3 o 4 metros. En el *Diario Oficial de Avisos* (periódico publicado en España durante el siglo XIX) podía leerse un anuncio del miriñaque que decía lo siguiente: «¿Quién puede dudar que el miriñaque de buena forma se ha hecho indispensable al aceptarlo las señoras por su elegancia, comodidad y economía? ¿Quién duda que el miriñaque bien hecho y con buena forma viste muy bien y con elegancia? ¿Quién duda que es cómodo porque evita el llevar cuatro o cinco pares de enaguas que tanto molestan por el mucho peso? ¿Y quién puede dudar que es económico, porque evita el lavar, planchar y almidonar tantas enaguas?».

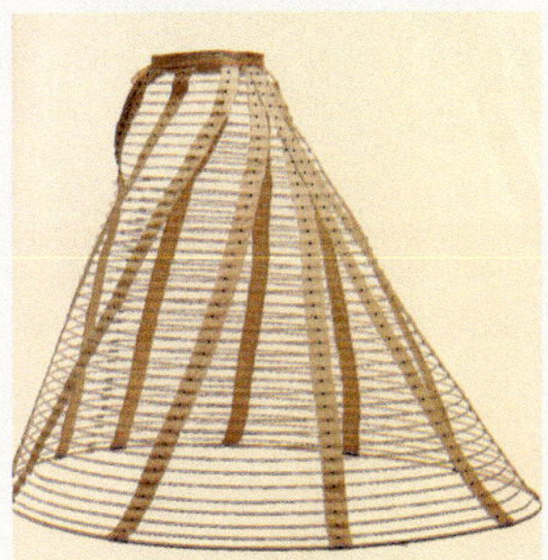

1.3. El polisón

A finales de la década de los 70 llega a España la moda francesa que dura gran parte del último cuarto de siglo, el *polisón*, que coincide con el reinado de Alfonso XII y los primeros años de Alfonso XIII. Las faldas ganaron volumen en su parte trasera, mientras por delante eran planas, gracias al apoyo de esa nueva prenda interior: el *polisón*. Los polisones eran almohadillas que iban colocadas sobre las nalgas y que se enmarcaban y rellenaban con varios tipos de material. Las faldas o las sobrefaldas a veces se recogían por detrás para darles una forma exagerada.

Vestidos de calle de 1874.

Tarde de domingo en la isla de la Grande Jatte, de Georges Seurat, 1884-1886. El polisón de mediados de los 80 era diferente al que se usó en los 70.

Mientras, entre los hombres se había generalizado el uso del *frac*, al que luego se sumó la *levita*. Con Alfonso XII ya se empleaba la *americana* como prenda de mañana, la *levita* para visitar, y el *frac* o el *smoking* para recepciones y teatros. En los bailes de palacio el *frac* se utilizaba con un pantalón más corto, medias negras y chapines de charol.

Chaqué completo.

1.4. Modernismo

En 1891, las mujeres europeas se vuelven a sentar sin problemas. La falda recupera la línea del cuerpo y los volúmenes vienen dados por el regreso de las mangas de farol o de jamón. Con la ayuda del corsé se pasa de la línea arqueada a la línea sinuosa (silueta en forma de S), en la que el vestido realzaba un talle extremadamente estrecho, un pecho generoso y proyectado hacia delante y una protuberancia en la parte posterior de la falda. Este tipo de silueta de mujer se parecía a las sinuosas formas orgánicas que eran el ideal del modernismo.

EL POLÉMICO CORSÉ

La cintura estrecha fue muy admirada durante el siglo XIX, por lo que el uso del corsé se hizo imprescindible para que las mujeres consiguieran la figura ideal. Con el desarrollo de las nuevas tecnologías y la utilización de las varillas de acero y las ballenas, se consiguieron crear corsés que distorsionaban y comprimían el cuerpo hasta tal punto que en las autopsias de muchas damas de la época se descubría que tenían el hígado partido por la mitad. Varios movimientos feministas como la «liga anticorsé» o el «Movimiento del Traje Racional» esgrimían argumentaciones médicas en contra de esta prenda y en países como Rusia, Alemania y Rumanía, consiguieron incluso legislaciones contra ella. Aunque, naturalmente, fue sobre todo, cuando las mujeres comenzaron a hacer una vida más activa cuando se pasaron de moda los rígidos corsés.

La práctica del deporte empezaba a difundirse a finales de siglo e influía en la forma de vestir. Trajes de tres piezas como prendas informales para los hombres. Mientras que para las mujeres los trajes para montar a caballo, cazar o jugar al tenis, aunque inspirados en el atuendo masculino, eran un poco más prácticos que su indumentaria urbana pero seguían sin diferir mucho de esta. También aparecieron los primeros trajes de baño y los primeros pantalones para mujer. La primera en defender el uso de los bombachos fue la feminista Amelia Jenks Bloomer, coincidiendo con las campañas en pro de los derechos de la mujer. En principio no tuvieron mucho éxito, y solo fueron aceptados a partir de 1880 para montar en bicicleta.

Trajes de tarde, 1892-1893.

Primeros trajes de baño,1883.

Primeros pantalones para montar en bicicleta,1897.

Vestido blanco, muy popular en la época.

La industria textil durante el siglo XIX aportó asombrosas mejoras: el mecanizado de la estampación, la invención de la anilina (primer tinte sintético), la máquina de coser (el norteamericano Isaac Merrit Singer introdujo importantes mejoras y su uso se propagó por toda la industria de la moda), el alambre de acero y los muelles usados en la ropa interior, los ojetes de acero para los corsés, etc.

EL NACIMIENTO DE LA ALTA COSTURA

El inicio de la alta costura llegó de la mano del inglés Charles Frederick Worth, que a mediados del siglo XIX transformó drásticamente la moda conocida hasta entonces. En vez de confeccionar los vestidos según los deseos de la clienta, diseñaba colecciones individuales que presentaba a las damas de la alta sociedad, y estas solo tenían que elegir entre la selección de telas que Worth les enseñaba. En 1857 abrió su primer salón de modas en París (Worth & Bobergh, en la *rue de la Paix*) convirtiéndose en una institución, cuya fama sobrepasó las fronteras europeas.

LA «BLUSA PULMONÍA»

Por esta misma época apareció «el cuello en V», con el consiguiente alboroto. Desde los púlpitos fue denunciado como una exhibición indecente; y los médicos vieron en él un peligro para la salud (la blusa que presentaba ese cuello se apodaba la «blusa pulmonía»).

2. SIGLO XX

El ideal de belleza cambia radicalmente en el convulso siglo XX por numerosas razones. Las más evidentes son los acontecimientos mundiales, las novedades tecnológicas y el desplazamiento de las prioridades. Tanto el vestuario como el maquillaje y el cabello reflejan los cambios que se producen en la sociedad actuando como vasos comunicantes.

2.1. Primera mitad

La Primera Guerra Mundial desmanteló de forma rápida y completa los antiguos sistemas y valores sociales que habían empezado a resquebrajarse ya a finales del siglo XIX. La sociedad cambió, y por consiguiente también lo hizo su visión global. El surgimiento de una pujante clase media, un número cada vez mayor de mujeres con estudios superiores y profesionales, el uso más generalizado de los automóviles y una creciente fascinación por los deportes, fueron solo algunos de los avances que dieron pie a un nuevo estilo de vida. A medida que las mujeres salían del hogar para participar más plenamente en el mundo en general, rechazaron el corsé y buscaron prendas más funcionales. Los diseñadores de moda, así como los artistas, pusieron gran empeño en crear nuevos tipos de indumentaria adaptada a las exigencias de la nueva época. Aunque es importante comprender el impacto que las dos guerras mundiales tuvieron sobre el tema de la moda (de la misma forma que lo tuvo la Guerra Civil en España), también es indudablemente cierto que la alta costura fue la encargada de dirigir el mundo de la moda durante la primera mitad del siglo XX.

Las grandes ciudades españolas (Madrid, Barcelona, San Sebastián, Bilbao o Valencia) siguieron obedientemente las modas finiseculares y de principios de siglo procedentes del París de la *Belle Époque* (los corsés largos que aseguraban la forma de S, el encaje, los grandes sombreros de complicados adornos, plumas o, incluso, pájaros disecados...).

Vestido de alta costura de 1909.

Vestidos de moda en el verano de 1901.

La mujer comienza el siglo con el rostro empolvado con polvos de almidón de arroz, que todavía se fabrican en un solo color, pero combinando su olor con el del perfume utilizado.

Dos creadores fueron muy importantes a principios de siglo: Paul Poiret, que liberó a la mujer del corsé, subiendo el talle y llenando los trajes de vivos colores y de influencias orientales; y el español Mariano Fortuny y Madrazo, que volvía a las fuentes del clasicismo griego, de trajes drapeados, y a las técnicas artesanales en el tratamiento de tejidos; uno de sus diseños más conocidos fue el *Delphos* (túnica-columna de seda plisada mediante una técnica que aún permanece inédita). Sus túnicas exigían también la eliminación del corsé (antes de que Poiret lo eliminara de la moda y mucho antes de que se inventara el sujetador), estaban creadas para un cuerpo desnudo, cuyas formas no pretendían alterar, sino, por el contrario, amoldarse a él.

Vestido de Paul Poiret.

Delphos, de Fortuny.

En los años 20 la mujer moderna gustaba de llevar un *look* andrógino, con el pelo a lo *garçon* y el sombrero *cloché*, los corsés alisadores (que hacían desaparecer el pecho) y los vestidos cortos descansando sobre sus caderas.

En esta época, surge un nuevo estilo de maquillaje mucho más sofisticado: la mujer empolva su rostro, colorea sus mejillas, ennegrece sus párpados y pestañas y depila totalmente las cejas, sustituyéndolas por una línea curva que dibuja con un lápiz graso o con tinta china. Los labios los pinta en tonos oscuros, dibujándolos pequeños y en forma de corazón.

En los años 30 continuó la asimilación de modas francesas, pero también americanas. Fueron muchas las películas de Hollywood que se proyectaron en los cines españoles. Famosas estrellas como Marlene Dietrich y Greta Garbo marcaban tendencias. Sus trajes tenían un aspecto relativamente conservador y de corte sencillo en comparación con la moda de la alta costura parisina, pero daban una magnífica imagen en pantalla debido a sus fantásticos materiales. Sin embargo, este fuerte contacto con las modas extranjeras se perdió con el estallido de la Guerra Civil.

Marlene Dietrich.

Greta Garbo.

Lilian Gish.

El *New look* de Dior.

El final de la contienda abrió un nuevo capítulo, el de la posguerra, que se hizo sentir hasta mediados de los 50. El aislamiento y la autarquía provocaron un retroceso en el campo cultural. Una mentalidad de austeridad y pacatería moralista dominó todos los órdenes vitales y afectó, claro está, también a la moda. Desde los púlpitos, la prensa, la radio y las aulas de la Sección Femenina se predicaba la moderación en el vestir, dirigida exclusivamente a las mujeres. Ir sin medias o faja, llevar un bañador «Lastex», pantalones, la melena suelta sin horquillas (a lo Veronica Lake) o fumar en público, no se quedaban en simples faltas de recato, poco dignas del sexo débil; más aún: constituían verdaderas provocaciones carnales, tentaciones demoníacas a los varones y hacían correr ríos de tinta.

En 1947, Christian Dior lanzó su primera colección, *New look* (una cintura estrecha ceñida por un corsé y una falda amplia y larga), con la que ejerció una gran influencia en el mundo de la moda e hizo resurgir a la alta costura, con mayor predominancia, incluso, que en el periodo anterior a la Segunda Guerra Mundial.

MUJERES DISEÑADORAS

Coco Chanel tuvo un papel decisivo en el nuevo aspecto de la moda femenina, constituyendo el más sobresaliente talento revolucionario de los años 20. Diseñó ropa cómoda, de líneas simples y aspecto *chic*, para mujeres que estaban dispuestas a vivir su vida de forma activa, con una innovadora combinación de género de punto y formas que tomó prestadas de la indumentaria masculina. También impuso el uso de las grandes joyas falsas: la bisutería.

Elsa Schiaparelli.

Madeleine Vionnet fue una arquitecta de la moda. Su técnica de cortar prendas a partir de un tejido de dibujo geométrico, con un soberbio sentido de la construcción, generó auténticas innovaciones en el mundo de la confección. Vionnet inventó una amplia gama de estudiados diseños, como el corte al bies, el corte circular, el corte con una incisión o una inserción triangular y tuvo una gran influencia en la moda de los años 30.

Elsa Schiaparelli consideraba la moda como un arte imposible de desvincular de la evolución de las artes plásticas contemporáneas, sobre todo de la pintura. Colaboró con artistas de la talla de Salvador Dalí y Jean Cocteau. Creó un vestido de harapos, diseñó un sombrero en forma de zapato y confeccionó un vestido con cajones al estilo Dalí; siempre buscando el efecto sorpresa. Le gustaba trabajar con nuevos materiales y experimentaba con rayón, vinilo y celofán.

2.2. Segunda mitad

En España, el duro panorama de la posguerra se suaviza lentamente a mediados de los 50, y sin duda influyen en ello la desaparición de las últimas cartillas de racionamiento (1952), la firma del convenio económico con Estados Unidos (1953), la irrupción del turismo y la difusión regular de programas de televisión a partir de 1956.

La alta burguesía vestía con el estilo del *New look* que Christian Dior había lanzado en 1947, con vestidos de cintura de avispa, vuelos en la falda y zapatos de tacón de aguja, mientras la aristocracia prefería a Balenciaga. Pero triunfaban también las modas americanas que llegaban a nuestro país a través del cine, los telefilmes y los turistas.

A principios de los años 60 se celebraba el Concilio Vaticano II, con el que la Iglesia intentaba ponerse al día y contribuir a la desaparición de ciertas costumbres obsoletas (como llevar mantillas o velos para entrar en las iglesias). Eran también los primeros años del *pop*, que en España alcanzaría su punto culminante a finales de la década. Esta moda, impuesta por los jóvenes llegaba tarde a nuestro país. Y también las que le sucedieron –la *hippie* o la *punk*–, movimientos contraculturales que aparecían en España con años de retraso, y se quedaban en meros gestos externos. En el camino, y con el tiempo y la resistencia a ellos, habían perdido prácticamente todo su contenido ideológico contestatario.

Sofía Loren.

Años 50

New look (cinturas de avispa y faldas anchas), faldas de tubo, línea globo, línea tonel. Aparecieron el *rock'n'roll* y Elvis Presley, James Dean y la rebeldía, *Barbie*, los vaqueros, los *teddy boys*... Marilyn Monroe, Sofía Loren o Brigitte Bardot se convirtieron en los ídolos del mundo occidental.

Años 60

Línea trapezoidal: vestidos o abrigos holgados y sin talle, estrechos en la parte superior y que se iban ampliando a medida que descendían, casi siempre eran cortos y llegaban hasta la rodilla. Parecían vestidos infantiles. Confeccionados con fibras sintéticas rígidas debían ser jóvenes, anticonvencionales, ingeniosos e irreverentes, sin tener en cuenta la edad real de la mujer que los lucía. Triunfa la minifalda.

Nace la moda *hippie*. Los jóvenes, partidarios de los movimientos de protesta de la época, crearon esta moda como signo de oposición: andaban descalzos, llevaban el pelo largo, bisutería, vaporosos vestidos, vaqueros y camisas con estampados florales multicolores, etc.

También característicos de esta década fueron los *Beatles*, el *pop*, los *beatniks*, las transparencias y la moda futurista.

Además, la década de los 60 aporta novedades en el maquillaje en cuanto al modelado del rostro por la técnica del claroscuro, la famosa «banana» y la aparición de maquillajes más artificiales (nacarados, con purpurina, estrellas, flores, etc.) influenciados por la cultura *hippie.*

Vestidos de línea trapezoidal.

La modelo Twiggy se convirtió en el icono de moda durante la década de los sesenta.

Años 70

El movimiento *hippie* seguía en auge y marcaba moda. Se caracterizaba por romper con lo establecido y transmitía la conciencia sobre el medio ambiente. Toda la ropa que lo permitía se confeccionaba a mano con punto o ganchillo, estaba de moda todo lo natural. También se impuso el *patchwork*.

Los pantalones de campana, los *minishorts*, el estilo nostálgico que recuperaba la ropa de las abuelas, los estilos étnicos, los colores chillones combinados en todas las prendas, las gafas como complemento. Nace el *punk*.

Actrices de la serie televisiva *Dinastía*.

Años 80

Se resucita el pasado. Nació una especie de historicismo híbrido: no surgió un nuevo estilo imperio, ni una moda medieval, ni se volvió a recuperar un estilo por completo. Se trataba de buscar entre todos los estilos para combinarlos de nuevo y darle un aire muy actual. Pero esta tendencia quedó circunscrita a la moda de la alta costura. En la vida cotidiana, predominaba la tendencia hacia la elegancia funcional y sencilla. El lema sería «ponte lo que más te guste», liberándose de la idea de seguir una tendencia o un estilo obligatorio.

Madonna encarna mejor que ninguna otra estrella el credo de los 80, según el cual todo individuo puede transformarse en lo que desee. El ideal de belleza se inclinaba por una mujer deportiva, delgada, musculosa y ambiciosa, que triunfaba en la vida profesional y privada. Se vestía reflejando esta ideología sin renunciar al *glamour* y al erotismo.

Triunfa la ropa deportiva, el estilo *Dinastía* para las mujeres y el estilo *Corrupción en Miami* para los hombres, las hombreras, los jerséis extremadamente holgados y el *dressed for success*...

Cindy Crawford, modelo de los años 80.

La modelo Kate Moss, representante de la belleza en los años 90.

Años 90

De un modo más intenso que en los 80, las reminiscencias de otras épocas se convierten en el elemento predominante. En la moda juvenil reaparecieron los aires de los 60 y 70.

La moda retro, el *grunge*, la «nueva moderación», la importancia de la marca, el tecno, las *lolitas*... fueron tendencias seguidas en los 90, pero, como en la actualidad, la moda estaba mezclada y compuesta por toda una variedad de ingredientes.

Igual que hoy, es muy difícil establecer los límites de lo que es moda y definir una única tendencia. Así, es moda aquello que crean los grandes diseñadores, pero también las prendas que se encuentran en las tiendas o en los grandes almacenes y que deberán desecharse la temporada siguiente.

PARA RECORDAR

- La moda femenina del siglo XIX se caracterizó por una silueta en constante fluctuación, mientras que el atuendo masculino mantuvo su forma básica.
- En España, a principios del siglo XIX, los hombres vestían ya a la moda inglesa: el *frac,* chalecos cruzados de grandes solapas y muy cortos, calzones muy ceñidos y botas de montar sin tacón. También pantalón ancho, sombrero de copa y grandes corbatones en el cuello.
- Las damas siguieron llevando el traje «Neoclásico», las dos primeras décadas del siglo, que abandonaba, por primera vez desde hacía tres siglos, corsés y armazones.
- Con la moda romántica, se llevan los trajes de talle bajo, las mangas abombadas y las faldas huecas (que hacían imprescindible el uso de enaguas) y cortas.
- A finales de 1870 llega a España el polisón. Las faldas ganaron volumen en su parte trasera, mientras por delante eran planas.
- La práctica del deporte empezaba a difundirse a finales de siglo XIX e influía en la forma de vestir. También aparecieron los primeros trajes de baño y los primeros pantalones para mujer.
- En la *Bélle Epoque*, las mujeres llevaban los corsés largos que aseguraban la forma de S, encajes y grandes sombreros.
- En 1920 la mujer moderna lleva un *look* andrógino, con el pelo a lo *garçon* y el sombrero *cloché*, los corsés alisadores y los vestidos cortos descansando sobre sus caderas.
- En 1930 famosas estrellas como Marlene Dietrich y Greta Garbo marcaban tendencias.
- En España, la mentalidad de austeridad y pacatería moralista de la posguerra afectó también a la moda.
- En 1950 triunfa el estilo del *New look* que Christian Dior había lanzado en 1947, con vestidos de cintura de avispa, vuelos en la falda y zapatos de tacón de aguja.
- En el siglo pasado las tendencias se suceden parejas a las décadas: años 60: línea trapezoidal, los *hippies* y el *pop*; años 70: pantalones de campana y estilos étnicos; años 80: ropa deportiva y elegancia funcional; años 90: la moda retro, el *grunge*, la importancia de la marca, el tecno, las *lolitas*...

Actividades

Repasa

1. ¿Cómo vestían hombres y mujeres durante la primera década del siglo XIX?
2. ¿Cómo era la mujer ideal durante el Romanticismo? Investiga cómo conseguían esa imagen.
3. ¿Por qué se caracterizaba la moda de la *Belle Époque*?
4. ¿Quién marcaba la moda en los años 30?
5. Después de la Guerra Civil, ¿volvió la moda en España a seguir las tendencias extranjeras? ¿Cómo se vestía en la posguerra?
6. ¿Cómo era la moda en los años 80?

Practica

1. Observa la siguiente caricatura. ¿En qué década está ambientada? Enumera todas aquellas características que te ayudan a situarla en el tiempo.

2. Representa mediante dibujos sencillos cómo fue variando la silueta de la mujer a lo largo del siglo XIX. Indica en cada dibujo el tipo de ropa interior que ayudaba a crear la silueta.
3. ¿Por qué se caracterizaba el estilo *garçon,* típico de los años 20? Represéntalo mediante un dibujo.

8 TEMA COORDINACIÓN DEL EQUIPO PROFESIONAL

Índice de contenidos

Qué vas a aprender...

- Hoy en día, cualquier tipo de trabajo que alcanza el nivel de profesional, abarca multitud de campos diversos. Esto mismo ocurre en el terreno de la caracterización. Cuando las producciones adquieren cierto nivel, formaremos parte de un equipo multidisciplinar, que a su vez puede trabajar con otros equipos especializados, y tendremos que coordinar el trabajo para alcanzar un mismo objetivo con los mejores resultados.

Para qué te va a servir...

- Para saber las funciones que puedes cumplir en un taller de caracterización y aprender a coordinar la labor en equipo para conseguir la optimización de los tiempos.

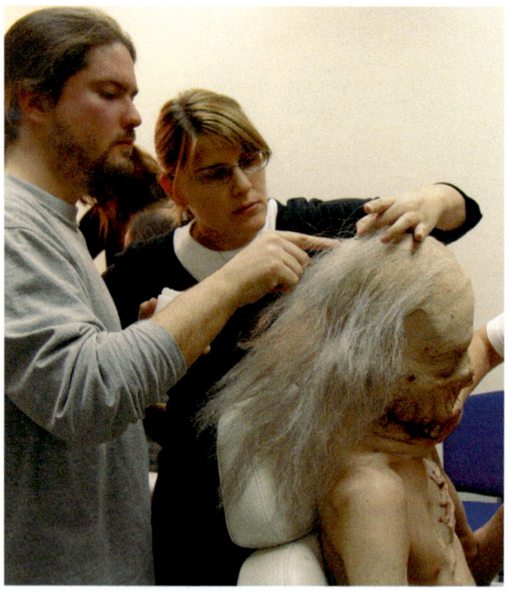

Qué vas a necesitar...

- A la hora de elaborar la parte del proyecto te vendrá bien acceder a fuentes de información acerca de la organización de los tiempos en el trabajo y la elaboración de presupuestos.

1. SERVICIOS DE UN TALLER DE CARACTERIZACIÓN

Las funciones del caracterizador son tan amplias como las necesidades que puede acarrear un espectáculo y, en cualquier caso, dependerán del medio para el que se trabaje.

Las principales funciones que un caracterizador lleva a cabo son:

- Análisis y diseño del personaje.
- Evaluación de técnicas, materiales y presupuestos.
- Fabricación de elementos técnicos necesarios para el proceso de caracterización.
- Ejecución del proceso de caracterización.

Aparte de las empresas dedicadas a la caracterización, el caracterizador puede realizar su trabajo en otros sectores relacionados. Estos pueden ser:

- Productoras de cine, teatro, televisión, publicidad y fotografía.
- Equipos integrados en diferentes empresas públicas o privadas dedicadas al arte del espectáculo (teatro, danza, lírica, circo, variedades, etc.).
- Locales de espectáculos permanentes, actos singulares, conciertos, congresos, parques temáticos, etc.
- Empresas dedicadas a la fabricación de prótesis, pelucas y, en general, productos para la caracterización y/o efectos especiales.
- Profesionales autónomos (*freelance*) que atenderán la demanda de cualquier sector que precise de sus servicios. En este caso el caracterizador deberá tener nociones como gestor y administrador para comercializar su trabajo.

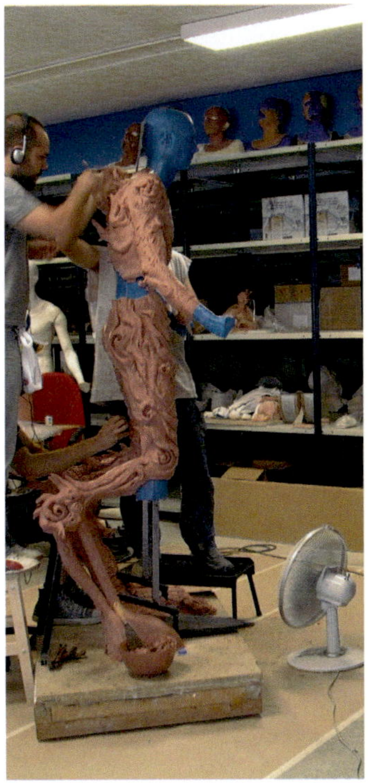

Equipo de caracterización de *El laberinto del fauno* en el taller.

2. EL EQUIPO PROFESIONAL Y LA TEMPORALIZACIÓN DEL TRABAJO

Dependiendo de la magnitud del trabajo que haya que desempeñar, el equipo se compondrá por más o menos miembros. No obstante, el caracterizador debe conocer las funciones de cada uno de ellos para ser consciente del trabajo que desempeñan en conjunto, además de saber coordinar todas las actividades y realizarlas, si fuera necesario.

2.1. Componentes de un taller de caracterización

Los componentes necesarios para formar un equipo completo son:

- El equipo de diseño gráfico. Su función consistirá en desarrollar las funciones previas, es decir, el estudio y diseño del personaje.
- El equipo de imagen personal. Compuesto por asesores de vestuario, maquilladores, protésicos, posticeros y peluqueros.
- El equipo de administración, gestión y comercialización.

No obstante, la figura del técnico en caracterización está diseñada para poder llevar a cabo todas las tareas que implican el correcto funcionamiento de un taller de caracterización y/o coordinar a un equipo formado por cada uno de los especialistas mencionados.

Una adecuada temporalización debe mostrar las principales tareas y su tiempo de cumplimiento.

2.2. Temporalización

Las condiciones de trabajo están siempre mediatizadas por la producción a la cual se sirve, por lo que los horarios no son regulares y el trabajo podría realizarse en días laborables o festivos, dependiendo de los plazos de entrega que establece la producción y la explotación del espectáculo.

Normalmente, si el caracterizador trabaja para una empresa, esta será la que marque la temporalización. Pero si se trata de un trabajador autónomo, será él mismo quien se marque los tiempos, siempre dependiendo de los plazos propuestos por el cliente.

En cualquier caso, dentro de las labores de coordinación, el caracterizador deberá atender a las necesidades del trabajo formando un equipo más o menos especializado según requiera el encargo en cuestión.

> «Nosotros no administramos el tiempo, el tiempo nos administra a nosotros».
>
> Claudia G. Pasquaré

Es importante saber qué lugar ocupa cada miembro dentro del equipo, cuáles son las tareas que tiene que desarrollar y en qué tiempo, para que todos ellos trabajen con la mayor eficacia posible y cumplan sus objetivos con profesionalidad. De esta manera, un buen coordinador será el que logre que el equipo concluya su tarea con éxito. Se ha comprobado que la gratificación personal causada por la eficacia del equipo es la mejor arma para motivar con éxito a un grupo de personas en el trabajo.

3. PLANIFICACIÓN DEL TRABAJO

Cuando se trabaja en equipo es fundamental la planificación, que consiste en tomar un conjunto de decisiones para organizar las actividades, a través de las cuales se pretende alcanzar los objetivos definidos previamente, teniendo en cuenta los recursos (materiales y humanos) con los que dispone. La planificación se puede estructurar, como mínimo, en cuatro pasos: tormenta de ideas, definición de objetivos, plan de acción y redacción del proyecto.

3.1. Tormenta de ideas

La tormenta de ideas o *brainstorm* es una herramienta de planeamiento que se puede utilizar para obtener ideas a partir de la creatividad de un grupo y con ello resolver un problema. Los miembros del equipo se reúnen y exponen todas las ideas que se les ocurran para llevar a cabo el trabajo. Durante la tormenta debe haber un coordinador y un escribiente. Y existen tres reglas básicas que deben cumplirse: prohibida la crítica, imaginación sin cortapisas y libre asociación de ideas.

3.2. Definición de objetivos

A partir de la tormenta de ideas deben quedar establecidas las metas del trabajo puesto que la organización del equipo se hará en función de las mismas.

3.3. Plan de acción

El plan de acción compromete el trabajo del equipo estableciendo plazos y responsabilidades.

Es un desarrollo que ayuda a guiar el trabajo desde el principio hasta el fin. Sirve para:

- Identificar las tareas principales del proyecto.
- Organizar las tareas en orden lógico.
- Asignar las tareas a los miembros.
- Identificar los recursos necesarios para terminar cada tarea.
- Comunicar con claridad el trabajo que se ha de realizar.

El plan de acción puede reflejarse en una planilla resumen. Esta ficha no tiene por qué tener una estructura fija. En función de sus necesidades cada caracterizador puede elaborar su propia propuesta.

OBJETIVO	TAREAS	FECHA / CUMPLIMIENTO	COSTO	RESPONSABLE	OBSERVACIONES

PRINCIPALES CAUSAS DE PÉRDIDA DE TIEMPO

1. Mal uso del teléfono y correo
2. Objetivos mal definidos
3. Compañeros o colaboradores
4. Plan de trabajo cotidiano
5. Política de puertas abiertas
6. Visitantes, clientes, proveedores
7. Interrupciones
8. Tendencia a trabajar demasiado
9. Jerarquía-jefe
10. Falta de orden
11. Delimitación de responsabilidades
12. Reuniones
13. Trámites
14. Conflictos
15. Entrevistas
16. Arreglo personal

3.4. Proyecto escrito

Se trataría de elaborar un documento en el que se dé respuesta a las siguientes preguntas:

- **¿Qué?**: Naturaleza del proyecto.
- **¿Por qué?**: Objetivos.
- **¿Cuánto?**: Presupuesto.
- **¿Cuándo?**: Tiempo y actividades.
- **¿Dónde?**: Espacios necesarios para realizar las distintas tareas.
- **¿Cómo?**: Técnicas, metodología, procedimientos.
- **¿Con qué?**: Recursos.
- **¿Quiénes?**: Responsables.

La estructura podría ser la siguiente:

- Introducción.
- Objetivos.
- Plan de acción.
- Detalle de recursos.
- Presupuesto.

No hay que olvidar que en esos puntos han de quedar contestadas todas las preguntas anteriores.

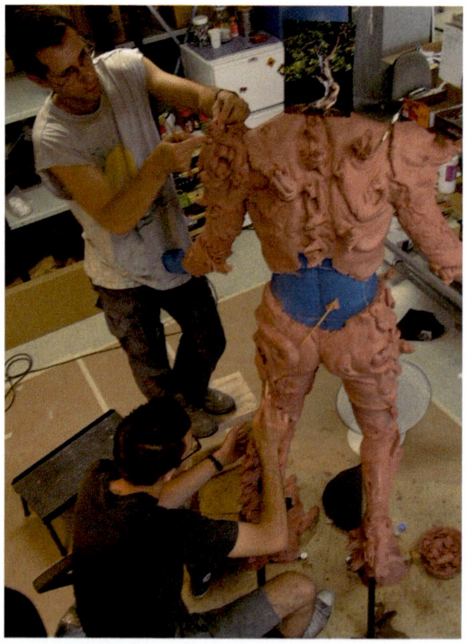

Un buen trabajo de caracterización exige estar al día de las innovaciones técnicas que se producen en otros sectores como la mecánica o la electrónica.

4. FORMACIÓN PERMANENTE DE LOS PROFESIONALES Y FLUJO DE INFORMACIÓN

Para el buen funcionamiento de un grupo multidisciplinar es fundamental que exista un constante flujo de información. Es imprescindible que la comunicación entre los distintos miembros del equipo y con sus superiores o inferiores (comunicación horizontal y vertical) sea fluida para que el equipo logre una verdadera producción de sinergias.

El caracterizador, como profesional, ha de estar al tanto de cualquier innovación que surja en cuanto a técnicas, procesos y materiales, de forma que su trabajo esté en constante evolución y, de esta manera, pueda afrontar cada proyecto sin que las nuevas demandas supongan una limitación.

Por ello, aunque se especialice en algún campo concreto de la caracterización, debe tener en cuenta las posibles aportaciones con que le pueden enriquecer otros profesionales del sector o, incluso, de ámbitos distintos (prótesis médicas, mecánica, electrónica, bellas artes, etc.). Un buen caracterizador debe tener la mentalidad abierta a la hora de absorber información de distintas fuentes, y también ha de ser generoso con sus propias innovaciones para contribuir con el llamado, en este caso, flujo de información entre profesionales. Muchas veces una idea propia es mejorada cuando se plantea a otro que aporta algo que se había obviado.

PARA RECORDAR

- La caracterización abarca diversos campos y cada uno de ellos comprende varios grados y niveles. Por ello es interesante que el caracterizador tenga amplios conocimientos de cada uno.
- Aparte de las empresas dedicadas a la caracterización, este trabajo se puede desempeñar en otros sectores relacionados: productoras (cine, teatro, televisión, publicidad y fotografía), equipos integrados en diferentes empresas públicas o privadas dedicadas al espectáculo (teatro, danza, lírica, circo, variedades, etc.) y como *freelance* o autónomos.
- El caracterizador debe conocer todas las funciones que desarrollan los miembros de un equipo de caracterización para ser consciente del trabajo que desempeñan en conjunto y poder coordinar todas las actividades y realizarlas, si fuera necesario.
- Las condiciones de trabajo están siempre mediatizadas por la producción a la cual se sirve. El cliente será quien marque los plazos de entrega y ejecución.
- Es importante saber qué lugar ocupa cada miembro dentro del equipo.
- La gratificación personal que produce un equipo eficaz es la mejor arma para motivar con éxito a un grupo de personas en el trabajo.
- La planificación es fundamental a la hora de trabajar en equipo. Se puede estructurar en cuatro pasos: realización de la tormenta de ideas, definición de objetivos, establecimiento del plan de acción y redacción del proyecto escrito.
- El caracterizador, como buen profesional, ha de estar en contacto permanente con cualquier innovación.
- Un buen caracterizador debe tener la mentalidad abierta a la hora de absorber información de distintas fuentes para contribuir con el llamado flujo de información.

Actividades

Repasa

1. ¿Cuáles son los servicios que se pueden prestar en un taller de caracterización?
2. Define la función del caracterizador dentro del equipo profesional.
3. ¿En qué sectores puede desarrollar su trabajo un profesional de la caracterización?
4. ¿Por qué es importante una buena temporalización? ¿Qué tiene que ver con la eficacia y con la motivación?
5. ¿Piensas que es importante conocer los últimos avances? ¿De qué fuentes puedes adquirir esta información?

Practica

1. Elabora un documento en el que especifiques los materiales y tiempos necesarios para llevar a cabo el proceso de caracterización en tu proyecto. Ten en cuenta todos los pasos que tendrías que dar, una vez que conoces el diseño, desde la elaboración de los elementos técnicos hasta la transformación completa del modelo en personaje. Documéntate y trata de aproximarte lo más posible a la realidad.
2. Para terminar el proyecto, redacta el paso a paso de la caracterización, indicando exactamente cuál sería el protocolo de actuación con el modelo, una vez que tengas preparados todos los elementos necesarios para ejecutarla (prótesis, postizos, pelucas, vestuario, etc).
3. Forma un equipo con otros dos o tres compañeros y entre todos elegid un nuevo personaje y realizad un trabajo completo de diseño, con todos los pasos que hemos visto hasta ahora. Tened en cuenta que, en este caso, vuestra primera tarea será planificar el trabajo.

9 TEMA DETECCIÓN DE LAS NECESIDADES DEL CLIENTE

Índice de contenidos

Qué vas a aprender...

- Las técnicas para descubrir las necesidades del cliente cuando este encarga un trabajo de caracterización.

Para qué te va a servir...

- Para conocer con exactitud las características del trabajo que el cliente necesita y, por tanto, ofrecerle un mejor servicio.

Qué vas a necesitar...

- Con el fin de realizar la parte práctica del tema se necesitan fuentes de documentación, por lo que vendrá bien contar con una bibliografía extensa y un acceso a internet.

1. ¿POR QUÉ ES IMPORTANTE DETECTAR LAS NECESIDADES DEL CLIENTE?

Un taller de caracterización, desde la perspectiva de centro de negocios que es, tiene que estar continuamente pensando en sus resultados; es decir, en conseguir el máximo beneficio posible y aumentarlo progresivamente.

Desde esta perspectiva parece lógico pensar que la búsqueda de sistemas que permitan conocer mejor a los clientes tiene que ser una preocupación constante para el taller, pues conocer las características y necesidades de los clientes contribuye a ofrecer un mejor trabajo.

Buscar sistemas de gestión de la información contribuye a ofrecer un buen servicio.

2. LA INFORMACIÓN NECESARIA

Cuando se habla de información se está haciendo referencia a los datos cualitativos y cuantitativos sobre clientes, mercado y competencia que, registrados convenientemente, sirven para tomar decisiones comerciales. Lo más eficaz es disponer de un sistema de gestión a través del cual la información necesaria se pueda recopilar, clasificar, analizar, evaluar y distribuir convenientemente.

Para que la información sea útil tiene que responder a dos características básicas:

- Ha de estar disponible en el momento oportuno. No vale de nada que la información sea de calidad si llega al caracterizador demasiado tarde y no puede ser aprovechada, o con una antelación tan exagerada que cuando se vaya a utilizar esté caducada o se olvide de que existe.
- Tiene que presentarse de manera adecuada, no ha de consistir en informes muy extensos difícilmente digeribles, ni en datos escuetos carentes de valor.

2.1. Tipos de información

Existen dos tipos de información que comercialmente se tienen que tener en cuenta:

- La información de acción. Se refiere a los datos relativos a la relación del cliente con el taller. Sirve de apoyo al caracterizador para prestar el servicio demandado. Básicamente esta información está registrada en la ficha del cliente y se actualiza en el instante en que se finaliza el servicio. Una forma directa de recoger información sobre las demandas del cliente sería mediante la realización de entrevistas.
- La información de gestión. Esta información abarca todos los datos sobre resultados de negocio, mercado y competencia que sirven de soporte al profesional para tomar decisiones comerciales a medio y largo plazo. Dicha información se registra en las fichas de negocio y se actualizan trimestralmente o semestralmente, dependiendo de la frecuencia de realización de planes comerciales. Para recoger esta información se utilizan las encuestas (por correo, teléfono o entrevistas personales) y los estudios de mercado.

En este tema, interesa conocer la información referente a las necesidades y demandas del cliente, es decir, la información de acción, cómo detectarla y cómo registrarla (entrevistas y fichas técnicas).

La información de acción se registra en las fichas del cliente.

3. CONOCER AL CLIENTE

La clave para conseguir nuevos proyectos es conocer y comprender a los clientes. Solo entendiéndolos se sabrá lo que piensan y lo que esperan, se podrá captar su atención e interés por el trabajo realizado y, como consecuencia de ello, el negocio funcionará.

Un caracterizador debe conocer muy bien a sus clientes para poder adaptar su discurso y actitud, convenciéndolos de que su servicio o producto es el que realmente necesitan.

En el mundo de los *freelance*, en el que es el propio trabajador el que debe realizar las ventas, este conocimiento es, si cabe, aún más importante. A menudo, los trabajadores *freelance* dejan de lado, bien porque no le dan la importancia que se merece, bien porque no disponen del tiempo suficiente, uno de los elementos básicos a la hora de que un negocio funcione: la actividad comercial.

3.1. Tipos de clientes

No hay que olvidar que cada cliente es único y, como tal, reaccionará ante una situación de forma diferente. Sin embargo, a grandes rasgos, es posible dividir a los clientes en cuatro grupos para conocer sus comportamientos y, así, comprender sus necesidades y conseguir llegar a un acuerdo.

1. Clientes decididos. Se trata de un tipo de cliente que sabe exactamente lo que quiere y no está dispuesto a malgastar su tiempo. Por ello, realiza preguntas muy directas y espera, a su vez, respuestas directas, rápidas y específicas. Para captar su atención, es necesario mostrarse como un trabajador muy profesional y serio, que conoce a la perfección lo que ofrece. Además, es fundamental no dudar en ningún momento y no adelantarse a sus pensamientos.
2. Clientes inquisitivos. Son aquellos clientes que tienen muchas preguntas sobre lo que se les está ofreciendo y se interesan por hechos concretos. Son muy formales, distantes y desconfiados y, por tanto, suelen dudar de todo lo que se les dice. Para ganar su interés, es recomendable ser muy sincero y exponerle claramente los pros y los contras del producto o servicio. No obstante, no hay que olvidar que nunca se les debe presionar para tomar una decisión. Hay que dejar que mediten y que sean ellos quienes tomen la iniciativa.
3. Clientes racionales. Se trata de clientes que preguntan lo que realmente se necesita saber, evitan los conflictos, escuchan con atención y se muestran pausados y relajados. Suelen no intervenir demasiado, dejando a la otra persona que lleve la iniciativa. Para llegar a ellos, se ha de mantener una conversación tranquila y precisa, intentando que participen y que expresen sus necesidades, pero siempre sin presionarlos.

4. Clientes amistosos. Son aquellas personas que tienen mucho entusiasmo, se muestran animadas y siempre de buen humor. No obstante, acostumbran a no darle mucha importancia al tiempo y, por ello, sus decisiones suelen eternizarse. Una forma de conseguir llegar a este tipo de cliente es focalizar su atención, explicar anécdotas y poner ejemplos de casos reales sobre el producto o servicio. Además, es imprescindible animarlos a que tomen una decisión o, de lo contrario, nunca lo harán.

• Es más difícil mantener el éxito que conseguirlo.

No obstante, todo lo mencionado anteriormente no tiene sentido si un caracterizador no ofrece un producto o servicio de calidad. No hay que olvidar, pues, que no se debe engañar nunca al cliente y ofrecerle algo que no se ajusta a sus necesidades, ya que se le podrá convencer una vez, pero no dos veces.

4. LA ENTREVISTA CON EL CLIENTE

La entrevista es el medio por el cual el *freelance* se da a conocer y puede detectar las necesidades de cada cliente, previa petición, vía *mailing* o telefónica. Consiste en una presentación en la que se explica a los futuros clientes las cualidades, conocimientos y experiencia propias, con el objetivo de demostrarles que se es el profesional que mejor se adapta a sus necesidades.

En la entrevista se comunican al cliente las cualidades y los conocimientos propios al tiempo que se detectan sus necesidades.

4.1. Importancia de la entrevista

Es importante no enviar un currículum o una presentación espontáneos, ya que no acostumbra a funcionar. Por ello, conseguir una entrevista con un posible cliente es el primer paso para lograr un trabajo de *freelance.* No obstante, hay que ir muy bien preparado a la cita, ya que de esa entrevista dependerá, en gran parte, que una empresa confíe en el caracterizador para la realización de un proyecto.

La presentación no debe ser demasiado larga (de lo contrario, se puede aburrir al lector) y siempre debe estar enfocada a satisfacer las necesidades del cliente.

4.2. Contenidos de la presentación

Pero ¿qué debe incluir una presentación para que sea eficaz? La presentación debería contener una descripción de la necesidad o problema que se haya detectado en el negocio del cliente, la solución que se propone y, por último, por qué se es la persona adecuada para llevarla a cabo (experiencia). Además, si ya se ha trabajado para empresas del mismo sector hay que hacerlo saber. Si se dispone de una *web* en la que aparecen muestras del trabajo para compañías similares a la del cliente, se puede adjuntar la dirección para que la visite.

Es importante disponer de varias presentaciones para escoger la que mejor se adapte a cada tipo de cliente, necesidades y situación. Se ha de tener en cuenta el tipo de cliente al que se dirige y cuáles son sus necesidades, ya que la presentación dependerá de cada situación.

Se trata, por tanto, de una herramienta vital para cualquier trabajador *freelance*.

La tarjeta de visita facilita al cliente el contacto posterior a la entrevista.

4.3. Preparación y realización de la entrevista

La preparación de la entrevista con el cliente es fundamental. Para ello, hay que informarse bien de la empresa a la que van a ofrecerse los servicios; es necesario averiguar a qué se dedica y analizar lo que se está haciendo en el sector. De esta forma, se demostrará al cliente que se conoce el entorno profesional y se tendrán más datos y conocimientos para evaluar y dar una opinión sobre el proyecto que se plantee.

A la hora de realizar la entrevista hay que tener en cuenta:

- Ser puntual.
- Prestar atención al aspecto externo.
- Atender las necesidades del cliente con atención y resolver todas las dudas que surjan de una y otra parte. Una vez con el cliente, hay que dejar que explique lo que quiere y cuáles son sus necesidades. Cuando haya terminado, se le pide alguna información más sobre el proyecto o la empresa para evaluar el trabajo.
- Exponer las ideas una vez que esté todo definido. Hay que hacer propuestas concretas y ofrecer soluciones específicas para el proyecto, con el fin de que el cliente sepa que se ha entendido bien lo que pide y que se es capaz de darle lo que necesita.
- Hablar tranquilamente y con claridad, evitando gesticular demasiado y sin ponerse nervioso.
- Hacer las preguntas con un tono amigable.
- Mostrar entusiasmo con el proyecto (que se note que el proyecto interesa y resulta atractivo), y que piensas implicarte al máximo en él.
- No hacer nunca una valoración económica del tiempo que llevará realizar el trabajo (es algo que hay que analizar detenidamente y con calma, estudiando bien todos los detalles del proyecto). Si el cliente insiste, se le indicará que se necesita tiempo para decidir cuál es la solución que mejor se adapta a sus necesidades, pero que en unos días (no más de tres o cuatro) se le ofrecerá una propuesta bien detallada.
- A la hora de la despedida, se entrega una tarjeta al cliente por si desea ponerse en contacto de nuevo y se le recuerda que en unos días recibirá una propuesta con la solución más apropiada.

En definitiva, aunque normalmente en la primera entrevista no se decide la contratación de un trabajo, se trata de la primera toma de contacto entre cliente y proveedor, y de la impresión que se cause dependerá, en buena medida, que su interés por lo que se le ofrece continúe o desaparezca.

> «El tonto intenta convencerme con sus argumentos, el listo lo consigue con los míos».
>
> Josep Gumbau

5. REGISTRO DE DATOS

Lo primero que se precisa para gestionar la información es un soporte en el que se puedan registrar todos los datos que se vayan obteniendo. Los soportes utilizados para recopilar la información se pueden plasmar en tres sistemas: papel, magnético y mixto.

5.1. Sistema basado en el soporte de papel

Es el soporte que tradicionalmente se ha utilizado y que, no existiendo otras alternativas competitivas, ha supuesto el único recurso y prácticamente no ha evolucionado. Tras la aparición de otros medios, es conveniente hacer un análisis de las ventajas e inconvenientes que ofrece este soporte. Las dos ventajas principales son su coste relativamente bajo y su facilidad de manejo. Sin embargo presenta varios inconvenientes:

El soporte papel para el registro de datos es barato y fácil de manejar.

- Exige una clasificación manual, lo que implica un proceso lento y un riesgo de que se produzcan errores que condicionarán la fase posterior de consulta.
- Las actualizaciones no pueden integrarse en la información existente, debe sustituirse el documento entero o arriesgarse a perder legibilidad.
- No ofrece la posibilidad de acceso selectivo.
- Confiere poca confidencialidad.
- Ocupa mucho espacio.
- Favorece la heterogeneidad de estilos. Si son varios los profesionales que trabajan la información del taller, existe el riesgo de que se registre de diferentes formas dificultando su tratamiento.
- Exige dedicar más tiempo, puesto que la fase de registro es más lenta.
- Se deteriora con el tiempo.

5.2. Sistema basado en el soporte magnético

Este sistema utiliza los recursos informáticos para almacenar la información mediante bases de datos. Una base de datos informática es una colección ordenada de datos a los que se puede acceder a través de distintos criterios de búsqueda. Su objetivo es facilitar al taller informaciones relativas a sus clientes de una manera ágil y fiable. Para que pueda cumplir este objetivo, una base de datos debe respetar unas reglas básicas:

- Ha de permanecer continuamente actualizada.
- La inclusión de registros tiene que basarse en determinados criterios.
- Se ha de personalizar a las necesidades de cada taller.
- No ha de duplicarse la información.
- Para incluir datos tiene que existir un único criterio gramatical.

Los recursos informáticos ofrecen la posibilidad de almacenar información de manera uniforme y ágil.

Además de las bases de datos, otras aplicaciones de informática útiles son los procesadores de textos (para editar informes, emitir cartas y comunicaciones, etc.) y las hojas de cálculo (para tratar la información numérica).

Cuando se compara el soporte magnético con el de papel aparecen como ventajas las mismas que suponían desventajas del soporte anterior, es decir, se trata de un recurso que ofrece uniformidad, confidencialidad, accesibilidad, economía de espacio, agilidad y alta capacidad de almacenaje.

Otras ventajas que ofrece el soporte magnético son:

- Se puede compartir información a distancia (trabajando en red o vía internet).
- Permite el paso de un soporte a otro. Se puede escanear información en soporte papel y guardarla en soporte magnético, y también es posible imprimir en papel la información digital existente.
- Ofrece la posibilidad de transportar la información rápida y cómodamente.
- Permite mejoras estéticas mediante cambios de formatos, colores, tamaños, etc.

Pero también presenta un par de inconvenientes: el primero, la capacitación de los profesionales del taller para que puedan utilizar con habilidad los equipos, y el segundo, la realización periódica de copias de seguridad que garantice no perder toda la información recopilada, lo que exige una gran disciplina.

5.3. Sistema mixto

En algunos casos interesa utilizar un sistema mixto, que consiste en recurrir al soporte de papel para la recopilación y manejo de la información de acción, y reservar el soporte magnético para la información de gestión. De esta forma la ficha de cliente será un documento de papel que manejarán los distintos profesionales que forman el taller, mientras que la información almacenada en el soporte informático se referirá a la necesaria para conocer los resultados cuantitativos del taller, disponer de datos de mercado, etc., y será básicamente manejada por el responsable del taller.

PARA RECORDAR

- La búsqueda de sistemas que permitan conocer mejor a los clientes tiene que ser una preocupación constante para el caracterizador.
- Existen dos tipos de información: la información de acción y la información de gestión.
- La clave para conseguir nuevos proyectos es conocer y comprender a los clientes. Solo entendiéndolos, se sabrá lo que piensan y lo que esperan, se podrá captar su atención e interés por el trabajo realizado y, como consecuencia de ello, el negocio funcionará.
- La presentación debería contener una descripción de la necesidad o problema que se haya detectado en el negocio del cliente, la solución que se propone y, por último, por qué se es la persona adecuada para llevarla a cabo.
- Para gestionar la información se necesita un soporte en el que se registran los datos.

Actividades

Repasa

1. Explica la importancia de la detección de las necesidades del cliente.
2. Indica los tipos de información que existen y cuál es la más importante para el caracterizador.
3. Enumera las diferencias entre los tipos de clientes que existen.
4. ¿Qué es una presentación? Cita algunas características que debe poseer.
5. Indica las diferencias entre los distintos sistemas de registro de datos.

Practica

1. Elabora una carta en respuesta al siguiente anuncio publicado en prensa:

> Se precisa de caracterizadores para Parque Temático
>
> Temporada de verano, de mayo a octubre.
>
> Interesados contactar en **MEDIEVALIA S.L.**
>
> Avda. de las Tres Cruces 5, Etlo. dcha.
>
> 49008 Zamora

Proyecto

1. Siguiendo con nuestro trabajo, diseña un cuestionario para detectar las necesidades de un posible cliente al que le pueda interesar tu proyecto. A continuación, contesta tú mismo al cuestionario.
2. En función de las necesidades e intereses detectados con el cuestionario anterior, elabora una presentación personal para una entrevista con dicho cliente.

MÓDULO 2

Introducción

El maquillaje es una práctica que se aplica para transformar los rasgos de una fisonomía a través de la búsqueda del volumen. Si el maquillaje social se centra en potenciar las virtudes de un rostro para favorecerlo, el maquillaje de caracterización busca su transformación con un objetivo concreto.

A lo largo de esta última unidad temática, iremos viendo todo lo necesario para iniciarnos en el arte de transformar. Hablaremos de las opciones más demandadas en el mundo laboral, y además de aprender a crear un personaje a partir de un rostro diferente, podremos trabajar sobre un mismo personaje envejeciéndolo, cambiándolo de sexo, o incluso reflejando en él los efectos de un accidente.

En definitiva, a lo largo de esta última etapa del aprendizaje académico, vamos a integrar nuestros conocimientos en el concepto de la gran ficción del espectáculo.

Índice de temas

Materiales y herramientas

Al final del módulo se explican los materiales y herramientas necesarios para el desarrollo práctico de los contenidos.

Vídeos

Algunos contenidos de este módulo tienen como complemento didáctico unos vídeos donde se explican de forma sencilla y pormenorizada los procesos prácticos.

Objetivos generales

- Estudiar los procesos del maquillaje con efectos especiales, sus fases de realización y los procesos técnicos de aplicación teniendo en cuenta las particularidades del medio.
- Describir las pautas de realización para los procesos de simulación más demandados en caracterización: simulación de heridas y cadáveres, envejecimientos y cambios de sexo.
- Conocer las pautas para el estudio de la luz, su influencia sobre el maquillaje y la coloración de prótesis.
- Conocer los factores externos que influyen a la hora de plantear un trabajo profesional: características medioambientales, tiempos de exposición...
- Conocer productos específicos para la realización de tomas de impresión; materiales de positivado y obtención de prótesis; cosmética específica para simulaciones y otros elementos de aplicación externa como dentaduras, lentillas o sangre artificial.
- Describir los mecanismos y elementos técnicos más frecuentes en la realización de efectos especiales para caracterización.

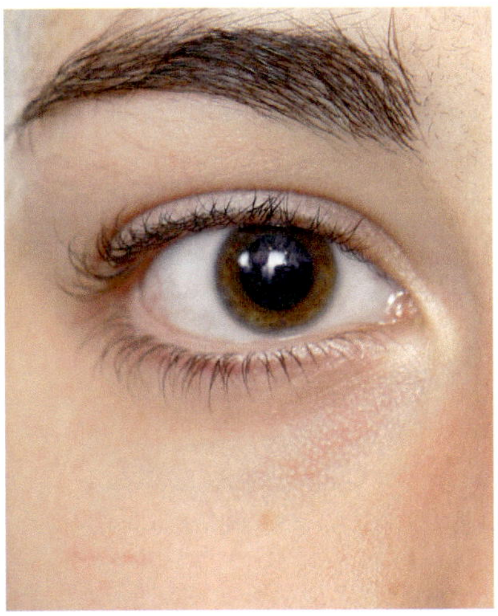

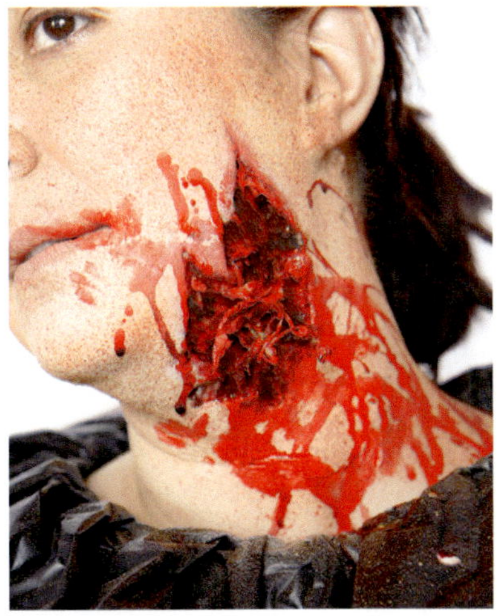
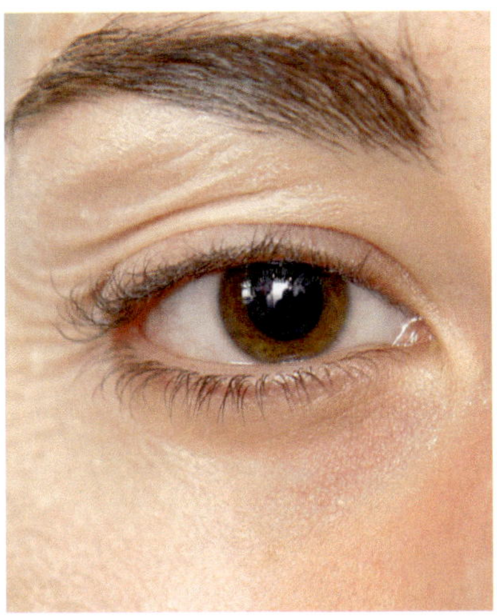
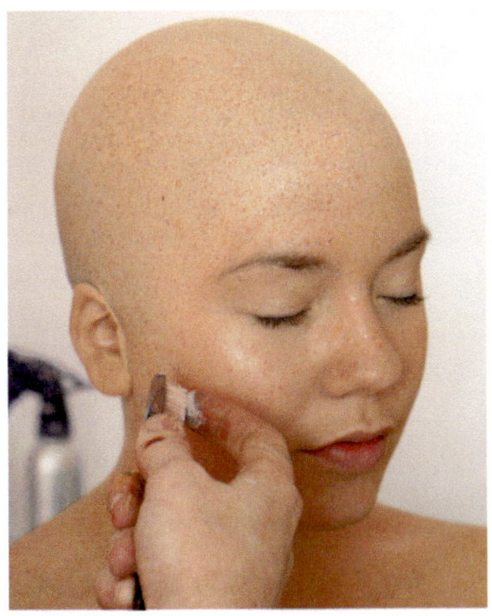

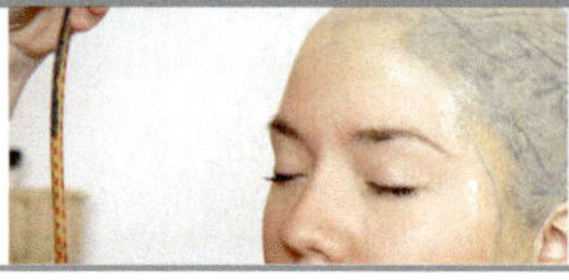

1 TEMA MAQUILLAJE CON EFECTOS ESPECIALES

Índice de contenidos

Qué vas a aprender...

- Las fases previas a la elaboración de un personaje con o sin aplicación de prótesis. Las distintas operaciones técnicas que deberás tener en cuenta para la puesta en práctica de tu trabajo.
- Ver la influencia de la iluminación y de diferentes factores medioambientales en el maquillaje de caracterización con efectos especiales.

Para qué te va a servir...

- Para saber organizar tus recursos a la hora de ponerlos en práctica de un modo profesional.

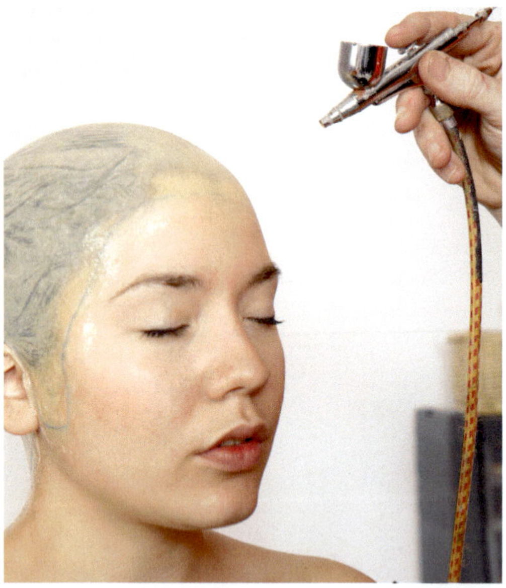

Qué vas a necesitar...

- Estudio y organización previos al trabajo con todos los materiales para maquillar ordenados.
- Tener una base de conocimientos sobre las técnicas básicas del maquillaje social.

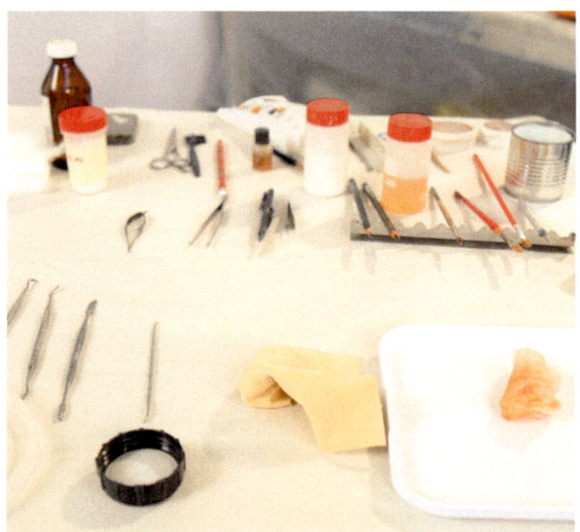

1. MAQUILLAJE CON EFECTOS ESPECIALES

El maquillaje de caracterización con efectos especiales es una rama específica del maquillaje que tiene sus propios procesos y particularidades.

Este tipo de maquillaje persigue objetivos concretos, que en ocasiones distan mucho del embellecimiento como ocurre con el maquillaje social. De esta manera para lograr estos fines se utilizan materiales y técnicas especiales y específicas.

Caracterización del personaje para la película *Acción mutante*.

2. FASES Y OPERACIONES TÉCNICAS DEL MAQUILLAJE

En esta profesión, hay que optimizar al máximo tiempo y recursos, ya que el trabajo de otros profesionales depende de ello. Así hay que tener claras las fases que se han de seguir antes de comenzar un proceso de caracterización.

Maquillaje de caracterización sin prótesis.

Maquillaje de caracterización con prótesis.

Orden del proceso

- Estudio del personaje.
- Selección de materiales. En función del medio para el que se esté fabricando (cine, teatro, televisión), tiempo del que se disponga y presupuesto. Hay que comprobar la calidad de todos los productos y utensilios que se van a utilizar.
- Fabricación de prótesis. En el caso de necesitarlas.
- Preparación del modelo. En esta fase hay que tener muy en cuenta la piel, realizando pruebas previas a la aplicación de cualquier producto. Además, se garantizarán las correctas medidas de seguridad e higiene.
- Limpieza de la piel e hidratación.
- Pruebas previas para asegurar el lugar correcto de aplicación de prótesis, tomando puntos de referencia.
- Aplicación de prótesis.
- Degradado de los bordes y fundido de las prótesis sobre la piel.
- Búsqueda de uniformidad. Se aplica base de color sobre la piel y sobre las prótesis.
- Creación de volúmenes mediante la técnica del claroscuro.
- Difuminado del claroscuro potenciando puntos de luz y sombra.
- Aplicación de dispositivos técnicos (lentillas, prótesis dentales, etc.).

- Se puede facilitar el trabajo añadiendo base de color a las prótesis durante el proceso de fabricación.

• En el proceso de desmaquillado tampoco hay que olvidar el cuidado de la piel. Normalmente, el poco tiempo disponible nos obliga a trabajar con productos que, si bien nos ayudan a limpiar la piel con mayor rapidez, también es cierto que no nos ayudan a cuidarla.

• Hemos de recordar que un actor, presentador, etc., recurre al maquillaje a diario y la piel termina por pasar factura a todos esos procesos continuos de agresión si no se establecen los debidos cuidados. Es nuestro deber concienciarles de la importancia de una buena hidratación y limpieza diarias.

El color y la textura de los productos que se utilizan en el maquillaje deben seleccionarse teniendo en cuenta la calidad y tipo de luz con la que este va a ser observado.

3. INFLUENCIA DE LA ILUMINACIÓN SOBRE EL MAQUILLAJE

El color está directamente relacionado con la luz; por lo tanto, el tipo de iluminación condiciona los resultados del maquillaje.

Básicamente se pueden diferenciar dos tipos de iluminación, la natural y la artificial.

3.1. Iluminación natural

La luz natural depende del momento del día.

En general, la luz del amanecer y las primeras horas del día es más amarilla, la del mediodía azul y más roja la del atardecer. Lógicamente puede variar en función de las condiciones atmosféricas del momento.

Por ello se deben observar los colores que refleja para tener en cuenta las siguientes consideraciones:

- Las luces amarillas y rosadas disminuyen el color, y conviene potenciarlos para que el acabado final no resulte demasiado plano.
- La luz azulada potencia los colores cálidos por contraste. Es importante tener en cuenta que bajo esta luz los tonos blancos pueden adquirir un tono grisáceo.
- La luz roja altera la percepción de ciertos colores; potencia los tonos oscuros y desvirtúa los cálidos.

Respuesta de un mismo maquillaje en diferentes horas del día: luz de amanecer, mediodía y atardecer.

3.2. Iluminación artificial

Dependiendo de si la fuente de luz es eléctrica u orgánica, se tiene en cuenta que:

- La luz que proviene de tubos fluorescentes, transforma los colores potenciando los de la gama fría y disminuyendo los cálidos. No obstante, existen hoy día fluorescentes con un alto rendimiento (capacidad de no alterar el color). Resultan muy útiles para la iluminación de camerinos por su baja irradiación térmica.
- En el caso de focos o bombillas convencionales, el efecto variará en función del color de la luz, siguiendo los mismos patrones que se habían visto para la luz natural.
- La luz que proviene de una vela, atenúa los colores, y proporciona tonos cálidos, aunque si se acerca demasiado puede delatar cualquier imperfección de la piel. Si la vela se coloca debajo del rostro, la luz potenciará las sombras creando un efecto espectral.

Maquillaje con luz fría azulada en el que observamos la respuesta del color en el tono de la piel y la intensidad del rojo de los labios.

- Dependiendo de la dirección de la que provenga la luz artificial, proyectará sombras: si es cenital (de arriba), potenciará el color de las ojeras, y si proviene de abajo, marcará las arrugas.
- Es muy importante realizar pruebas de iluminación de los maquillajes para el soporte que se vaya a utilizar (cine, vídeo...). No hay que olvidar que nuestros ojos «no ven» igual directamente que a través de una pantalla.

Efecto con iluminación cenital.

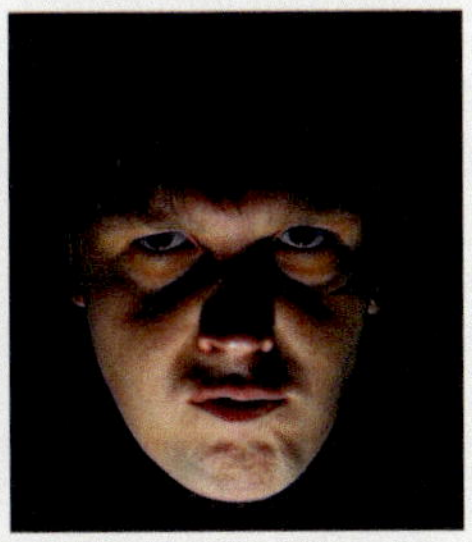

Efecto con iluminación contra cenital.

- La prótesis para maquillaje, si va a ser observado con luz de día –rodajes en exterior–, se recomienda utilizar silicona translúcida ya que se consiguen efectos mucho más naturales. En interiores, la espuma de látex proporciona excelentes resultados.

Iluminación difusa.

Iluminación lateral.

Luz proyectada.

Efecto de iluminación con vela muy cercana al rostro y desde abajo.

4. INFLUENCIA DE LOS FACTORES MEDIOAMBIENTALES SOBRE EL MAQUILLAJE

Las condiciones atmosféricas influyen también en las características de la piel y los productos que utilizaremos; por lo tanto, es importante tenerlas en cuenta a la hora de maquillar y aplicar prótesis.

A pesar de que la naturaleza de la piel de cada persona puede actuar de diferentes formas, las condiciones climáticas siempre potenciarán estas características.

Básicamente, hay que tener en cuenta dos condicionantes: la temperatura y el grado de humedad.

El objetivo siempre será tener un estado óptimo de la piel para que se obtengan los resultados esperados al aplicar el maquillaje y no responda de una forma incorrecta. Para ello, se realizará un estudio previo de sus características.

Así, si la piel es excesivamente seca, se aplicará crema hidratante; si existe exceso de humedad, por hiperhidratación, se utilizarán cremas con pH ácido; y si la piel se presenta grasa, se aplicarán productos astringentes.

En cuanto a los materiales y productos utilizados también pueden sufrir algunas variaciones en función del grado de temperatura y humedad que exista en el rodaje o en el lugar en el que se realice el proceso.

LA IMPORTANCIA DE UNA PRÓTESIS

En la película *Las horas*, basada en un libro de Michael Cunningham, Nicole Kidman interpreta a la escritora Virginia Woolf.

Una parte de su caracterización fue la utilización de una prótesis nasal realizada por el equipo de maquillaje de Jo Allen, Oscar al mejor maquillaje por *Mar adentro*.

Nicole Kidman se llevó el Oscar a la mejor interpretación femenina y, seguramente, esa prótesis influyó también en la consecución del mismo.

PARA RECORDAR

- El maquillaje de caracterización con efectos especiales, es una rama específica del maquillaje, que tiene sus propios procesos y particularidades.
- El proceso de maquillaje de caracterización se compone de una serie de fases que van desde la preparación de la piel, hasta la fabricación de los elementos técnicos necesarios.
- El color está directamente relacionado con la luz; por lo tanto, el tipo de iluminación condiciona los resultados del maquillaje.
- La luz natural varía según la hora del día y de las condiciones climáticas. Por ejemplo, las luces amarillas y rosadas disminuyen el color. La luz azulada potencia los colores cálidos. La luz roja potencia los colores oscuros y desvirtúa los cálidos.
- La luz que proviene de tubos fluorescentes transforma los colores y la luz proveniente de una vela los atenúa.
- Las condiciones climáticas influirán sobre la piel y pueden variar también la respuesta de los productos utilizados en el maquillaje según la naturaleza de cada tipo de piel. Básicamente, se deben tener en cuenta dos factores climáticos: la temperatura y el grado de humedad.

Actividades

Repasa

1. Señala si es verdadero o falso en las siguientes frases:
   - La primera fase en el proceso de maquillaje de caracterización, será la fabricación de prótesis.
   - La realización de pruebas previas sobre la piel es opcional.
   - Antes de hidratar la piel, realizaremos pruebas y marcaremos las referencias necesarias para la aplicación de prótesis.
   - El color está directamente relacionado con la luz.
   - Las luces azuladas desvirtúan los colores.
2. ¿Cómo influye la luz sobre el maquillaje? Razona tu respuesta.
3. ¿Cómo afecta la luz natural sobre los colores? ¿De qué depende?
4. ¿Qué ocurre si la luz se proyecta sobre un rostro desde arriba? ¿Y desde abajo?
5. ¿Cuáles son, básicamente, las condiciones medioambientales que debemos tener en cuenta a la hora de preparar la piel?

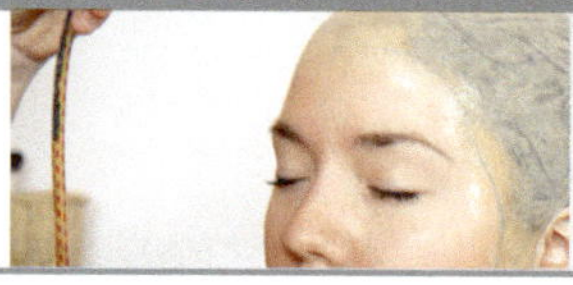

2 TEMA EL ENVEJECIMIENTO

Índice de contenidos

Qué vas a aprender...

- En este tema hablaremos de los pasos que hay que seguir en el envejecimiento. Nos centraremos en los diferentes matices que hay que tener en cuenta dependiendo del medio para el que tengamos que trabajar: cine, teatro o televisión.

Para qué te va a servir...

- Para saber todo lo necesario acerca de la simulación de los efectos del envejecimiento en la piel y el cabello, como arrugas, manchas seniles, poros, flacidez, canas, etc.

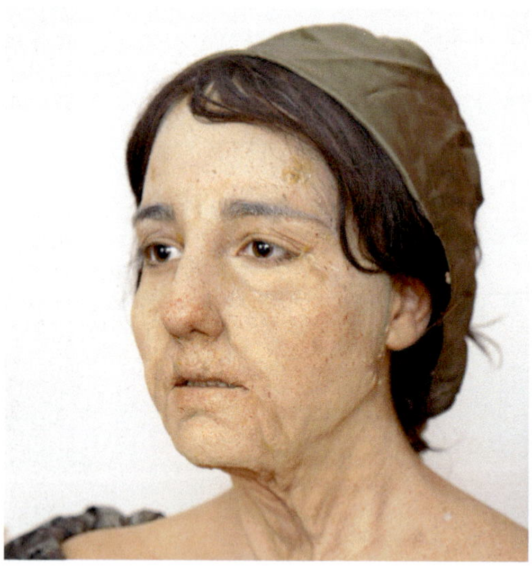

Qué vas a necesitar...

- Látex.
- Bastoncillos.
- Polvos fijadores.
- Secador de mano.
- Fondos de maquillaje.
- Maquillaje para el cabello.
- Sombras compactas.
- Mastic.
- Glicerina.
- Espátulas.
- Pinceles de maquillaje.

1. EL ENVEJECIMIENTO EN CARACTERIZACIÓN

El envejecimiento es una técnica que permite lograr que un mismo actor pueda interpretar su personaje a través de un tiempo ficticio.

Es parte de la magia de la ficción porque ofrece la posibilidad de jugar con el tiempo al antojo del creador de la obra.

- Un buen trabajo de envejecimiento puede hacer más o menos creíble la interpretación de un actor y, de cómo esté realizado dependerá, en cierto modo, el grado de calidad de la película.
- El actor Javier Bardem interpreta a Ramón Sampedro, quien debido a un accidente en el mar se queda tetrapléjico, y desde su cama postrado, reclama una muerte digna.
- En esta película Javier Bardem «envejeció» cerca de 30 años gracias al trabajo de Jo Allen, Ana Ruiz Puigcerber, Mara Collazo y Manolo García que, además de llevarse el premio Goya al mejor maquillaje y peluquería, estuvieron nominados al Oscar como mejor maquillaje.

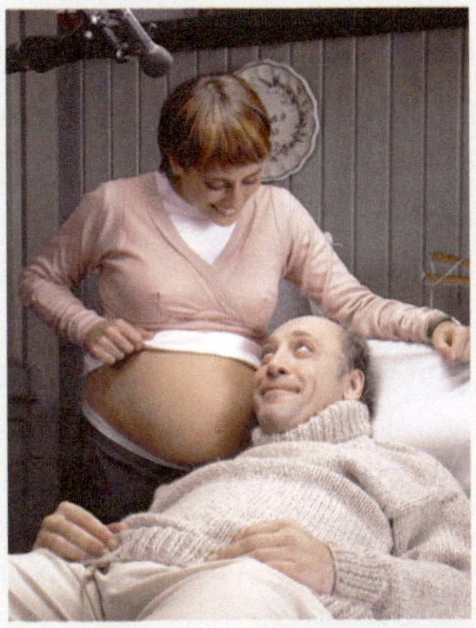

1.1. Envejecimiento para teatro

Realmente, lo más importante para lograr que un envejecimiento de teatro sea creíble, es una buena interpretación del actor.

Entendiendo los principios de este lenguaje, cuanto más natural sea la puesta en escena, mejor resultará. Por ello, en teatro no suelen aplicarse prótesis, sino que se busca el endurecimiento de las facciones a través del maquillaje.

En el teatro hay que contar con dos factores fundamentales: la iluminación y la distancia.

El envejecimiento del rostro

El primer paso es la preparación del modelo, protegiendo su vestuario, limpiando la piel y retirando el cabello del rostro.

En una posición cómoda tanto para el modelo, como para el maquillador, se comienza el proceso de envejecimiento, que se realiza en una serie de pasos:

- Buscar las líneas de las arrugas naturales; para ello conviene pedir al modelo que gesticule con el rostro.
- Una vez localizadas, se marcarán suavemente con un lápiz marrón.
- Crear efectos de volumen. Para ello, se utilizarán sombras en polvo, o paint stick con diferentes tonos de marrón.

El volumen también se logra mediante la técnica del claroscuro, marcando la línea con un tono oscuro y difuminándola hasta la zona que se quiera resaltar y fundiéndola con la base del maquillaje.

1.2. Envejecimiento en cine y televisión

En el teatro los espectadores se encuentran a una cierta distancia, pero en el cine hay que cuidar más los detalles ya que con la cámara se puede acercar el rostro del actor al espectador, lo que permite observar mejor todos los detalles.

También el lenguaje televisivo utiliza los planos cortos y se puede observar de cerca el rostro del actor, si bien la respuesta a través de la pantalla de un receptor nos proporciona una imagen más fría y con diferente definición que en el cine.

- Si el envejecimiento se realiza para una escena muy concreta y el rostro no va a tener movimiento, se puede realizar una prótesis completa. No obstante, la opción más realista se consigue con prótesis parciales.

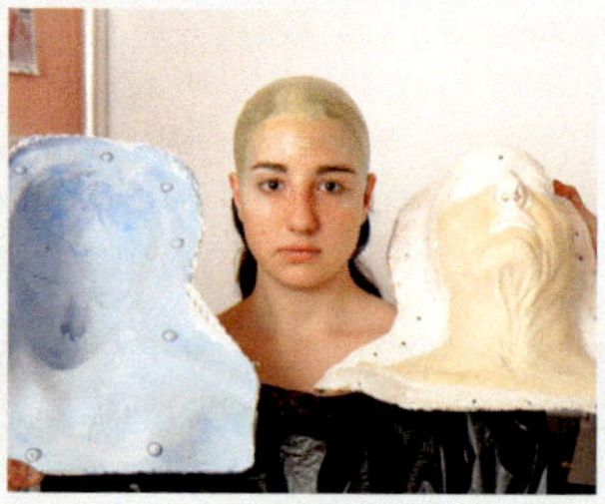

Elaboración de un envejecimiento facial para cine y televisión con prótesis

- El primer paso será realizar una toma de impresión del rostro del modelo, pudiéndola realizar con silicona o alginato. La toma de impresión con silicona es similar al alginato, solo que con resultados más profesionales y duraderos.
- Una vez realizada la toma de impresión, se positivará con exaduro para modelar sobre la reproducción.
- Una vez definido el objetivo, se modelará sobre el exaduro con plastilina profesional, preferiblemente libre de azufre para evitar posibles contraindicaciones con otros materiales.
- Teniendo en cuenta que la plastilina marca exactamente el hueco que, posteriormente, se rellenará con la espuma de látex, el volumen debe tener suficiente consistencia, excepto en las zonas de movilidad, que deberán difuminarse hacia los bordes.
- El siguiente paso será obtener un negativo del rostro con las rectificaciones. Este negativo puede ser también de exaduro o silicona; hay que tener la precaución de aplicar desmoldeante para que los materiales no se adhieran en el caso de utilizar exaduro.
- Una vez separadas las piezas se retirará la plastilina del positivo. Los materiales más adecuados para positivar las prótesis, son: la silicona o la espuma caliente.
- Se encajan ahora el negativo con el positivo y se rellena el hueco que queda entre ambos con silicona o espuma de látex y se pasa al horno para obtener de esta manera la prótesis perfectamente definida.
- Una vez listo el material, se separan las piezas, y se deja que se enfríe antes de desmoldear.
- Si la prótesis sale de una pieza, la fragmentaremos cuidadosamente por las zonas de movilidad, que deben ser muy finas.

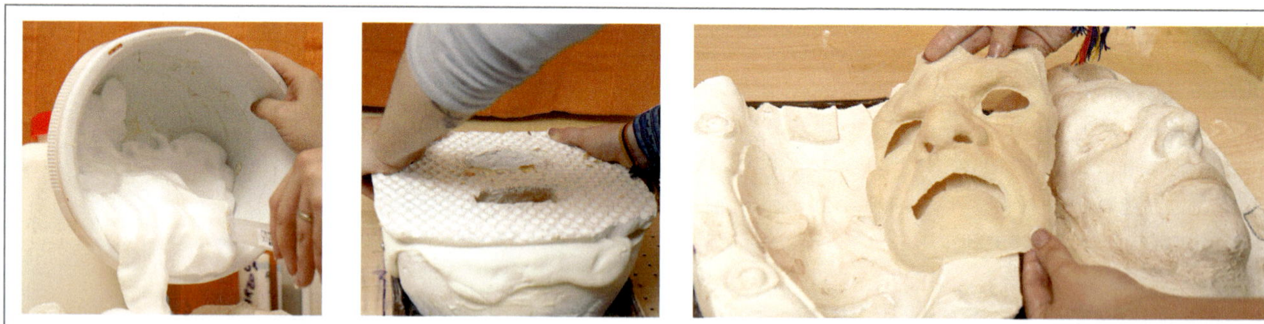

Proceso de elaboración de una prótesis con espuma caliente.

- Hay que atender a las indicaciones específicas que hace el fabricante acerca de cada material. La silicona, por ejemplo, suele funcionar con un catalizador, y la espuma caliente necesita curarse en un horno profesional. El calor y el tiempo deben ser muy precisos y dependen de la composición de cada marca.
- La espuma fría aumenta de volumen, por lo que es importante sujetar las piezas del molde durante el proceso de curado con cintas tensoras para evitar que se desplacen.

El acabado

La aplicación se realiza como explicamos en el tema 5 del módulo 1 del primer libro.

Una vez aplicadas y fundidas las prótesis, se colorean. Lo más aconsejable es unificar el tono con una primera capa difuminada con aerógrafo; si es necesario realizar algún detalle sobre ella, como manchas o sombras, se utiliza maquillaje con base de alcohol.

Tras la coloración y el maquillaje, se pasará a aplicar los dispositivos complementarios.

- Si la prótesis es de silicona, es apropiado adherirla a la piel con un adhesivo con base de silicona; y si es de espuma de látex, lo más apropiado es el prosaide.

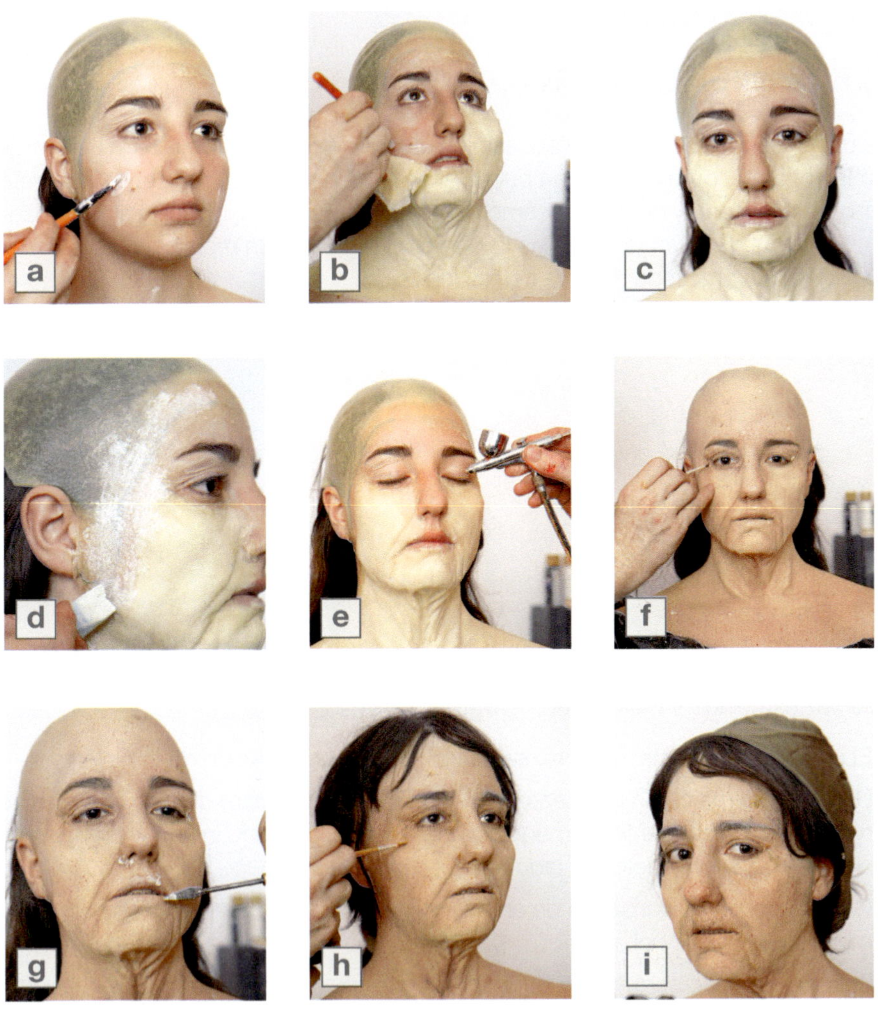

a. Aplicación del adhesivo sobre el rostro.
b. Adhesión de las prótesis.
c. Adhesión completa.
d. Difuminado de bordes.
e. Coloreado de fondo de piel de la prótesis.
f. Coloreado de detalles de piel –técnica de moteado–.
g. Sellado de bordes con cabosil.
h. Maquillaje sobre la prótesis.
i. Acabado final.

El envejecimiento depende de la fisonomía del actor, de la edad y situación social que queramos simular. En cualquier caso siempre conviene hacer un estudio previo al modelado. No obstante, algunos de los rasgos más frecuentes en el envejecimiento del rostro son:

- Bolsas bajo los ojos.
- Surco naso labial pronunciado.
- Doble mentón.
- Crecimiento de nariz y orejas.
- Dilatación de poros.
- Arrugas pronunciadas.
- Arrugas en el cuello.
- Piel flácida.
- Alteraciones del ovalo.

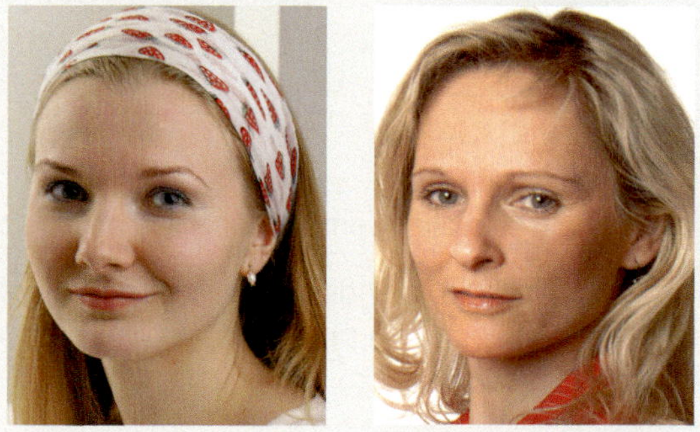

Cambios en la fisonomía en un rostro de los 20 a los 45 años aproximadamente.

2. EL ENVEJECIMIENTO CON LÁTEX

Es una técnica muy sencilla y accesible y aunque no se aconseja para un envejecimiento facial completo, es una buena alternativa para aplicar en zonas concretas con gran movilidad y delicadas, como los párpados. La combinación y elección adecuada de las distintas técnicas es lo que proporcionará un resultado profesional y realista en los procesos de caracterización.

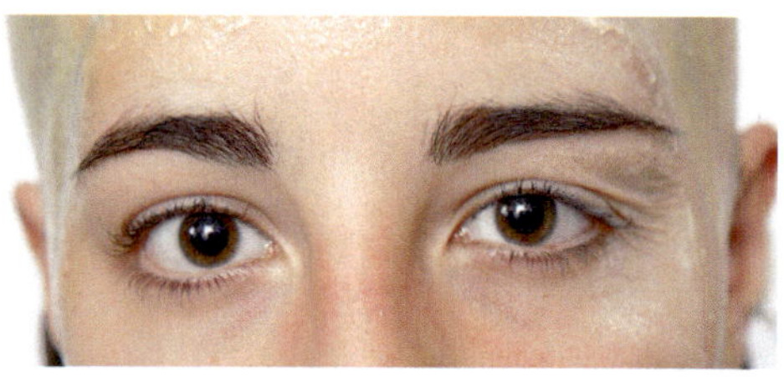

Efecto de envejecimiento con látex en la zona del párpado.

2.1. Envejecimiento facial con látex

El primer paso es la identificación de las necesidades y características del personaje. Una vez estudiado y definido comenzará el proceso:

- El primer paso, como siempre, será la limpieza y preparación de la piel.
- Después, se marcarán las líneas de movilidad del rostro para dividirlo en varias zonas de aplicación: frente, párpado superior, sienes, parpado inferior y mejillas, maxilares, cuello (completo, de lado a lado), boca, mentón.

  Generalmente, se comienza de arriba abajo, pero la forma de comienzo la determina cada profesional.
- El siguiente paso será estirar cada fracción de piel en dirección paralela al sentido de las arrugas.

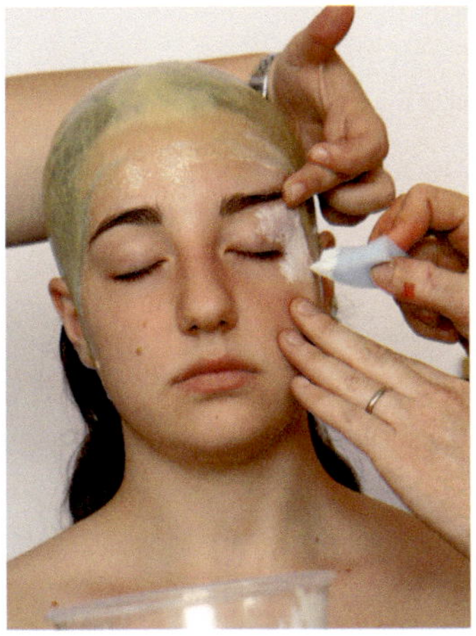

• Con la piel estirada se aplicará una fina capa de látex con una esponja.

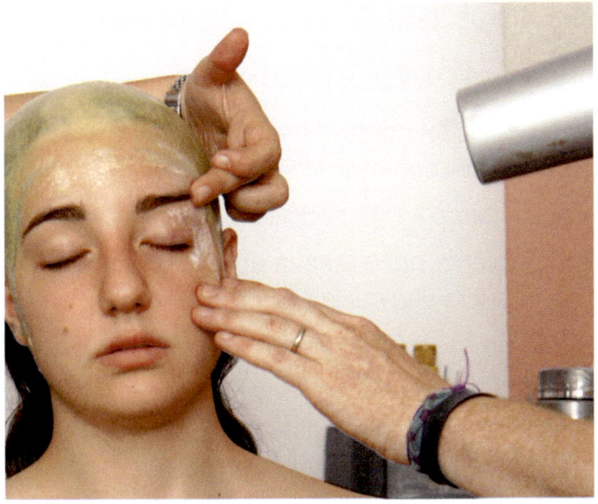

• Con un secador de manos, se aplica aire frío sobre el látex.

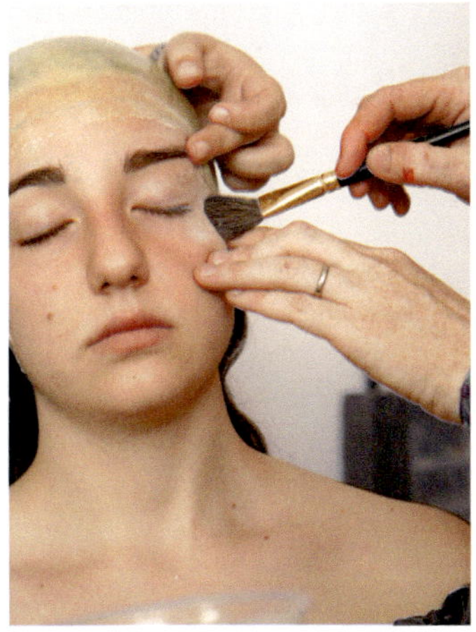

• Una vez seco, se empolva su superficie y se da forma.

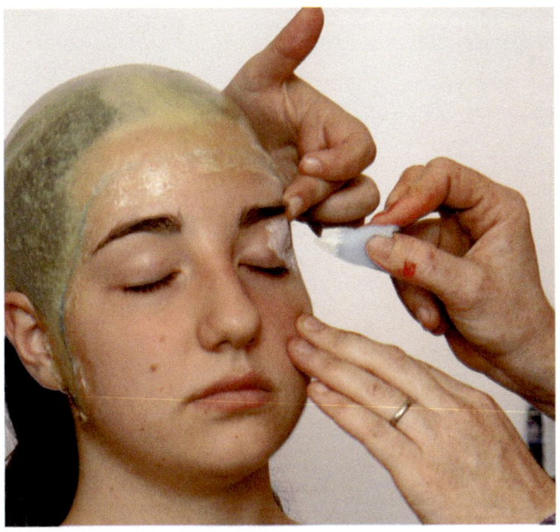

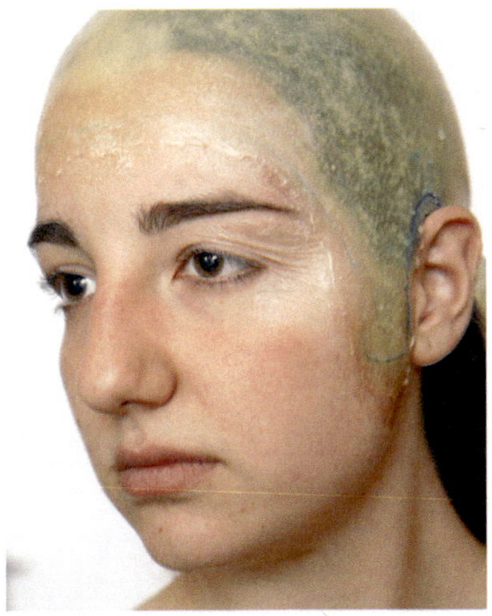

• Conviene comprobar el efecto y repetir el proceso, si es necesario, hasta conseguir el resultado que se pretenda.

2.2. Otra forma de envejecimiento

Otra forma de envejecimiento puede ser aplicando sobre la primera capa de látex un pañuelo de papel (de una sola capa). Se presiona sobre la zona y se retira el exceso de papel de los bordes. Posteriormente se pasa a aplicar una segunda capa de látex y se estira la piel para conseguir que la arruga se marque.

Se adelanta el proceso de secado con secador y se aplican polvos entre cada una de las capas. Cuando todo esté terminado se pasa al maquillado. El grosor de la arruga en este caso es mayor, aunque el efecto puede quedar más artificial.

- Para estirar la piel de la zona de la boca, conviene pedir al modelo que hinche la parte de encima del labio superior, o la de abajo del inferior.
- No se debe soltar la piel hasta que el producto no esté seco. Este proceso se puede repetir varias veces para conseguir mayor profundidad en la arruga. Cuanto más joven sea el actor más veces habrá que realizarlo.
- Para secar el látex conviene aplicar aire frío, ya que el aire caliente puede hacer que el material encoja.
- El secado del látex aplicado en la zona de los ojos, debe dirigirse de arriba hacia abajo para evitar que el vapor que desprende el amoniaco pueda irritar los ojos.
- Entre capa y capa de látex se da talco con un pincel para que el material no se pegue.

• Si el papel que utilizamos tiene color similar a la piel, resultará más sencillo maquillarlo que si es blanco.

2.3. Envejecimiento de las manos

El proceso de envejecimiento de las manos es el siguiente:

- Sobre la piel correctamente hidratada, se adhiere pequeñas cantidades de carne artificial con mastic sobre las articulaciones.
- Posteriormente se modelan aumentando el volumen, pero imitando su forma original.
- El siguiente paso será la aplicación del látex. Con ayuda del modelo, se estirará de manera vertical la piel de los dedos y la mano.
- Con un bastoncillo se aplicará una fina capa de látex sobre la piel estirada y sin soltarla se seca el material con ayuda de un secador.
- Una vez que el látex esté seco, se aplicará una capa de polvos translúcidos para que el material no se pegue sobre sí mismo.
- Por último, se suelta la piel para que vuelva a su posición natural. La capa de látex debe tener el efecto de la piel arrugada; se podrá potenciar este efecto dando forma suavemente con los dedos.

- Esta técnica debe realizarse de manera individual; es decir, cuando terminemos el proceso completo en una mano se comienza la siguiente.
- Para lograr resultados más realistas, podemos maquillar la piel simulando manchas seniles. El mejor modo de hacerlo es aplicando maquillaje en crema sobre la piel, bajo la capa de látex.
- El látex debe cubrir toda la parte superior de la mano, incluidos los nudillos de carne artificial. Si se notan fuertes contrastes de color conviene aplicar un fondo de maquillaje sobre los polvos translúcidos.

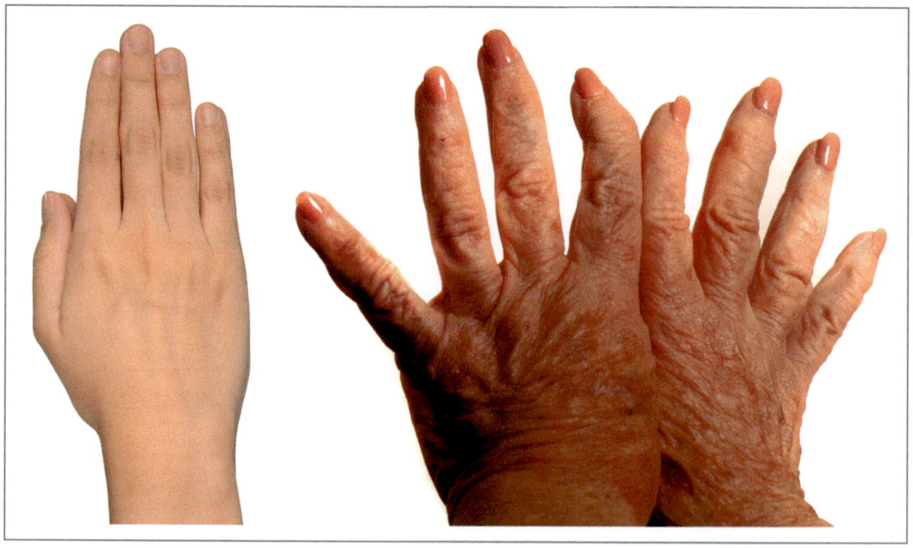

Los efectos de envejecimiento han de ser siempre realistas, la mejor manera de conseguirlo es tomar como modelo la propia realidad y observar los detalles más significativos para trasladarlos a la ficción. También hay que tener muy en cuenta que todos los aspectos del envejecimiento deben estar en perfecta consonancia, rostro, cuerpo, manos y cualquier otra zona visible.

PARA RECORDAR

- En el teatro, a la hora de realizar un envejecimiento, hay que contar con dos factores fundamentales: la iluminación y la distancia.
- En teatro se busca el endurecimiento de las facciones aplicando la técnica del claroscuro a través del maquillaje.
- Los envejecimientos para cine y televisión deben ser realistas ya que pueden aparecer imágenes muy cercanas, como cuando se realizan primeros planos.
- Los materiales más profesionales para la realización de prótesis, son: la espuma caliente y la silicona. Una alternativa más accesible y económica es el látex.
- El envejecimiento depende de la fisonomía del actor, de la edad y de la situación social que queramos simular.
- Para realizar una prótesis de espuma caliente o silicona, rellenaremos los huecos que quedan al retirar la plastilina entre el positivo y el negativo.

Actividades

Repasa

1. ¿Qué factores diferencian la selección de técnicas y materiales de un envejecimiento en función del medio?
2. Dibuja las líneas de movilidad de este rostro.

3. Cuando realizamos prótesis de espuma o silicona para un envejecimiento, ¿por qué necesitamos el positivo y el negativo? Razona tu respuesta.
4. ¿Con qué materiales colorearías una prótesis de espuma caliente de látex? Explica por qué.
5. Explica el proceso de un envejecimiento de manos con látex.

Practica

1. Realiza un envejecimiento para teatro y otro para cine eligiendo la técnica que prefieras. Posteriormente fotografía los resultados para tu dossier.
2. Realiza un envejecimiento de manos aplicando la técnica del látex.

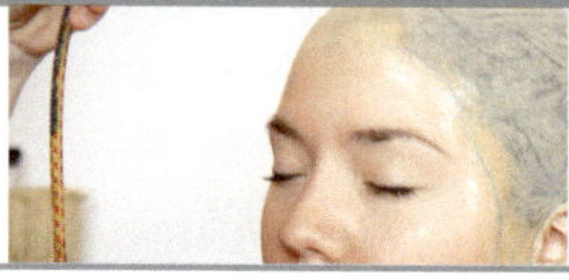

Índice de contenidos

Qué vas a aprender...

- A transformar un referente masculino en uno femenino, y viceversa.
  Nos centraremos en todos los aspectos que tienen que ver con esta parte de la caracterización, como la aplicación de barba de días, la aplicación de calotas y de uñas postizas.

Para qué te va a servir...

- Para conocer los recursos más efectivos a la hora de realizar una transformación de sexo de un modo creíble y profesional.

Qué vas a necesitar...

Para el cabello y el rostro:

- Peluca.
- Pasta cubrecejas.
- Pestañas postizas.
- Crepé o postizos faciales.
- Vaselina.
- Mastic.
- Tijeras.
- Sombras.
- Correctores.
- Paint steak.
- Agua color.
- Cepillo de dientes.
- Bases de maquillaje.

Para la aplicación de uñas postizas:

- Uñas postizas o tips.
- Limas de uñas.
- Útiles de manicura.
- Loción antiséptica.
- Adhesivo de uñas.

Para la aplicación de calotas:

- Calota de glatzan o látex.
- Bastoncillos.
- Acetona.
- Polvos translúcidos.
- Mastic o prosaide.

1. CAMBIO DE SEXO

El cambio de sexo puede aplicarse en cualquier medio: cine, teatro...

Si el trabajo no es profesional la transformación puede resultar una parodia con resultados poco creíbles. Hay que conocer las técnicas y los materiales adecuados para lograr unos buenos resultados.

En cualquier caso, el cambio de sexo es una transformación como cualquier otra, con el hándicap de que en ciertos aspectos se encuentra muy estereotipada.

Los cambios pueden ser de mujer a hombre y de hombre a mujer.

• Tanto la transformación del cabello como la aplicación de pelo postizo será fundamental para realizar un buen trabajo, por lo que habrá que recordar las técnicas aprendidas.

1.1. Transformación de mujer a hombre

Como siempre, es fundamental el estudio del personaje, ya que en cada caso habrá necesidades específicas.

Se comenzará con la aplicación de una calota como calva como uno de los pasos que se pueden realizar en la transformación de mujer a hombre y, posteriormente, se explicarán técnicas de aplicación de maquillaje y aplicación de postizos faciales.

Caracterización de la actriz Hilary Swank en la película *Boys don't cry.*

Aplicación de calotas

Como ya se explicó en el módulo de fabricación de prótesis, la calota puede servir para realizar una toma de impresión, para poder aplicarla como una calva y también como base para colocar postizos. A la hora de abordar la caracterización de un cambio de sexo, realizar una calota será de utilidad.

En el caso de que el personaje lo requiera, la calota puede tapar las cejas y las orejas. Esto debemos tenerlo en cuenta para programar los límites a la hora de realizarla y adherirla.

Para su colocación hay que preparar el cabello con toga o bien, si es corto, peinándolo muy bien hacia atrás para que no abulte debajo de la calota.

Pasos del proceso:

En este caso vamos a aplicar una calota para simular una calva, por lo que es muy importante que las medidas previas que se hayan tomado para su realización coincidan con la medida exacta de la cabeza del actor o actriz para que se ajuste perfectamente.

• Una vez que se tenga clara su colocación se aplican polvos marcando los límites sobre la frente.

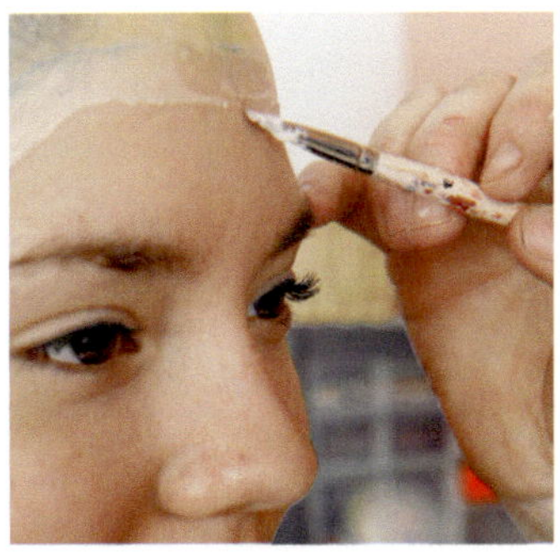

• Sobre esta línea de referencia, pondremos una franja de mastic de unos dos centímetros. Cuando el producto se encuentre en estado mordiente (esperar un tiempo desde la aplicación, no hacerlo de forma inmediata) pegaremos cuidadosamente los límites de la calota. El resultado será más efectivo si se utiliza prosaide en lugar de mastic.

• Si la calota queda por encima de las cejas, antes de aplicarla debemos disimular las naturales, con una capa de mastic, cubrecejas y polvos translúcidos.

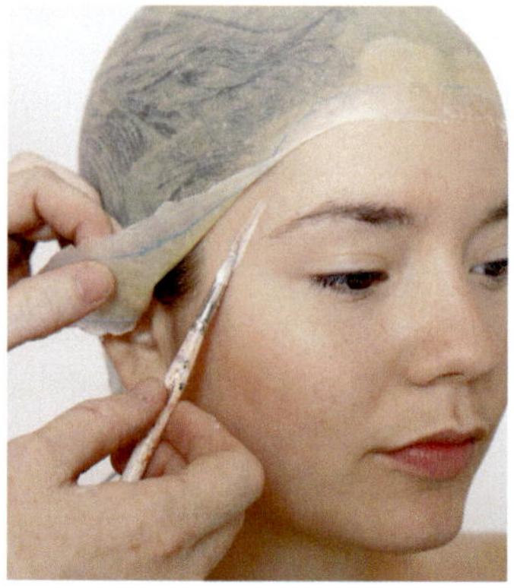
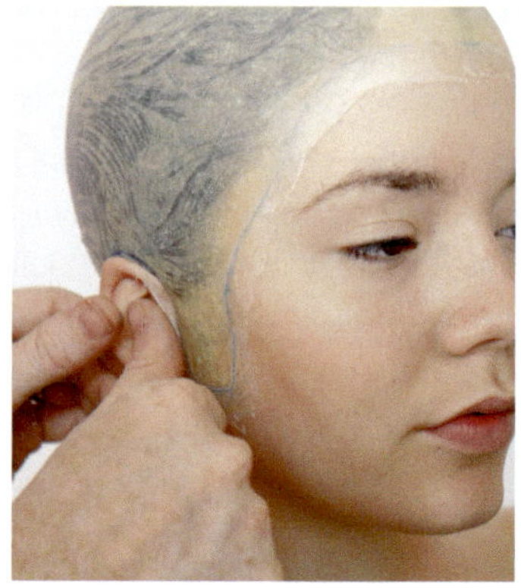

• Continuamos bajando hacia las sienes y si las orejas no van a cubrirse, podemos cortar los contornos con unas tijeras, o diluir el material desde el centro de las mismas hasta conseguir el espacio suficiente para sacarlas.

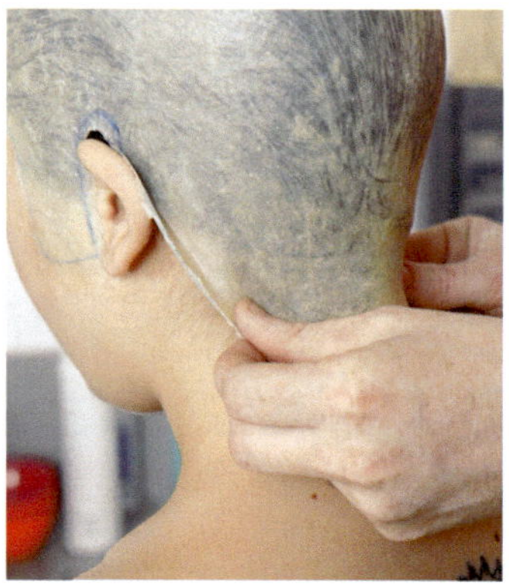
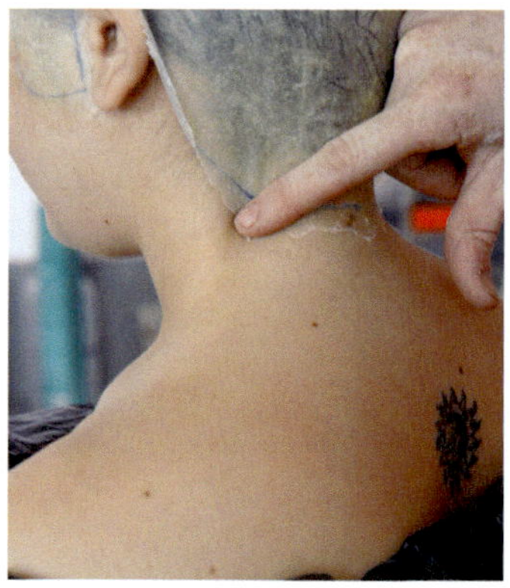

• En la zona de la nuca debemos prestar especial atención para que no se formen bolsas de aire. Para ello lo mejor es estirar el material de forma horizontal.

• Una vez adherida, difuminaremos los bordes aplicando acetona con un bastoncillo, si la calota es de glatzan y, con una mezcla de cabosil y prosaide si es de látex.

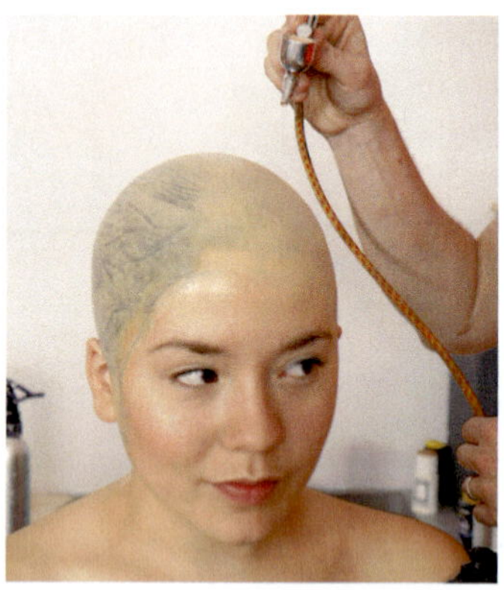
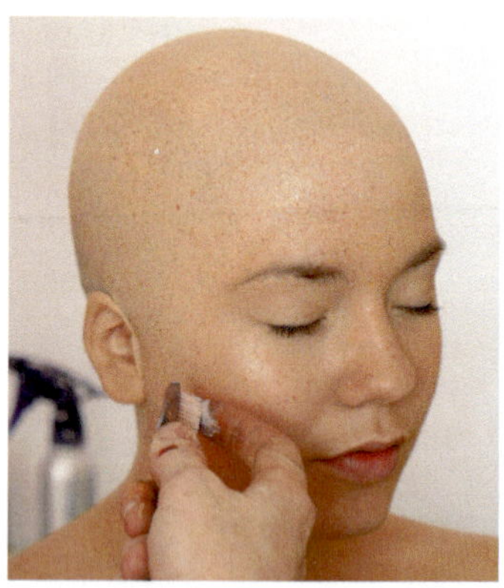
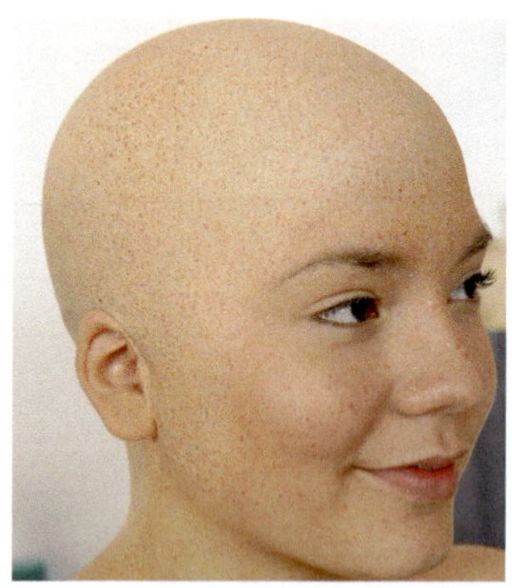

• Dependiendo del material, la superficie será transparente, por lo que faltaría maquillarla del color correspondiente.

Transformación del rostro

Para comenzar el trabajo, es importante tener colocados todos los materiales y proteger a la modelo con las medidas de seguridad e higiene necesarias.

Esta caracterización puede realizarse:

- A través del maquillaje, fundamentalmente marcando las facciones para endurecer la expresión.
- Aplicando pelo postizo.

A través del maquillaje

Mediante el maquillaje se podrá transformar una mujer en hombre siguiendo una serie de pasos.

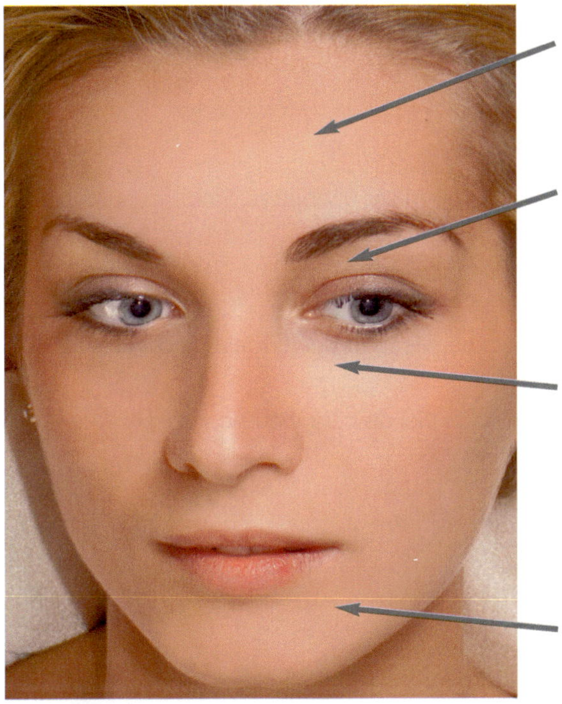

- Marcar con un lápiz (un tono más oscuro que la piel) las líneas de expresión de la frente; posteriormente se difuminan.

- Aumentar el volumen de las cejas. Para ello se pueden emplear lápices de varios tonos, o bien la técnica del agua color.
- Con los lápices conviene dar pequeños toques en la dirección del pelo de las cejas. Para que no se aprecien descompensaciones entre las dos cejas, es aconsejable maquillarlas de forma alternativa combinando al menos tres tonos diferentes. La técnica del agua color es similar, pero con pincel.

- Oscurecer suavemente las ojeras. Con el mismo tono que se ha utilizado para marcar las líneas de expresión de la frente, se difumina la zona sin que resulte exagerado, ya que se corre el riesgo de reflejar un aspecto enfermizo.

- Por último, imitar la sombra de la barba. Para lograr este efecto, se marca la zona con un fondo de maquillaje en polvo un tono más oscuro que el color de la piel. Posteriormente se moja un cepillo de dientes con agua color, y se salpica sobre la piel alternando varios tonos para que resulte más realista. Con esta misma técnica, se pueden simular patillas intensificando la aplicación del agua color.

• Antes de empezar a aplicar el pelo hay que tener claro cual será el sentido natural de su crecimiento.

• La presión ejercida a la hora de pegar el crepé debe ser ligera ya que los pelos deben quedar de punta, simulando el nacimiento real; de otro modo se aplastarían dando un aspecto poco natural.

• Dependiendo de las necesidades específicas del personaje, la caracterización se puede reforzar con la aplicación de una calota sobre la que podremos incorporar postizos capilares para simular entradas.

A través de aplicación de pelo postizo (crepé)

La aplicación de pelo postizo es una técnica sencilla, con la que se logran resultados bastante realistas.

Los pasos que hay que seguir son:

- En primer lugar se aplica una sombra de maquillaje en polvo un tono más oscuro que la piel, con el fin de marcar la zona del rostro sobre la que se aplica el pelo postizo.

  Para que esta sombra se fije sin problemas sobre la piel, conviene insistir en la aplicación hasta que el producto se funda con la piel y se absorba.

- Una vez fijada la sombra, se aplicará sobre ella una fina capa de vaselina procurando no arrastrar el producto, ayudándose de una esponja, o bien aplicando cera para barbas y dejarlo todo igualado, sin pegotes.
- Se prepara el crepé cortando en trocitos.
- Por último, se pegará el crepé suavemente sobre el rostro con una brocha, comenzando por el mentón.

1.2. Transformación de hombre a mujer

Para la transformación de un hombre en mujer el objetivo fundamental será neutralizar el vello y suavizar los rasgos del actor.

Transformación del rostro

El primer paso será apurar al máximo el afeitado del modelo y aplicar after shave para cerrar los poros.

Posteriormente, en distintas zonas de la piel de cara y cuello, se aplican correctores para corregir el óvalo.

Estas zonas y sus aplicaciones son:

- Marcar los pómulos.
- Estrechar los laterales de la nariz.
- Suavizar las ojeras.
- Aplicar puntos de luz en frente y barbilla.

• La aplicación del maquillaje corrector modela los rasgos a través de la técnica del claroscuro, por lo que conviene experimentar con la combinación de un corrector un tono más claro que la piel para crear puntos de luz, y otro tono más oscuro para disimular algunas zonas. Sobre estas correcciones, trataremos de homogeneizar el rostro con una base de maquillaje del mismo tono de la piel.

El siguiente paso será afinar las cejas. Para ello se puede aplicar un cubrecejas desde el centro hacia el exterior o sobre toda la ceja si fuera necesario.

Una vez cubiertas, se puede aplicar maquillaje si el tono dista mucho del resto; posteriormente se aplican polvos translúcidos y sobre ellos se dibuja la forma deseada con un lápiz.

Para finalizar se aplicarán técnicas de maquillaje social, teniendo en cuenta que no debe parecer excesivo, ya que en este caso es fácil que el efecto resulte ordinario.

Posteriormente, y utilizando los conocimientos de visajismo, se le puede poner una peluca.

- Si el actor tiene las pestañas demasiado cortas, se pueden aplicar postizos.
- Para conseguir un resultado natural la técnica sería aplicar pequeños grupos de pestañas allí donde observemos que están más despobladas o queramos conseguir mayor efecto, sin que el resultado parezca muy exagerado. Si sus pestañas son largas, bastará con rizarlas con un rizador de pestañas.

«LA MALA EDUCACIÓN»

Para su decimoquinta película, Almodóvar eligió al mexicano Gael García Bernal como intérprete del travesti Zahara. Lograr la transformación en mujer de Gael le supuso depilarse todo el cuerpo, aprender a caminar con tacones y a mover sus manos con la naturalidad de una fémina. Pero sin duda, y según la propia opinión del actor expresada en algunas entrevistas, lo más duro eran las cuatro horas de caracterización previas al rodaje y el uso de medias apretadas. Del maquillaje se encargó Ana Lozano, nominada en varias ocasiones al Goya a Mejor maquillaje y peluquería, por última vez con *Volver* (2006). Además, se contó con los diseños de Jean Paul Gaultier para el vestuario, todo para crear una más que creíble Zahara.

El actor Lindsay Kemp caracterizado, interpretando a la reina Isabel en la obra de teatro *Elizabeth I. El último baile.*

Transformación de las manos

El primer paso será cubrir el exceso de vello; lo ideal sería la depilación, aunque también se podría realizar una suave decoloración. En el caso de que no se pueda realizar alguno de estos procesos se tratará de ocultar el vello con bases de maquillaje en crema.

Si las manos son excesivamente anchas y sus articulaciones están muy marcadas, se podrán afinar mediante la aplicación de correctores oscuros en los laterales de los dedos, y claros en la parte superior.

Colocación de uñas y tips

Las uñas postizas son dispositivos complementarios, los resultados de su aplicación resultan menos profesionales, pero son ideales para teatro o trabajos rápidos.

Los tips son más realistas, ya que se funden con la uña natural, pero su aplicación resulta más laboriosa.

• Es importante comprobar que no quedan burbujas de aire en el interior a la hora de aplicar la uña postiza.

Colocación de uñas postizas

El proceso de aplicación de uñas comienza seleccionando las uñas que corresponden a cada dedo, viendo que tienen las medidas correctas y, si fuera necesario, adaptarlas.

Las uñas propias deben estar cortadas a la misma altura, retiradas las cutículas y limadas ligeramente en su superficie para conseguir mejor adherencia. También se limpiarán con líquido antiséptico.

El siguiente paso será colocar las uñas postizas adheriéndolas con algún tipo de pegamento y presionando suavemente el dispositivo durante unos segundos.

Una vez colocadas solo queda corregir la forma con una lima y maquillarlas para lograr el aspecto deseado.

Colocación de tips

En el caso de los tips, se sigue el mismo proceso que para las uñas hasta el momento de adherirlas, ya que aquellos tienen un rebaje que coincide con la parte externa de la uña natural. Por tanto, el tip solamente cubre el extremo distal de la uña, que se podrá fundir con la uña propia mediante limas y pulidores, logrando resultados más creíbles y profesionales.

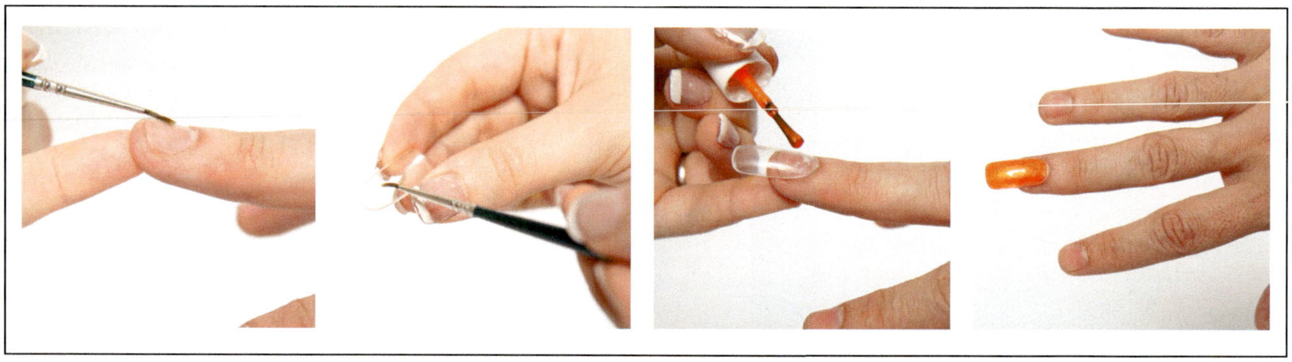

Colocación de uñas postizas.

¿QUIÉNES SON ESTAS ACTRICES?

Una de ellas es Jessica Lange y la otra es... Dustin Hoffman, caracterizado como Dorothy en la película *Tootsie*.

En esta película Dustin Hoffman interpreta a un actor que no encuentra trabajo como tal y decide buscarlo como actriz. Logra el trabajo para interpretar a Dorothy en una telenovela y....

Jessica Lange recibió el Oscar como actriz de reparto y Dustin Hoffman estuvo nominado como actor principal pero no se lo concedieron. ¿Y si hubiera sido por actriz?

PARA RECORDAR

- El cambio de sexo puede aplicarse en cualquier medio: cine, teatro... Los cambios pueden ser de mujer a hombre y de hombre a mujer.
- La aplicación de un maquillaje corrector modela los rasgos a través de la técnica del claroscuro.
- La aplicación de una calota como calva es un proceso que se puede realizar para la transformación de mujer a hombre.
- En la transformación de mujer a hombre, las operaciones que se deben realizar son: marcar las facciones para endurecer la expresión y simular cejas, barba y patillas.
- El vello facial se puede reproducir con agua color, o mediante la aplicación de pelo postizo.
- Para la transformación de un hombre en mujer el objetivo fundamental será neutralizar el vello y suavizar los rasgos del actor.
- Las uñas postizas son dispositivos complementarios utilizados para cambios de sexo en teatro o trabajos rápidos. Los tips son más realistas, ya que se funden con la uña natural, pero su aplicación resulta más laboriosa.

Actividades

Repasa

1. ¿Cuáles son las premisas que debemos tener en cuenta a la hora de transformar un físico femenino en masculino?
2. ¿De qué formas se puede realizar una simulación de barba? Explica los procesos.
3. ¿Cuáles son los objetivos en la transformación de un hombre en mujer?
4. ¿Cuál es la principal diferencia entre las uñas postizas y los tips?
5. Explica el proceso de colocación de una calota.

Practica

1. A partir de la elección de un referente, realiza una transformación de mujer a hombre, y otra de hombre a mujer.

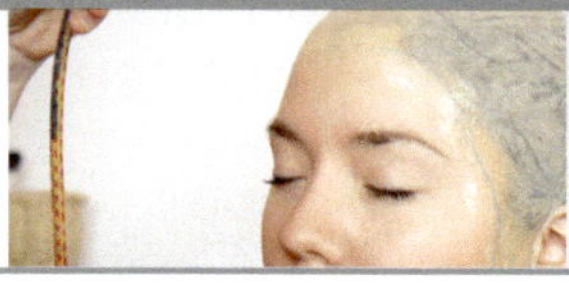

4 TEMA SIMULACIÓN DE TRAUMATISMOS, CONTUSIONES Y HERIDAS

Índice de contenidos

Qué vas a aprender...

- A través del maquillaje o de la aplicación de prótesis, aprenderemos a simular: traumatismos y su coloración, los tipos de heridas y su naturaleza, cicatrices, alteraciones de la piel y enfermedades.

Para qué te va a servir...

- Es importante conocer la naturaleza y el comportamiento de las heridas y lesiones a la hora de saber interpretarlas con el fin de realizarlas de forma creíble.

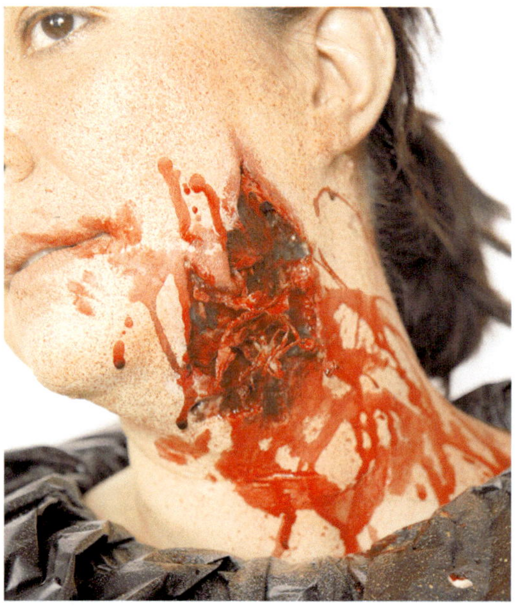

Qué vas a necesitar...

- Agua color.
- Maquillaje en crema.
- Glicerina.
- Glatzan.
- Pulverizador.
- Aerógrafo.
- Bastoncillos.
- Látex.
- Sangre de diversas consistencias.
- Mastic.
- Cubrecejas.
- Algodón.
- Palitos de naranjo.
- Útiles de modelado.
- Polvos traslúcidos.
- Prosaide.

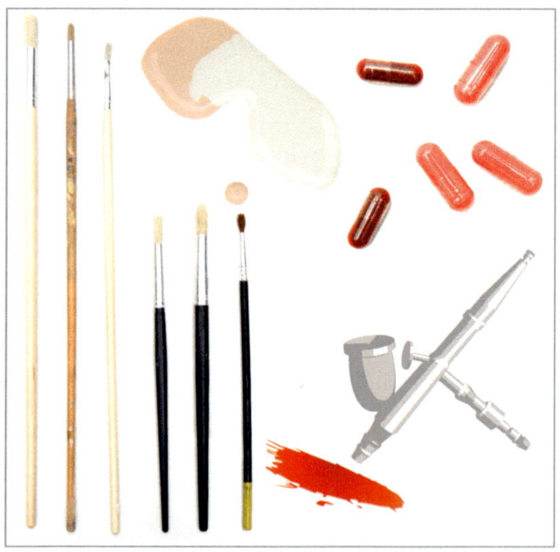

1. SIMULACIÓN DE TRAUMATISMOS, CONTUSIONES Y HERIDAS

En el lenguaje cinematográfico es muy frecuente la demanda de este tipo de simulaciones. Se trata de imágenes de gran impacto y a las que el ojo humano está muy acostumbrado en el registro de la ficción.

Por este mismo motivo se detecta fácilmente la falta de profesionalidad y, por tanto, a la hora de realizar estos trabajos es importante conocer la naturaleza y los procesos que ocurren en el cuerpo humano con el fin de poder realizar unas simulaciones de acuerdo a la realidad.

1.1. Definición de términos y técnicas de simulación

Se van a estudiar distintos tipos de accidentes que puede sufrir el organismo y, a continuación, se explicarán las técnicas más frecuentes utilizadas en sus simulaciones.

2. HEMATOMAS

El hematoma es un golpe sin rotura de tejidos externos.

Su aspecto se exterioriza a través de un proceso de coloración de la piel característico, producto de la rotura de los vasos capilares.

Esta coloración tiene varias fases que dependen de la intensidad del golpe y del tiempo transcurrido del mismo.

La primera fase de un hematoma presenta una coloración de tono azul intenso mezclado con tonos rojizos. Días más tarde, los azules tienden a la gama del verde, terminando en amarillos o marrones suaves.

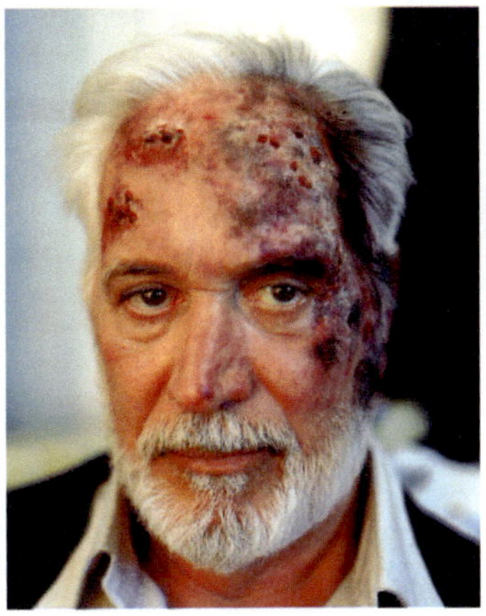

Hematomas en el rostro del actor Federico Luppi en la película *El espinazo del diablo.*

Técnicas de simulación: ejemplo de un hematoma en un ojo

- Se comienza dando tonos rojizos alrededor de la zona. Para ello, se utilizará maquillaje en crema y se aplica con el pincel muy descargado de producto.
- Se continua mezclando el rojo con un azul cian para dar un tono violáceo al hematoma en el punto más traumático.
- Luego se intensifica la cuenca del ojo y el punto traumático mezclando rojo con una pequeña cantidad de negro. Si se aplica a pequeños toques se consigue un efecto difuminado.
- Se finaliza integrando el rojo en los bordes más externos y aplicando verde mezclado con amarillo.

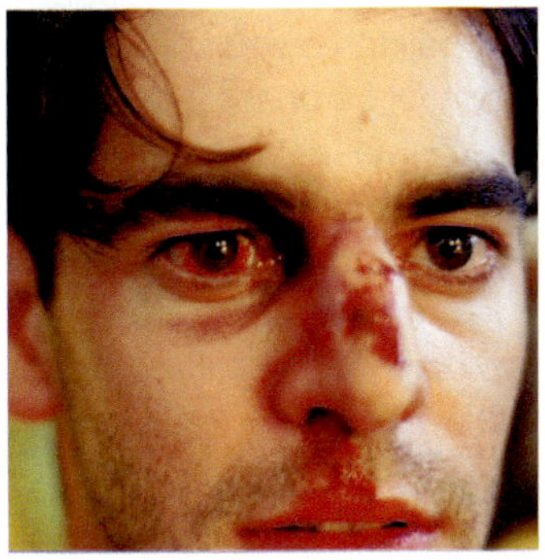

Hematoma en el ojo del actor Eduardo Noriega en la película *El espinazo del diablo.*

3. HERIDAS

Una herida es el resultado de un impacto con rotura de tejidos. Su aspecto externo se caracteriza por la división del tejido cutáneo y posible hemorragia.

SUTURA EN VIVO

Una de las escenas más impactantes de la película de Guillermo del Toro *El laberinto del fauno* es la sutura en vivo que realiza sobre su propio rostro el personaje interpretado por Sergi López. Para este efecto se utilizó una prótesis de foam obtenida del modelado sobre una toma de impresión del rostro del actor. Se emplearon positivados parciales con el fin de lograr prótesis con bordes prácticamente imperceptibles.

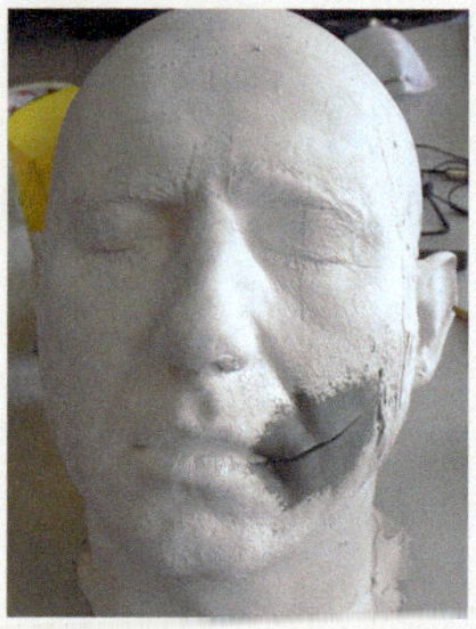

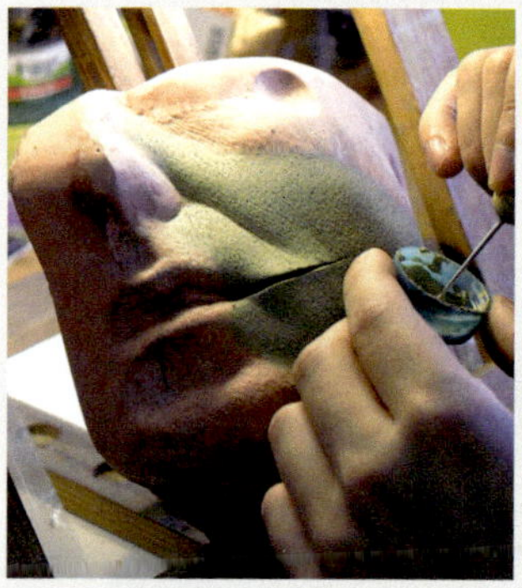

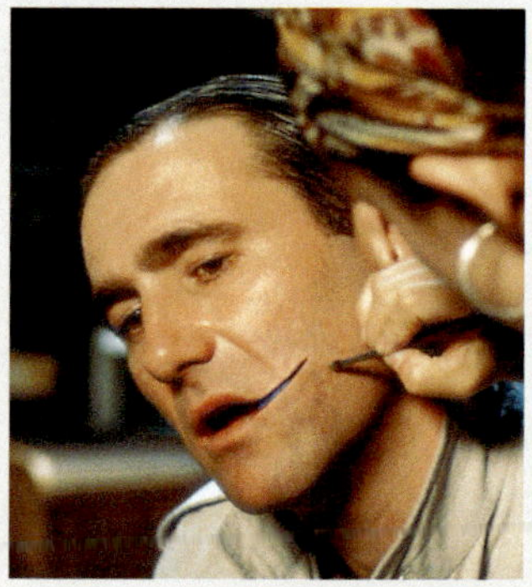

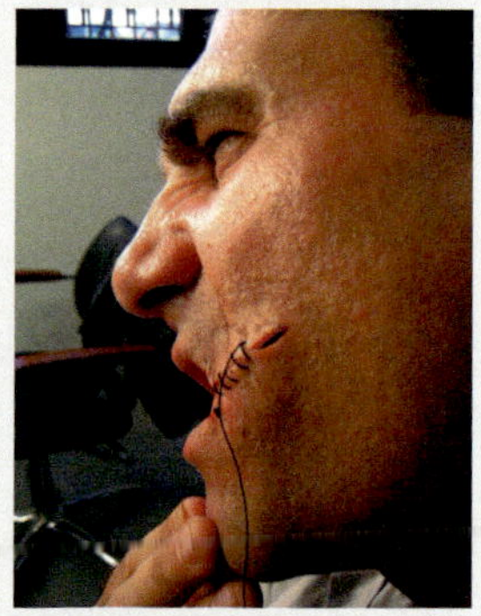

3.1. Tipos de heridas

Existen dos tipos de heridas: incisa y contusa. La primera presenta un corte limpio y la segunda los bordes irregulares y sinuosos, ya que suelen estar producidas por un impacto con aplastamiento y desgarro. Sus bordes aparecen pálidos o azulados, y en el interior se observa una amplia gama de colores, que abarcan desde del rojo al negro, pasando por tonos blanquecinos y amarillentos que se deben a las grasas de la piel.

Las heridas evolucionan hacia la regeneración de la piel, formándose en un principio una costra, que más tarde evolucionará a cicatriz.

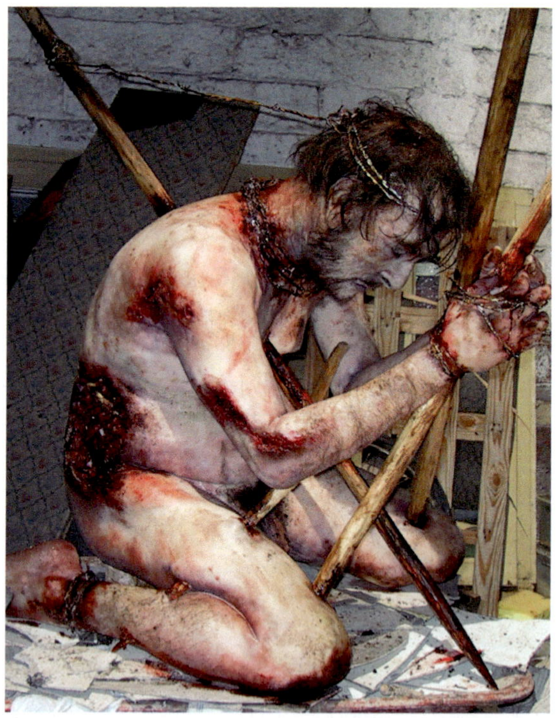

Simulación de heridas contusas. *Second Name*.

UN HOMBRE LOBO AMERICANO EN LONDRES

El director John Landis, actor, escritor y productor (1950) realizó uno de los filmes que mejor se han conservado con el paso del tiempo. Se trata de la clásica historia del hombre lobo. En los efectos especiales colaboró el gran Rick Baker que, entre otras películas, realizó los efectos de *King Kong* (1976) o la trilogía *Star Wars* (1977), que recibió en 1981 el primer Oscar al Mejor maquillaje con efectos especiales. En la actualidad ha trabajado en películas tan importantes como *El planeta de los simios* del director Tim Burton o *Hellboy* de Guillermo del Toro.

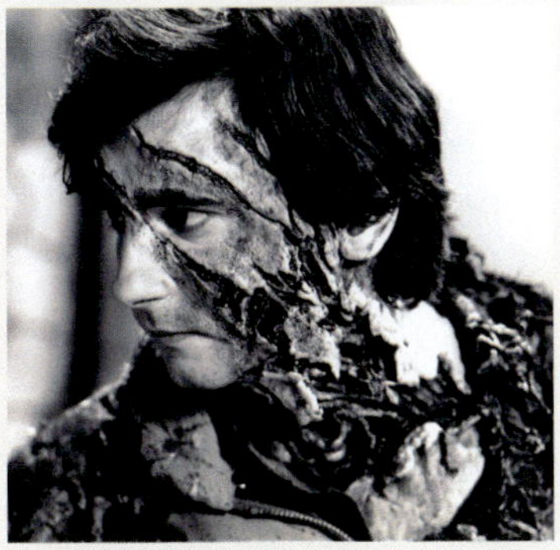

Simulación de herida incisa con carne artificial

El proceso comienza amasando la carne artificial para calentarla, con el fin de poder modelarla. De esta manera se puede realizar un cilindro largo y fino.

Posteriormente se limpia la piel y se aplica prosaide para que la carne se adhiera mejor. Una vez pegada, se funden los bordes integrándolos con la propia piel. Se puede utilizar aceite o vaselina para facilitar el proceso.

Se sigue matizando la herida con polvos translúcidos y con un instrumento fino, mejor metálico, se realiza la incisión en la carne artificial simulando un corte de bordes regulares y limpios.

Posteriormente se continúa dando tonos rojizos en la zona, alrededor de la carne artificial. Se utiliza maquillaje en crema en color rojo y se extiende con el pincel muy descargado de producto. A continuación se aplica el pegamento en el interior de la herida y se pega algodón. Esto permite depositar la sangre en el interior sin que se desplace.

Se colorea en un primer lugar con un rojo claro y se continúa oscureciéndolo hacia el interior con tonos granates. Para conseguir mayor profundidad en los bordes internos se dan ligeras pinceladas de negro o granate muy oscuro y en los bordes externos de la piel un tono claro, blanquecino, para dar relieve.

Cualquier tipo de herida se puede infectar debido a la entrada de agentes externos. La infección suele estar motivada por la falta de higiene en la zona afectada y se manifiesta con inflamación, coloración rojiza alrededor de la herida y secreción de pus.

Su simulación se realiza de la misma forma que una herida incisa, aplicando al final unas gota de glicerina espesada con cabosil para imitar los efectos de supuración y rubor.

Por otro lado para simular una herida con costra, una vez limpiada la piel se aplica prosaide para que la carne o algodón se adhiera mejor. Se continúa aplicando una capa de látex sobre el algodón fijando bien el material para sellar la superficie y se espera a que seque para fijar la coloración.

Se finaliza dando un tono más oscuro que la piel del actor en los bordes exteriores de la costra con el fin de conseguir profundidad.

• Para realizar mejor la incisión, podemos calentar el filo del instrumento que utilizar y aplicarle vaselina o aceite.

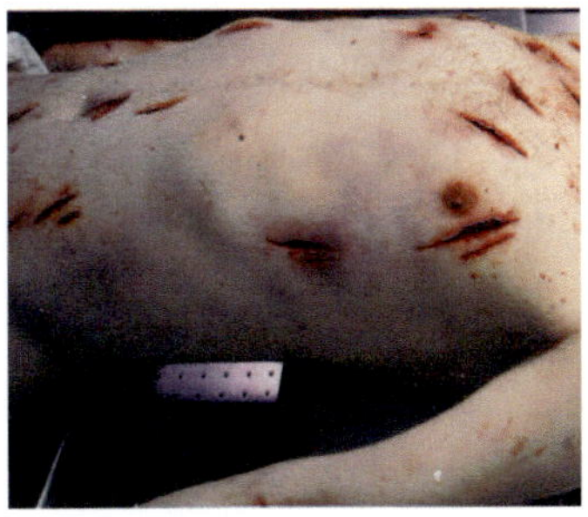

Detalle de simulación de heridas incisas. *La escalera del crimen*.

• En el caso de una herida contusa se seguirán los mismos pasos que en la herida incisa, con la diferencia de que habrá que añadir más material y definir la forma irregular del impacto. La sangre suele ser también más espesa y oscura.

PROCESO DE SIMULACIÓN DE HERIDA CONTUSA CON ESPUMA DE LÁTEX

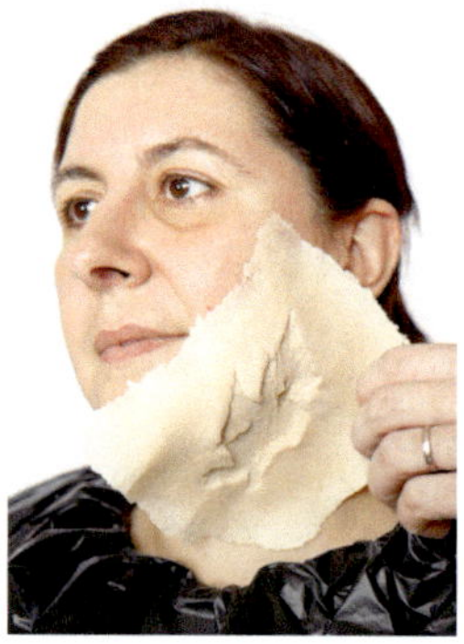

1. Se comienza comprobando las dimensiones de la prótesis para garantizar que esta encaje sobre la zona a aplicar y se marcan unas referencias.

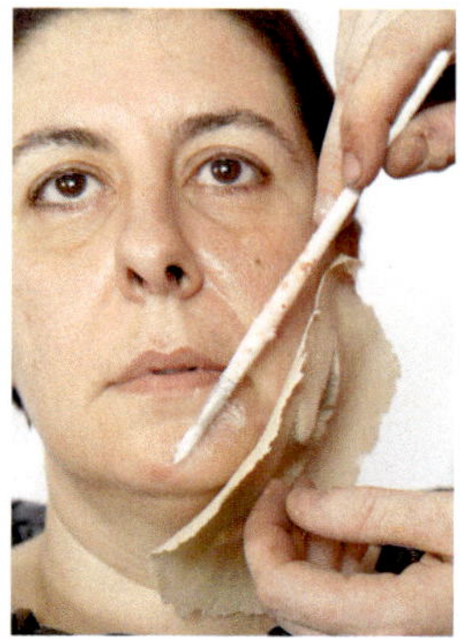

2. Para fijar la prótesis se utiliza prosaide, es el más adecuado en este caso por su gran poder de adherencia y flexibilidad.

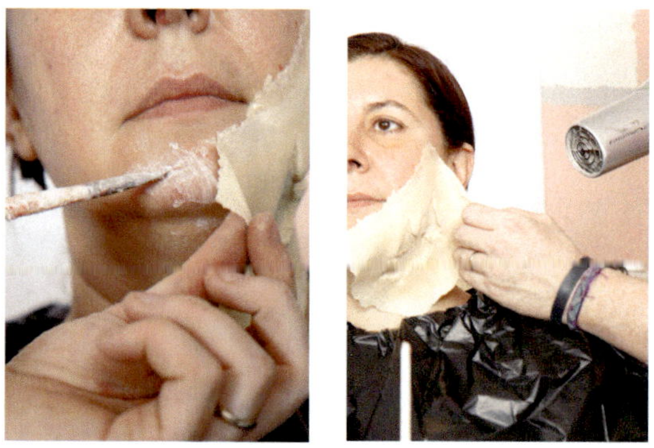

3. Se comienza a adherir la prótesis por la parte superior del mentón. El proceso de secado se puede acelerar utilizando un secador.

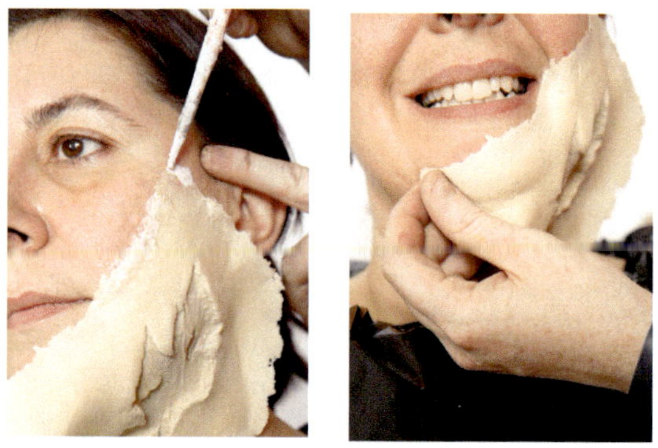

4. Se debe tener especial cuidado en los bordes de la prótesis para evitar que se adhieran sobre sí mismos.

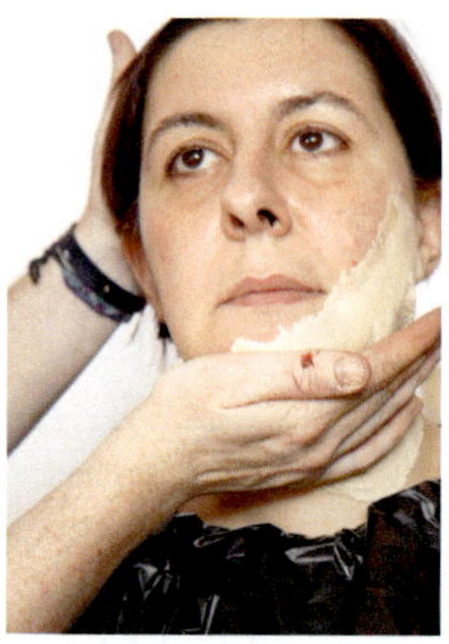

5. Para asegurar que no queden burbujas de aire se presiona ligeramente sobre las zonas que hemos pegado.

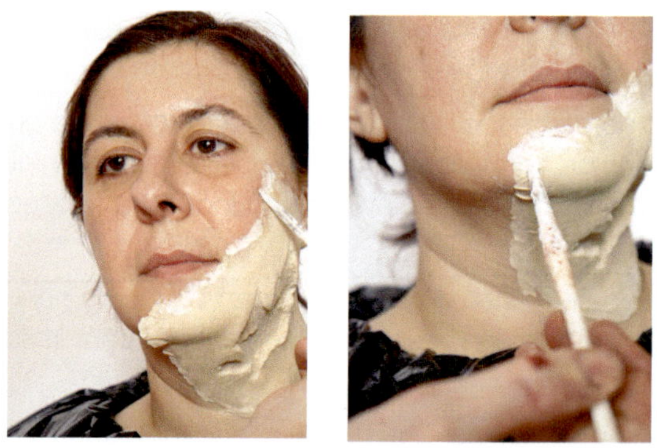

6. Hay que trabajar muy bien las uniones de la prótesis con la piel. A modo de sellador y para difuminar las uniones se puede utilizar una mezcla de prosaide y cabosil.

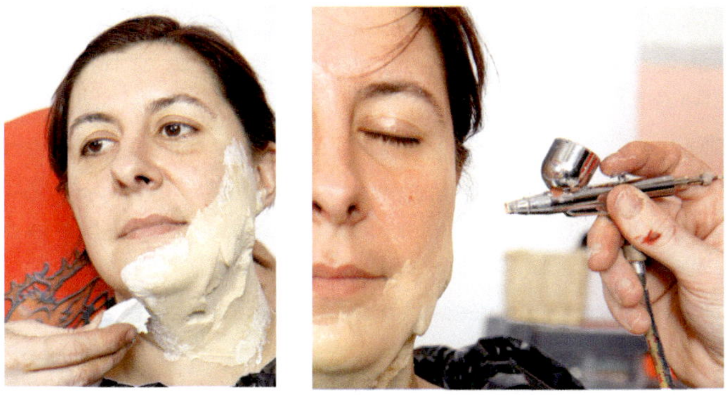

7. Una vez adherida la prótesis y difuminados los bordes se procede a maquillar. Con aerógrafo se da primero una base uniforme del color de la piel.

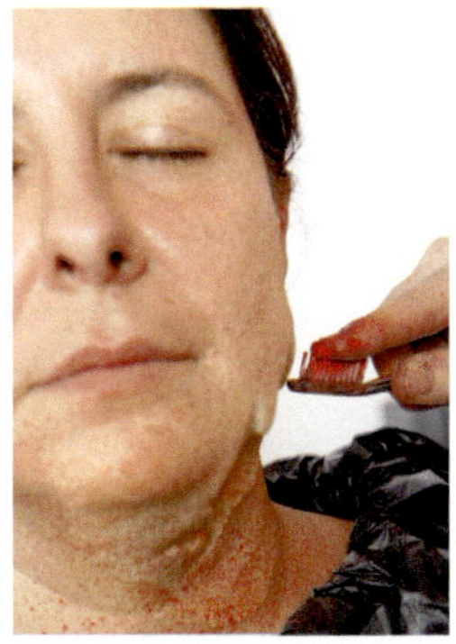

8. Para reproducir los tonos y texturas de la piel, se utiliza la técnica de moteado. Con un cepillo se salpican gotas diminutas en diversos tonos, que proporciona un acabado natural.

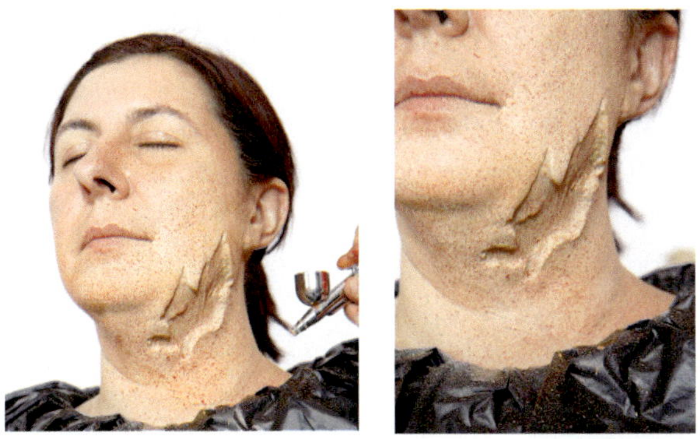

9. Sobre las pequeñas motitas, se aplica de nuevo una capa muy ligera de un tono similar al de la piel.

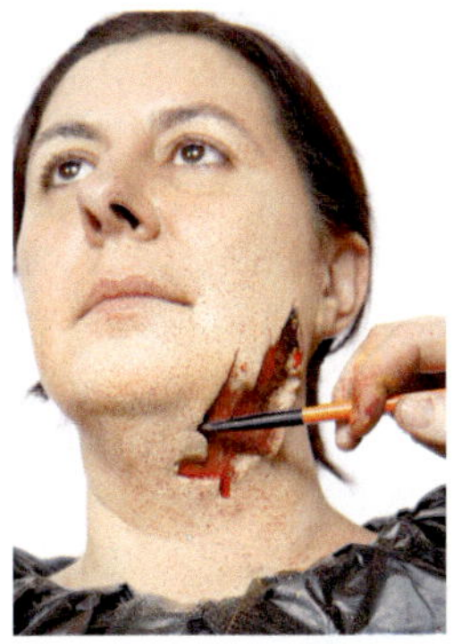

10. Se colorea el fondo de la herida con un tono rojizo y luego se aplican otras tonalidades más oscuras para crear sensación de profundidad.

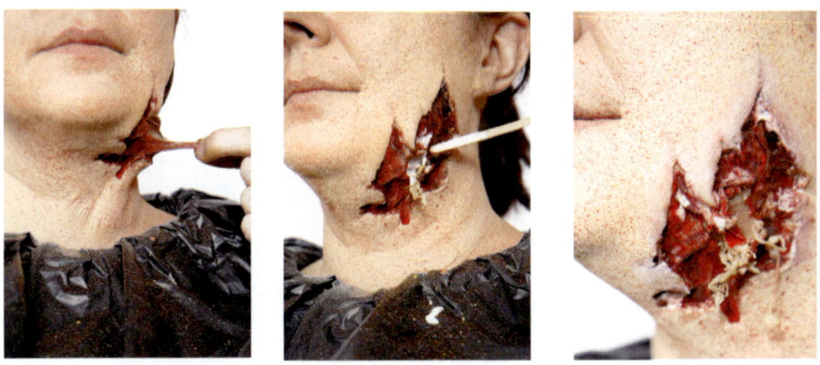

Para simular sangre coagulada, tejidos desgarrados, músculos, tendones, líquidos que supuran o grasas, se trabaja en el interior de la herida. Se puede pellizcar la prótesis para arrancar algunos trocitos, utilizar restos de latex o incluso de adhesivo.

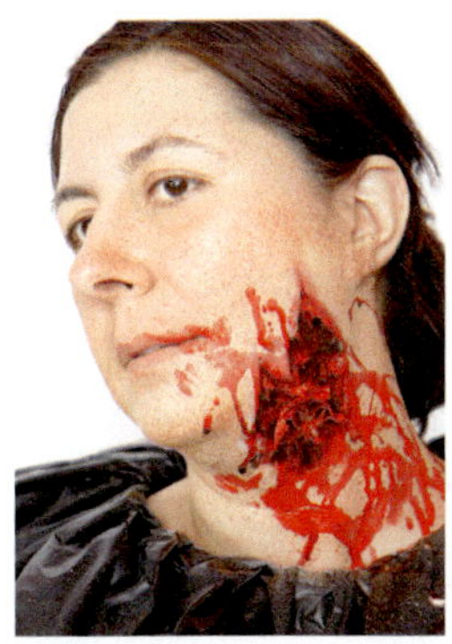

11. La sangre líquida proporciona el efecto de herida reciente y se salpica por el rostro.

• Como ya se ha explicado, en la simulación de este tipo de heridas hay que tener también muy en cuenta el factor distancia, tamaño del proyectil y tejido en el que este impacta.

Heridas por impactos de bala

Un tipo de herida específico es el producido por impacto de bala. Las características de este tipo de herida dependen de: la distancia desde la que se ha efectuado el disparo; el tamaño del proyectil y la parte del cuerpo que recibe el impacto.

Los disparos a larga distancia presentan una herida limpia en el orificio de entrada.

A media distancia, el orificio de entrada tiene los bordes irregulares y restos de pólvora. Los disparos a corta distancia presentan un aspecto más agresivo, ya que la piel que recibe el impacto refleja quemaduras e irregularidades severas en los tejidos.

El orificio de salida, en líneas generales, presenta mayor virulencia que el de entrada.

Técnicas de simulación

El proceso se inicia amasando un trozo de carne artificial para calentarla y poder modelar una esfera de pequeño tamaño.

Se limpia la piel y se aplica prosaide para que la carne se adhiera mejor. Una vez adherida se aplastan los bordes integrándolos con la propia piel, para ello se puede utilizar aceite o vaselina.

Se modela la forma y se matiza la herida con polvos translúcidos. Con ayuda de un instrumento fino se realizan todos los detalles del interior simulando un orificio y se da un fondo de maquillaje del tono de la piel del actor.

Se aplica prosaide en el interior de la herida y se pega algodón para poder depositar la sangre en el interior sin que se desplace.

Por último, se trabaja la coloración siguiendo las mismas técnicas que en casos anteriores.

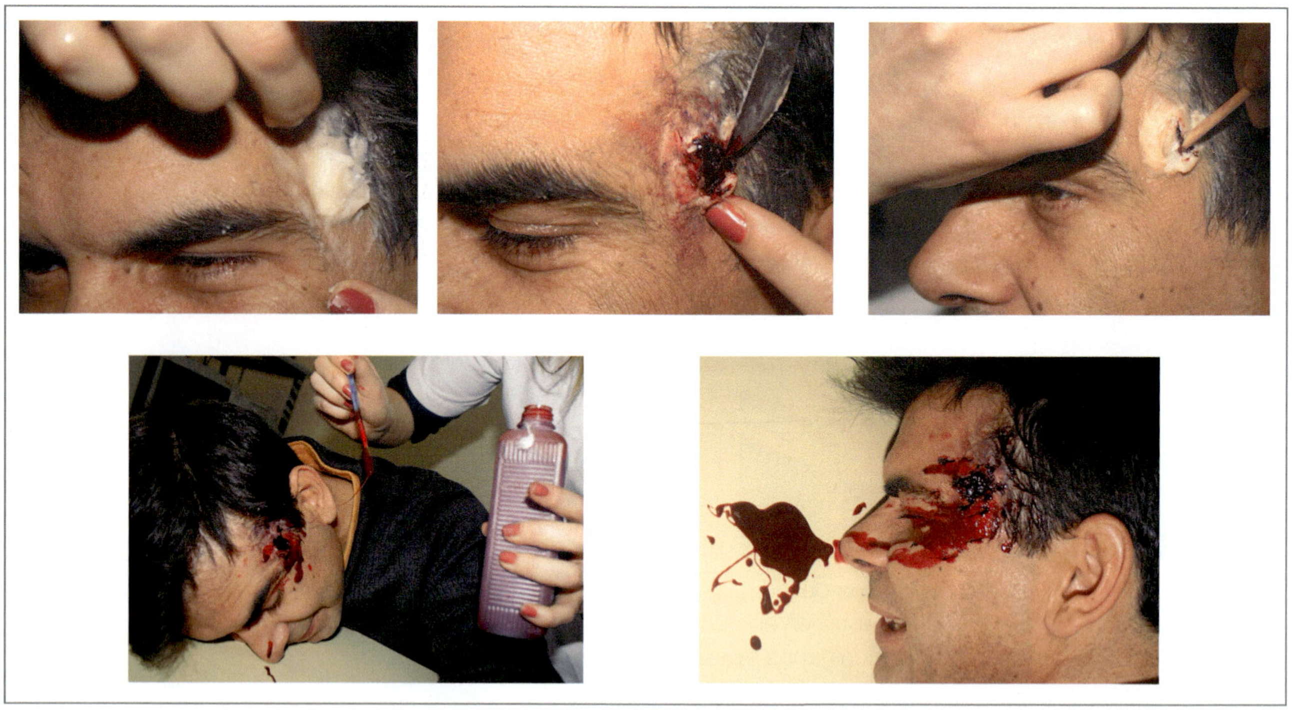

Pasos en el proceso de simulación de un disparo.

4. QUEMADURAS

La apariencia de las quemaduras varía en función de los agentes externos que las provocan. Pueden estar causadas por frío, por calor, por agentes eléctricos y por sustancias químicas.

4.1. Clasificación de las quemaduras

Sin tener en cuenta el agente causante, según la profundidad de la lesión, las quemaduras se clasifican en:

- Primer grado, aquellas que solo afectan a la epidermis.
- Segundo grado, que afectan a la dermis.
- Tercer grado, cuando existe destrucción completa de la piel.

Quemaduras por frío o congelaciones

Las quemaduras por frío se caracterizan por la aparición de sabañones y enrojecimiento de la piel en su primera fase; posteriormente tienden a empalidecer la piel dando paso a pequeños cortes incisos. En su última fase la piel evoluciona del color amoratado hasta convertirse en negro.

A lo largo del proceso pueden aparecer ampollas con secreción de pus.

Quemaduras por calor o térmicas

En base a la naturaleza y al tipo de agente térmico, las quemaduras por calor presentan características concretas, que varían en función de su profundidad y extensión.

En un primer grado, se identifica la aparición de enrojecimiento, que puede evolucionar hasta la destrucción completa de los tejidos (calcinación), pasando por la aparición de ampollas en estados intermedios.

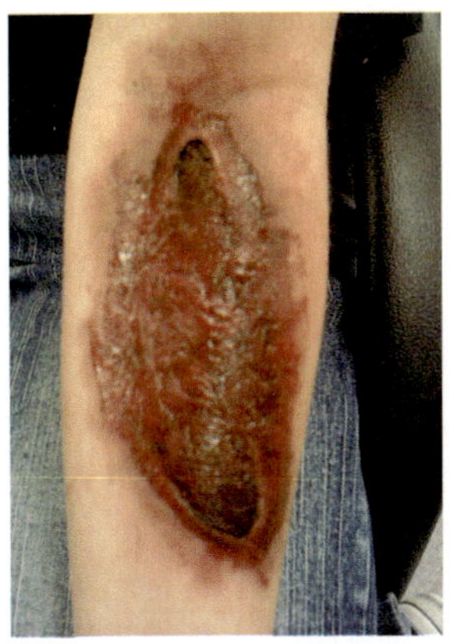

Quemadura de segundo-tercer grado producida por calor.

Quemaduras eléctricas

La gravedad de la quemadura eléctrica depende de la intensidad del voltaje y de la parte del cuerpo que reciba la descarga. A diferencia de otras quemaduras, las eléctricas tienen una zona de entrada y otra de salida.

La zona de entrada es la que recibe la descarga de manera directa, por lo que se manifiesta, si la descarga tiene mucha fuerza, con necrosis o destrucción del tejido.

En estos casos la piel manifiesta la aparición de escaras negras.

Si la potencia del voltaje es inferior, aparecerán escaras blancas, eritemas y edemas. Si el momento de la descarga se produce a través de un fogonazo, la piel manifestará manchas metalizadas producto de la evaporación.

"LA VIDA SECRETA DE LAS PALABRAS"

El actor Tim Robbins en esta película de la directora Isabel Coixet y producida por El Deseo sufre quemaduras tras una explosión en el lugar donde trabaja, una plataforma petrolífera. El maquillaje estuvo realizado por Ana López-Puigcerver.

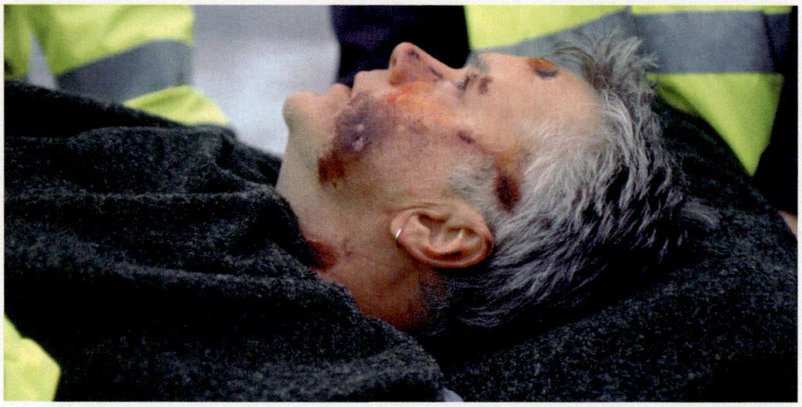

Quemaduras químicas

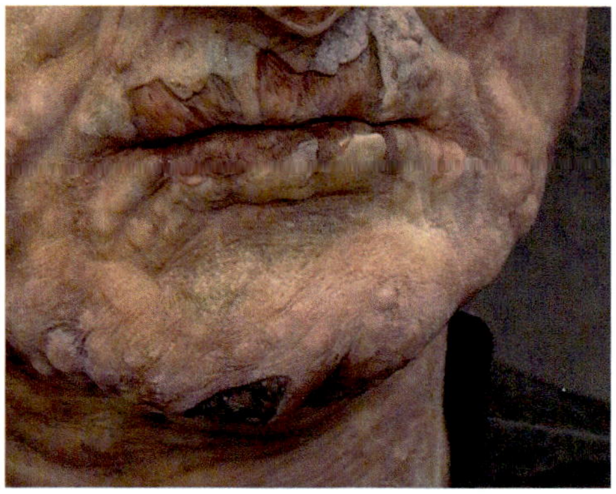

Ejemplo de simulación de quemadura química.

Las quemaduras químicas se producen por el contacto de la piel con determinados productos, como por ejemplo ácidos o álcalis.

Las lesiones dependen del grado de concentración del producto y del tiempo de exposición.

Los efectos de los ácidos variarán en función de su naturaleza; no obstante, pueden caracterizarse por irritaciones en la piel, aparición de ampollas y escaras, que en su máxima gravedad tienden al color negro.

Los álcalis más frecuentes son el hipoclorito, más conocido como lejía, la cal viva o la sosa cáustica.

- Las quemaduras eléctricas se caracterizan por una concentración alta de sangre y por su cantidad de extensión carbonizada, por lo que deberá tener mayor cantidad de color rojo.

Técnicas de simulación de una quemadura eléctrica

El primer paso, como en todos los procesos, es limpiar la piel y aplicar prosaide para que la carne o el algodón se adhiera.

Posteriormente se matiza con polvos translúcidos. En un primer momento se colorea con un rojo suave, para conseguir la base de color de la quemadura. Posteriormente se coloreará con diversos tonos que se oscurecerán a partir de la gama del rojo.

El proceso finaliza dando una fina capa de glicerina, metalizando algunas zonas de contacto con el cuerpo eléctrico y pulverizando agua sobre ella para potenciar la intensidad de los colores y crear mayor sensación de realismo.

PARA RECORDAR

- Un hematoma es un golpe sin rotura de tejidos externos. El proceso de coloración de la piel se debe a la rotura de los vasos capilares.
- Una herida es el resultado de un impacto con rotura de tejido; su aspecto externo se caracteriza por la división del tejido cutáneo y posible hemorragia.
- La infección de una herida se produce por la entrada de agentes externos, motivado generalmente por una falta de higiene en la zona afectada.
- Los disparos a larga distancia se distinguen por dejar la herida limpia en el orificio de entrada.
- En los disparos a media distancia, el orificio de entrada presenta bordes irregulares y restos de pólvora.
- Los disparos a corta distancia presentan un aspecto más agresivo, ya que la piel que recibe el impacto refleja quemaduras e irregularidades severas en los tejidos.
- La apariencia externa de las quemaduras varía en función de los agentes externos que las provocan.
- Las quemaduras térmicas o por calor presentarán características concretas, que varían en función de su profundidad y extensión.
- Las quemaduras eléctricas dependen de la intensidad del voltaje y de la parte del cuerpo que recibe la descarga y las quemaduras químicas se producen por el contacto de la piel con sustancias, como por ejemplo, ácidos o álcalis.

Actividades

Repasa

1. ¿Cuáles son las características de un hematoma? ¿Qué materiales necesitarías para su simulación?
2. ¿Qué aspecto presenta una herida infectada? ¿Qué pasos seguirías para lograr una simulación realista?
3. ¿Cuántos tipos de impacto de bala podemos diferenciar? ¿Qué diferencias presentan sobre la piel?
4. ¿Por qué se caracterizan las quemaduras causadas por el frío? Describe una.
5. ¿Cuáles son las sustancias más frecuentes que provocan quemaduras químicas?

Practica

1. Realiza simulaciones de:
   - Herida incisa.
   - Herida contusa.
   - Herida con pus.
   - Herida con impacto de bala cercano.
   - Quemadura eléctrica.
2. No olvides fotografiar cada uno de tus trabajos para ir completando tu dossier.

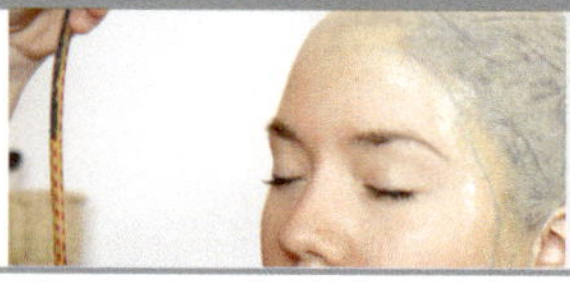

Índice de contenidos

Qué vas a aprender...

- Se van a explicar las fases por las que pasa un cadáver en el proceso de descomposición. Además, se van a analizar las causas más frecuentes de muerte que se demandan a la hora de plantear la ficción.
- Por último, nos centraremos en las técnicas de simulación más eficaces para lograr resultados profesionales.

Para qué te va a servir...

- Conocer la naturaleza de cualquier fenómeno es imprescindible para poder crear una simulación realista. Así como para realizar transformaciones de cabello es importante conocer el comportamiento del pelo, para caracterizar cadáveres, es fundamental conocer los procesos de descomposición.

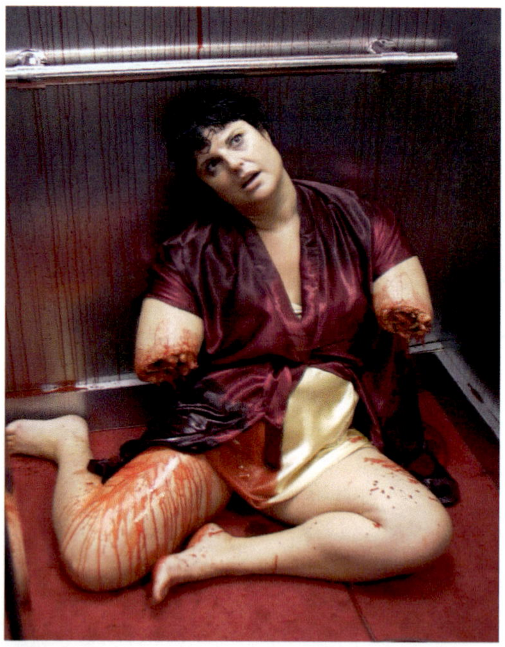

Qué vas a necesitar...

- Agua color.
- Maquillaje en crema.
- Glicerina.
- Glatzan.
- Pulverizador.
- Bastoncillos.
- Látex.
- Sangre de diversas consistencias.
- Mastic.
- Cubrecejas.
- Algodón.
- Palitos de naranjo.
- Útiles de modelado.
- Polvos translúcidos.
- Prosaide.
- Dispositivos complementarios como lentillas o dentaduras.

Y, dependiendo de las necesidades de la caracterización: materiales para la realización de prótesis.

1. FENÓMENOS CADAVÉRICOS Y SU EVOLUCIÓN

A la hora de caracterizar un cadáver en la ficción, es importante conocer los cambios que se suceden en el cuerpo sin vida a partir del momento en el que se extinguen los procesos vitales, lo que se conoce como **fenómenos cadavéricos.**

Dichos fenómenos pueden dividirse en:

- Fenómenos cadavéricos abióticos: por acción de las condiciones ambientales sobre el cadáver, son el enfriamiento, las livideces y la deshidratación.
- Fenómenos cadavéricos bióticos: por cambios físico-químicos que tienen lugar una vez producido el fallecimiento y son la rigidez y el espasmo cadavérico.
- Fenómenos cadavéricos destructores:
  - Autolisis: por procesos fermentativos que tienen lugar en el interior de las células sin intervención de bacterias.
  - Putrefacción: proceso de fermentación pútrida de origen bacteriano, en la que intervienen tanto gérmenes externos –penetran a través de la nariz, boca y órganos respiratorios–, como internos –principalmente los gérmenes del tubo digestivo–.

Simulación de un cadáver al inicio de la fase cadavérica en la que comienzan a desaparecer los tejidos blandos.
La comunidad

1.1. Fenómenos cadavéricos abióticos

Enfriamiento cadavérico

Se produce una caída progresiva de la temperatura corporal hasta igualarse a la temperatura medioambiental. El enfriamiento se inicia por los pies, manos y cara, se extiende después a las extremidades, pecho y dorso, enfriándose finalmente el vientre, axilas y cuello. No obstante, esta evolución del enfriamiento puede verse condicionada por diversos factores –causa de la muerte, características individuales y factores ambientales–.

Livideces cadavéricas

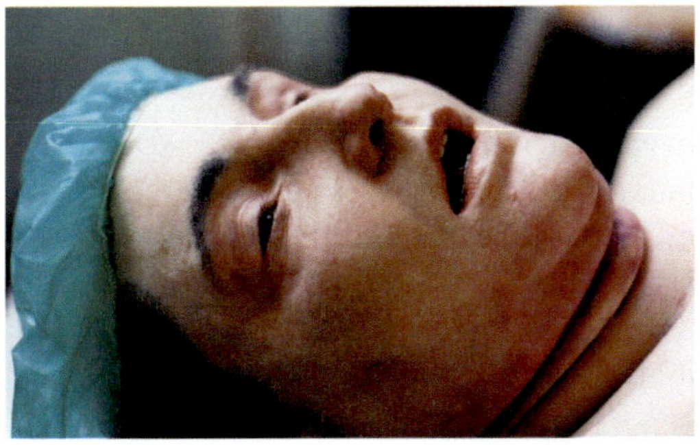

En decúbito supino, las livideces cadavéricas se inician en la región posterior del cuello y comienzan a confluir aproximadamente a los 90 minutos.
Escalera del crimen.

Se producen en el momento que la sangre queda sometida a la ley de la gravedad. Las livideces son manchas de color rojo violáceo que aparecen en la piel de las partes más declives del cadáver.

Hasta las 10-12 horas las livideces no se fijan, es decir, que si cambiamos la posición del cadáver ellas también cambiarán, pero si se ha empezado a producir el proceso de fijación se vuelven a instaurar unas nuevas livideces en el plano inferior, pero sin desaparecer las del plano primitivo, es decir, nos encontraremos livideces en dos planos opuestos aunque de intensidad más atenuada. Este fenómeno ocurre después de las 10-12 horas y antes de las 24 horas.

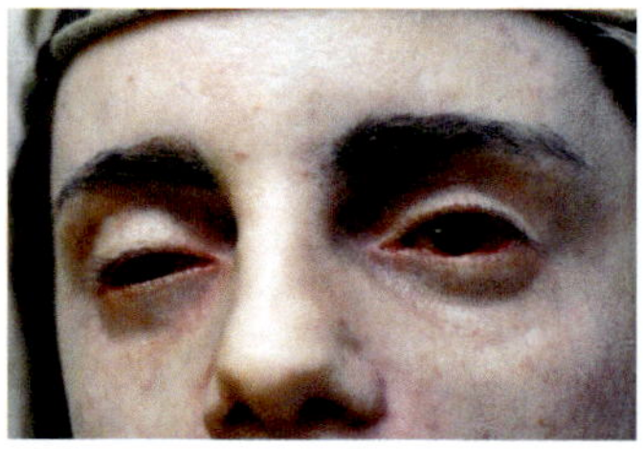

La deshidratación cadavérica produce fenómenos muy llamativos como es el hundimiento del globo ocular y su oscurecimiento por efecto de la «mancha negra». *Escalera del crimen.*

Deshidratación cadavérica

Esto se traduce en fenómenos generales como:

- Pérdida de peso

Fenómenos locales como:

- Apergaminamiento cutáneo
- Desecación de los músculos
- Fenómenos oculares muy llamativos –pérdida de transparencia de la córnea, mancha negra esclerótica que aparece poco después de la muerte, primero en el lado externo del globo ocular, surgiendo luego otra del mismo color en el lado interno con la que puede llegar a unirse, y hundimiento del globo ocular por evaporación de los líquidos oculares–.

1.2. Fenómenos cadavéricos bióticos

Rigidez cadavérica

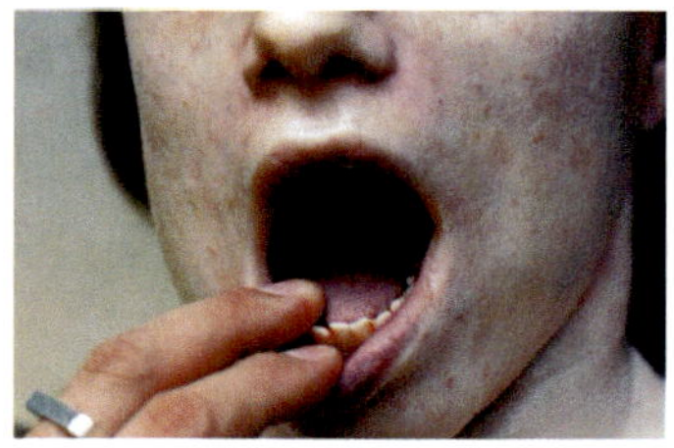

Los músculos de la mandíbula son los primeros en afectarse por el fenómeno de rigidez cadavérica. *Escalera del crimen.*

Inmediatamente después de la muerte se produce un estado de relajación y flacidez de los músculos del cuerpo, pero al cabo de cierto tiempo se inicia un lento proceso de contractura muscular que se denomina rigidez cadavérica. Aproximadamente a las 3-6 horas del fallecimiento la rigidez evoluciona afectando por este orden a los músculos de la mandíbula, los músculos orbiculares de los párpados, la cara y el cuello, el tórax, los brazos y finalmente el tronco y las piernas. La rigidez es completa a las 8-12 horas, alcanza su máxima intensidad las 24 horas y va desapareciendo paulatinamente entre las 36-48 horas.

Espasmo cadavérico

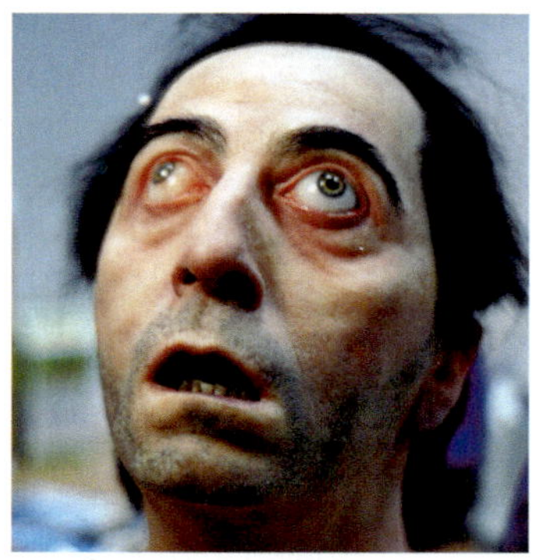

Espasmo cadavérico. *La comunidad.*

Es un tipo especial de rigidez cadavérica que se manifiesta de forma instantánea y precede a la instauración de la rigidez ordinaria. Sus causas más frecuentes son la emoción extraordinaria o tensión nerviosa en el momento de la muerte, en casos de muerte por procesos convulsionantes, asfixias mecánicas y sumersión.

1.3. Fenómenos cadavéricos destructores

Autolisis

Se producen procesos fermentativos en el interior de las células sin participación de las bacterias. Esto se traduce en alteraciones en los tejidos y órganos del cadáver –coloración amarillenta o verdosa de órganos adyacentes a la vesícula biliar, coloración gris sucia del fondo del estómago, etc.–

Putrefacción

Es un proceso de fermentación pútrida de origen bacteriano. La putrefacción evoluciona en cuatro fases:

- Período colorativo o cromático: se inicia con la mancha verde que se localiza normalmente en la fosa ilíaca derecha extendiéndose después a todo el cuerpo. Este período, que se inicia 24-36 horas después de la muerte, dura varios días y en ese tiempo se va transformando progresivamente hasta adquirir una coloración parda negruzca. No siempre la mancha verde comienza en la fosa ilíaca derecha, así en las muertes por sumersión empieza en pecho y cuello; en fetos en cuello, cara y parte superior del tórax.

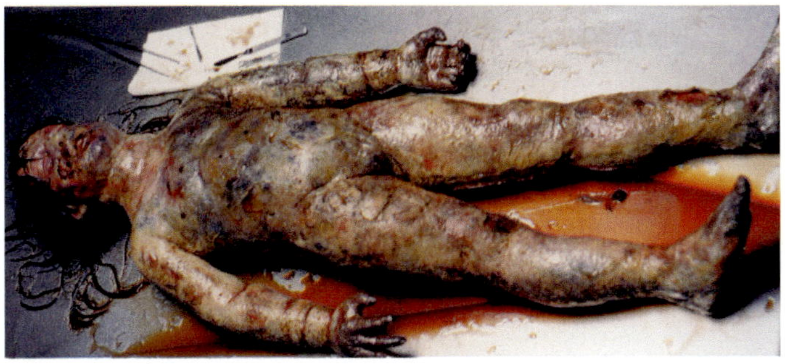

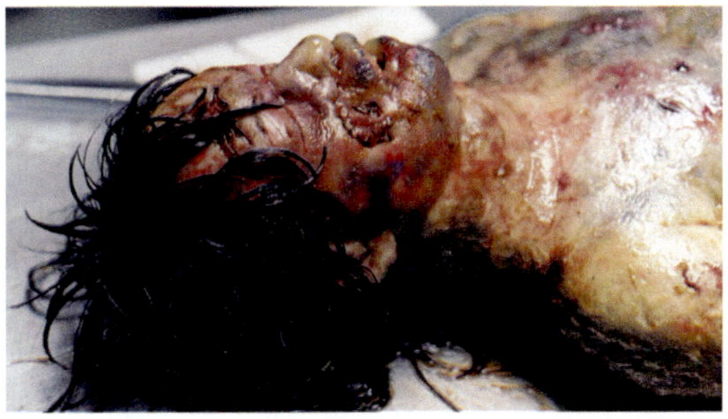

Período enfisematoso. *Los sin nombre.*

- Período enfisematoso: se caracteriza por una gran producción de gases que invaden el tejido celular subcutáneo dándole al cadáver un aspecto abombado y desfigurado, este proceso concluye con la expulsión de gases, líquidos, mucosas y heces. La piel cede por zonas delicadas y las larvas se multiplican formando grupos que intervienen en el proceso natural de la descomposición activa. Dura de días hasta dos semanas.
- Fase colicuativa: en esta fase la epidermis se despega de la dermis por reblandecimiento, los gases van escapándose y el cadáver irá perdiendo el aspecto edematoso que presentaba. Su duración es de 8 a 10 meses.
- Período de reducción esquelética: en la que paulatinamente todas las partes blandas del cadáver irán desapareciendo a través de la licuefacción y transformación en putrílago. Este período suele durar unos cinco años.

Cadáver en fase final colicuativa en la que se hacen aparentes los signos de la reducción esquelética. *La comunidad.*

Existen determinadas condiciones que modifican la evolución de la putrefacción, como la constitución física: los obesos se descomponen con mayor rapidez que los delgados, la edad: la putrefacción es más rápida en los niños, algunas patologías: en heridas graves, muerte por asfixia, insolación... la putrefacción es más precoz e intensa, o las condiciones ambientales: a igualdad de condiciones de temperatura y en un mismo lugar, una semana de putrefacción al aire equivale a dos en agua y ocho en tierra.

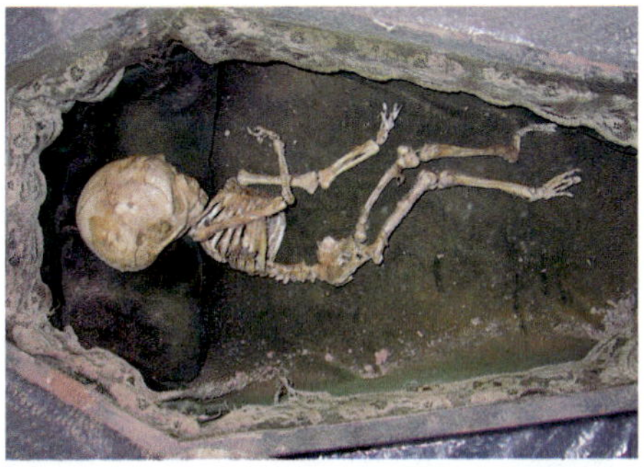

A los cinco años se ha finalizado la fase de reducción y lo único que se encuentran son los restos esqueléticos. *Second name.*

TANATOESTÉTICA Y TANATOPRAXIA

La tanatopraxia se puede definir como un conjunto de técnicas que ayudan a detener de forma temporal el proceso de descomposición de un cadáver.

La tanatoestética, por su parte, ayuda a mejorar el aspecto de la persona muerta mediante técnicas de maquillaje. Generalmente, ambas técnicas suelen ir unidas. En la serie televisiva *A dos metros bajo tierra*, podemos ver cómo se trabaja con estas técnicas en un tanatorio y comprobaremos que muchas de las técnicas utilizadas y algunos materiales son los mismos que se usan en caracterización.

PERÍODO	CAMBIOS DEL CUERPO
0-24 horas	**Enfriamiento del cuerpo**
3-5 horas	Inicio del desarrollo de **livideces.**
5-36 horas	**Rigor mortis**. A partir de las 36 horas irá desapareciendo en el sentido inverso al que apareció.
2-10 días	**Fase colorativa.** Manchas verdes en los flancos del abdomen. Manchas verdes púrpuras en el abdomen, el cuerpo empieza a hincharse.
10 días-2 semanas	**Fase enfisematosa.** El cuerpo se hincha a causa de los gases y la piel se va cubriendo de ampollas.
2 semanas-10 meses	**Fase colicuativa.** El abdomen está distendido. Los órganos han sido alterados por los gases. Las ampollas revientan; el tejido se reblandece. Los ojos empiezan a hincharse; los órganos y cavidades revientan.
10 meses - 5 años	**Fase de reducción esquelética.** Alteración y licuefacción de los tejidos blandos.

«HOUSE BY THE CEMETERY»

Uno de los directores más influyentes en el cine de terror fue, el italiano Lucio Fulci (1927-1996). Sus películas fueron presa de la critica por su contenido violento y explicito, consagrándose de esta manera como uno de los directores más gore del momento.

El responsable de los efectos especiales, Giannetto de Rossi trabajó durante largo tiempo a la orden de Fulci creando maquillajes protésicos toscos y efectivos en los clásicos: *City of the Living Dead* (1980), *The Beyond* (1981), *The House by the Cementery* (1981), *The New York Ripper* (1982). En la actualidad continúa creando terror entre sus fans y ha conseguido premios al Mejor Maquillaje en la película *Alta tensión* del director Alexandre Aja en el Festival Internacional de Cine Fantástico de Sitges en 2003.

2. SIMULACIONES MÁS FRECUENTES EN CARACTERIZACIÓN

Se van a explicar cuatro de las simulaciones más frecuentes de cadáveres en caracterización:

- Simulación de muerte por asfixia.
- Simulación de muerte por accidente o causas violentas.
- Simulación de un cadáver sobre la mesa de autopsias.
- Simulación de un cadáver embalsamado.

DIFERENCIACIÓN ENTRE LAS LESIONES PREMORTALES Y POSTMORTALES

Lesiones premortales

- Labios de la herida engrosados, infiltrados de sangre y separados por la retracción de la dermis.
- Hemorragia abundante con infiltración de sangre en los tejidos circundantes.
- Sangre coagulada en el fondo de la herida o sobre la piel.

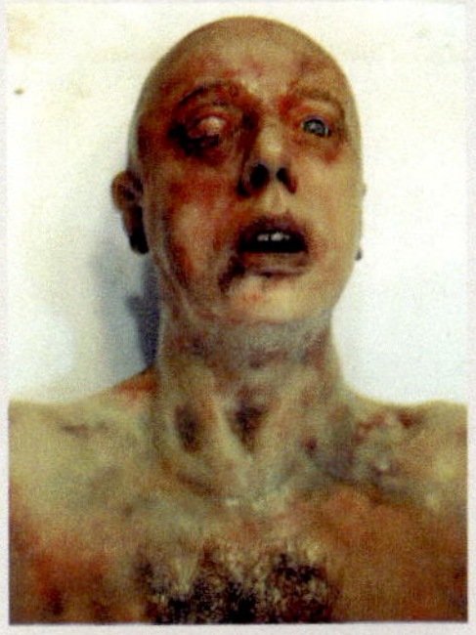

Datos de lesiones premortales. Muerte violenta en la que se aprecian lesiones vitales, es decir, que se produjeron previas a la muerte del individuo.

Lesiones postmortales

- Labios de la herida blandos, no engrosados, aproximados y no retraídos.
- Sin hemorragia ni infiltración de los tejidos.
- Sin sangre coagulada.

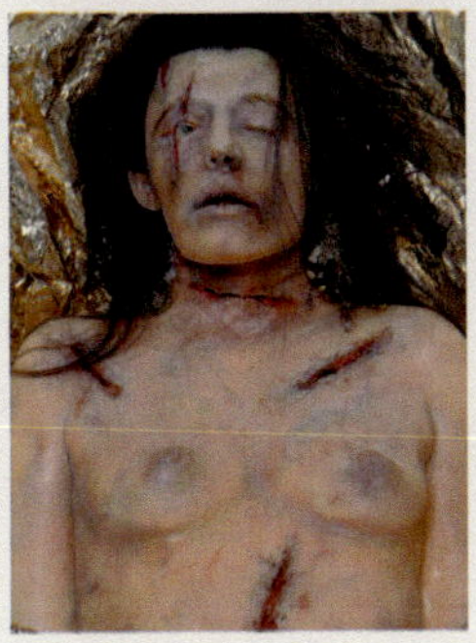

Datos de reacción vital en lesiones premortales –labios de la herida engrosados y separados por retracción de la dermis–.

2.1. Simulación de muerte por asfixia

La muerte por asfixia puede deberse a distintos factores. Uno de los más frecuentes en caracterización es el estrangulamiento.

El estrangulamiento

Se produce por un aplastamiento de la tráquea o laringe por presión.

Las características más evidentes son coloraciones en la piel en tonos azulados por la cianosis, y palidecimiento debido a la compresión de ciertas zonas. En cualquier caso, el cadáver presentará hinchazón en lengua, laringe y tráquea.

Dependiendo del agente externo que haya causado la presión, la piel acusará marcas directamente relacionadas con el objeto.

Este tipo de asfixia también presentará secuelas como los golpes producidos por la caída del cuerpo, y los posibles rastros físicos en el caso de haberse producido forcejeo.

Técnicas de simulación

Para aproximarse a la coloración, en primer lugar se dará un fondo rojizo al rostro con maquillaje graso. Con el mismo tono, pero algo más concentrado, se simulará la condensación de sangre en algunos puntos.

Para recrear muestras de cianosis, se maquillará con tonos azulados labios y ojeras, también se utilizará maquillaje graso, mezclando tonos rojos y violetas.

Para simular las marcas de la presión ejercida sobre la piel, se puede señalar la zona y con un tono del mismo color pero varios grados más pálido, se reproducirá el objeto que ha ejecutado la presión. Esa marca adquiere un tono pálido porque la sangre no circula por esa zona; en cambio en los bordes de la marca se concentra la sangre, por lo que conviene aplicar maquillaje rojizo.

Si es una cuerda, se aplicará una o varias capas de látex de la misma forma que en la técnica del envejecimiento. Posteriormente se maquillará esa zona para simular palidez.

Si la presión se ha ejercido con los dedos se empleará la misma técnica; es decir, tonos más pálidos donde se ha ejercido la fuerza, y marcas rojizas en los contornos.

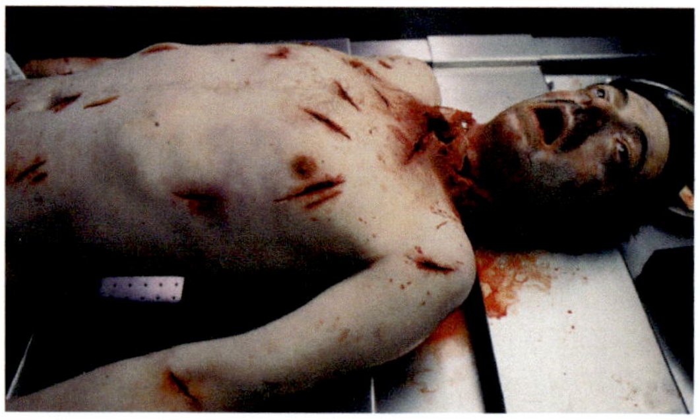

La muerte violenta es una de las causas más frecuentes de espasmo cadavérico. *Escalera del crimen.*

2.2. Simulación de muerte por accidente o causas violentas

Una de las ficciones más comunes en caracterización es la muerte por atropello en la que deben reproducirse las lesiones causadas por el impacto del vehículo contra el cuerpo o por la presión ejercida en el arrollamiento.

Si la causa ha sido el impacto, aparecerán muestras de contusiones con hematomas, derrames y fracturas en el punto del impacto.

Un factor a tener en cuenta es la dimensión del vehículo que ha producido el impacto; si es muy pesado, como un camión o un tren, el impacto afectará al cuerpo en general. Si por el contrario se trata de un vehículo ligero, como una motocicleta, el impacto se reflejará en una zona concreta, y el cuerpo presentará cortes y contusiones más puntuales.

Técnicas de simulación

Si el impacto ha sido general, es decir, provocado por un vehículo pesado, se aplicarán las técnicas aprendidas sobre contusiones con hematomas, hemorragias internas –coloración rojiza en la piel–. Posteriormente sobre este fondo, se pondrán cortes incisos y contusos producidos por cristales y metal; además de múltiples fracturas con desgarros del tejido cutáneo.

Si el impacto se ha producido contra un vehículo ligero, predominarán los cortes incisos, los traumatismos localizados, y las quemaduras por fricción contra el suelo.

2.3. Simulación de un cadáver sobre la mesa de autopsias

Se trata de una caracterización muy frecuente en la ficción.

Un cadáver sobre la mesa de autopsias suele variar dependiendo de las causas de la muerte. No obstante, si en la simulación, la autopsia ya se ha realizado, los cuerpos reflejan un corte inciso a lo largo del tórax.

Técnicas de simulación

Para simular este tipo de escenas hay que centrarse en la coloración del cadáver, y la reproducción del corte. El color en estos casos adquiere un tono pálido, en general, y con matices violáceos; sobre todo en labios, ojeras o nudillos de las manos.

- Para simular el corte, habrá que aplicar una tira de látex en forma de Y, que debe abarcar el cuerpo desde las clavículas hasta el vientre. Esta tira debe fundirse con la piel del modelo. En el centro se simulará el corte inciso a lo largo de toda su superficie, y después se coserá con hilo de cera para reproducir los puntos.

PROCESO DE SIMULACIÓN DE UNA AUTOPSIA

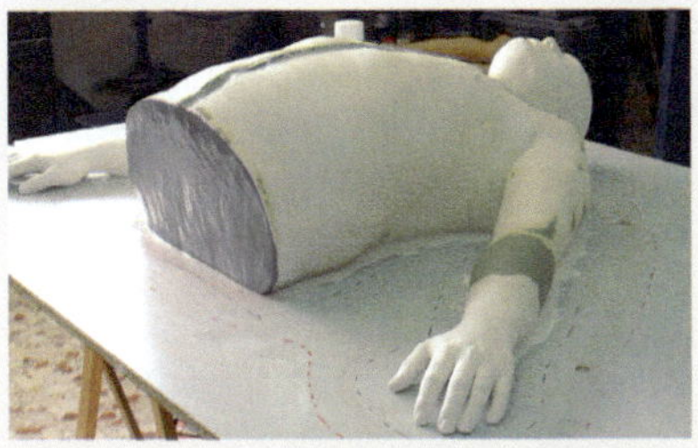
Positivo de escayola obtenido a partir de un vaciado realizado en alginato y vendas. Escultura de la herida de autopsia en plastilina sobre el positivo.

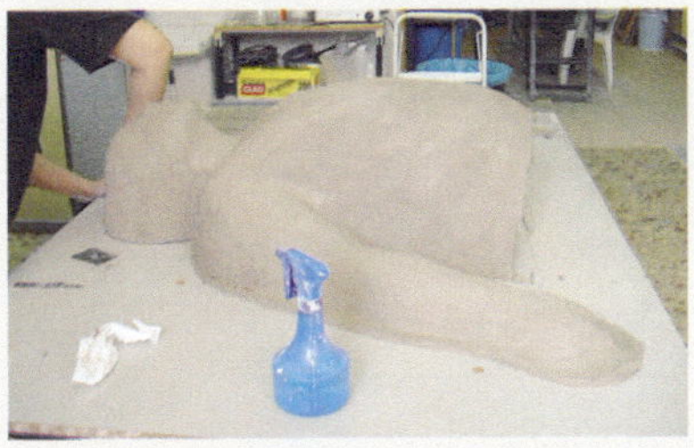
Capa de barro uniforme sobre el positivo.

Aplicación de resina y fibra de vidrio mediante capas sobre el barro.

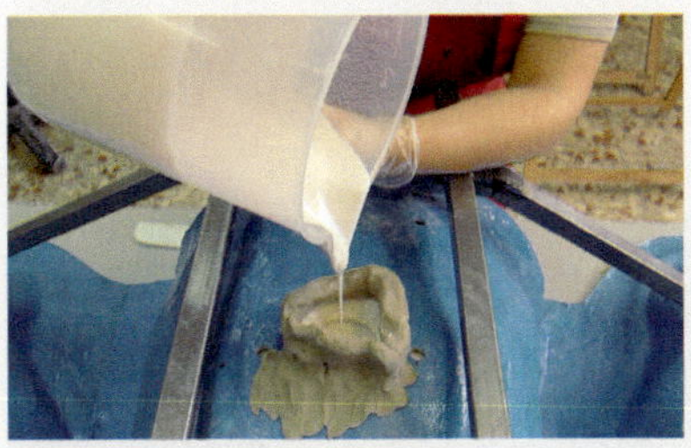
Realización de la capa de silicona del molde por colada tras la retirada anterior de la capa de barro.

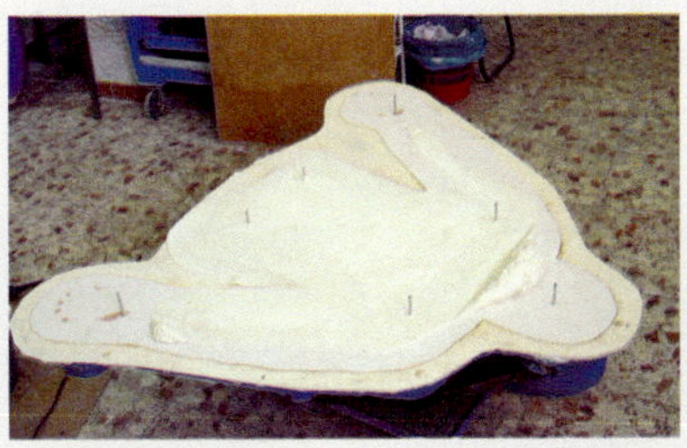
Realización de una copia (piel en silicona y relleno de espuma de poliuretano).

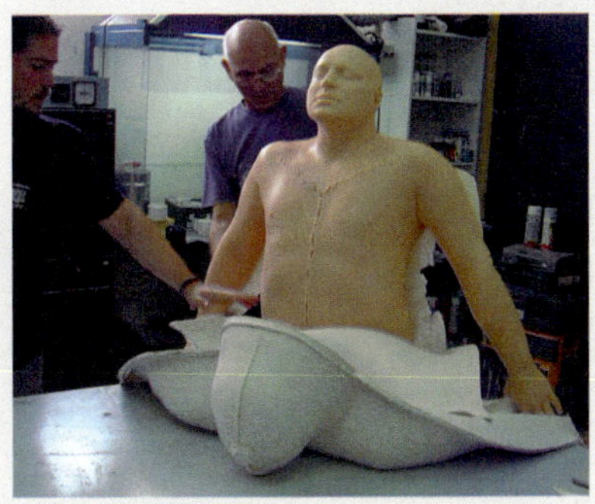
Apertura del molde y obtención de una copia en silicona.

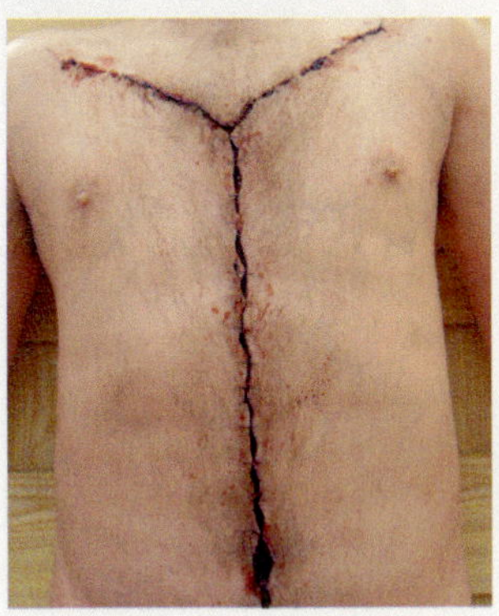
Pintado de la copia con aerógrafo y aplicación de pelo.

RESULTADO FINAL

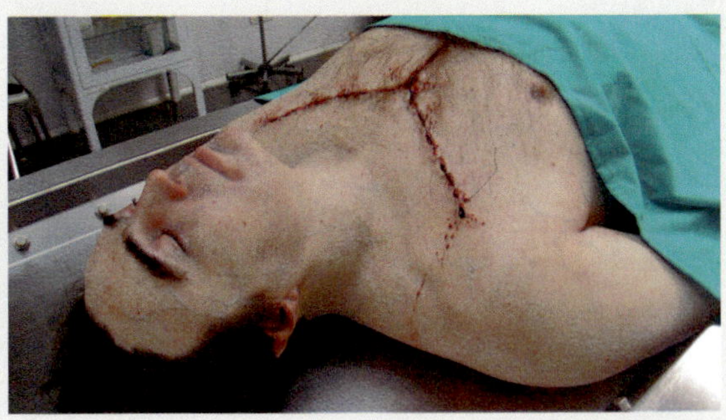

• Para lograr buenos resultados en la simulación de quemaduras por asfalto, se puede emplear pan rallado –mejor si es una tostada machacada para que la textura no sea uniforme– aplicando sobre ella una capa de látex. Podemos dar varias capas dependiendo de la consistencia que busquemos dar a la herida. La coloración se realizará con maquillaje graso o sombra compacta.

2.4. Simulación de un cadáver embalsamado

Cuando en la ficción aparecen escenas de funerales o velatorios, se recrean cadáveres embalsamados.

Esta simulación es muy sencilla, ya que los cuerpos se muestran dentro de un féretro y al llevar ropa solo se deja ver el rostro y las manos.

Los cuerpos embalsamados pasan por un proceso químico que endurece los tejidos blandos, dándoles aspecto de cera. Sobre esta textura se aplica maquillaje para que su aspecto no resulte desagradable.

Técnicas de simulación

Sobre las zonas visibles, se dará una fina capa de carne artificial, para simular el aspecto de la cera. Para que su aplicación resulte sencilla lo primero debe ser calentar el material con las manos y adherirlo en pequeñas cantidades con ayuda de aceite o vaselina, procurando no dejar rugosidades en la piel.

Posteriormente sobre esta textura se maquillará con maquillaje en crema, y seguido se matizará con polvos.

«HELLRAISER»

Clive Barker, director y escritor nacido en Liverpool el 5 de octubre de 1952, comenzó como escritor de novelas de horror, pasando al celuloide sobre los años 70 con el corto *The Forbidden* (1973) y *Salomé* (1978). Más tarde creó su obra maestra del terror con *Hellraiser* en 1987. A su cargo estaban Bob Keen, diseñador de los efectos especiales, Geoffrey Portass, supervisor, y Sally Sutton, como encargada de los maquillajes. Este equipo consiguió crear personajes y efectos tan impactantes como la regeneración de un cuerpo completo partiendo de una gota de sangre.

PARA RECORDAR

- Los fenómenos cadavéricos se inician en el momento que se extinguen los procesos vitales y se dividen en:
  - Fenómenos cadavéricos abióticos, por acción de las condiciones ambientales: enfriamiento, livideces y deshidratación
  - Fenómenos cadavéricos bióticos, por cambios físico-químicos: la rigidez y el espasmo cadavérico.
  - Fenómenos cadavéricos destructores:
    - Autolisis, procesos fermentativos que tienen lugar en el interior de las células sin intervención de bacterias y producen una alteración de los tejidos y órganos del cadáver que se traduce en una coloración amarillenta, verdosa y grisácea en la piel.
    - Putrefacción: proceso fermentativo de origen bacteriano que evoluciona en cuatro fases:

      a) Período colorativo o cromático: se inicia a las 24-36 horas. Comienza con la mancha verde, generalmente en la fosa iliaca y va extendiéndose a todo el cuerpo transformándose en una coloración parda negruzca.

      b) Período enfitematoso: el cuerpo se hincha por la acumulación de gases orgánicos; este proceso concluye con la expulsión de gases, líquidos, mucosas y heces. Dura de días a 2 semanas.

      c) Fase colicuativa: la epidermis se despega de la dermis, el cuerpo va perdiendo el aspecto enfitematoso y dura de 8 a 10 meses.

      d) Período de reducción esquelética: paulatinamente las partes blandas van desapareciendo transformándose en putrílago. El período suele durar 5 años.
- Las simulaciones más frecuentes en caracterización son:
  - Las producidas por asfixia. Las características más evidentes se presentan con coloraciones en la piel en tonos azulados por cianosis y palidecimiento debido a la comprensión de ciertas zonas. El cadáver presenta hinchazón en la lengua, laringe y tráquea.
  - La muerte por atropello, tiene su origen en las lesiones causadas por el impacto del vehículo contra el cuerpo, o por la presión ejercida en el arrollamiento.
  - Los cuerpos embalsamados pasan por un proceso químico que endurece los tejidos blandos, dándoles un aspecto de cera.
  - Las técnicas de simulación deberán reproducir fielmente las distintas características que presentan en cada caso los cadáveres.

Actividades

Repasa

1. Explica de manera esquemática las fases de la descomposición de un cuerpo.
2. ¿Cuáles son las características más evidentes en la muerte por ahorcamiento?
3. ¿Qué factores debes tener en cuenta al simular una muerte por atropello?
4. ¿Cómo realizarías la coloración de un cadáver sobre la mesa de autopsias?
5. ¿Qué nombre reciben las técnicas empleadas para detener temporalmente el proceso de descomposición de un cuerpo? ¿Cómo llamamos a las técnicas utilizadas para mejorar el aspecto de un cadáver?

Practica

1. Elige una escena de alguna película en la aparezca un cadáver. Analiza la caracterización apuntando los recursos que se han podido usar.
2. Basándote en ese análisis, reproduce la caracterización sobre un modelo real.

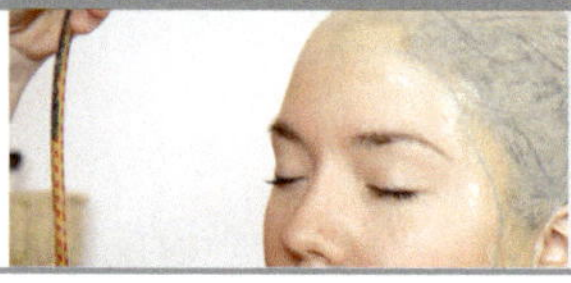

ANIMATRÓNICOS

Índice de contenidos

Qué vas a aprender...

- Además de todo lo aprendido, el trabajo de un caracterizador puede especializarse en la simulación de otros recursos como la creación de ficticios, animatrónica. También podrá recrear efectos climatológicos, explosiones...

Para qué te va a servir...

- Para conocer otro tipo de recursos que se utilizan en caracterización y plantear otras opciones útiles a la hora de buscar salidas profesionales.

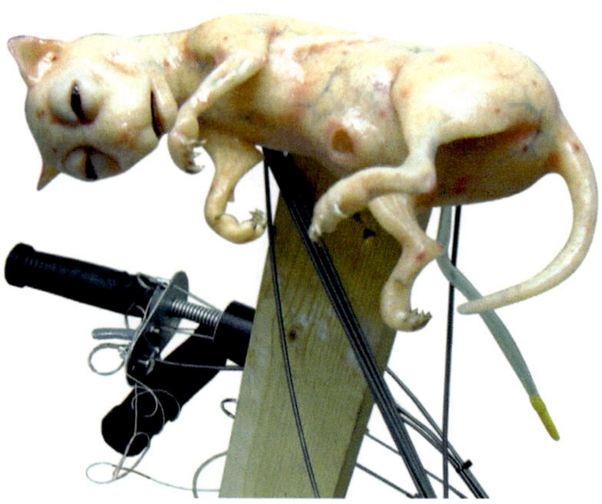

Qué vas a necesitar...

- Fuentes documentales como películas e Internet.

1. REPRODUCCIONES REALES Y FICTICIOS

Las reproducciones reales son simulaciones de cuerpos, humanos o animales, y de objetos en el caso de los ficticios.

Estas simulaciones se fabrican en materiales apropiados para cubrir unas necesidades concretas. Por ejemplo, la reproducción de un cuerpo al que hay que practicar una autopsia, o la reproducción de una botella de falso cristal que se romperá sobre alguien durante la escena de una pelea.

1.1. Reproducciones reales

El material más apropiado para recrear cuerpos es la silicona, por su consistencia y posibilidades en la coloración, ya que se trata de un material translúcido. Además sobre la silicona se puede realizar picado de pelo, fundamental en la reproducción de animales.

La máxima a la hora de realizar este tipo de trabajos es lograr resultados que reflejen el mayor grado de realismo posible.

El proceso de fabricación es similar al de la fabricación de prótesis; es decir se realizan tomas de impresión del cuerpo a reproducir, y después se positivan.

La coloración puede darse directamente a la silicona. Posteriormente habrá que realizar el picado de pelo y, por último, la reproducción de detalles mediante la aplicación de dispositivos complementarios.

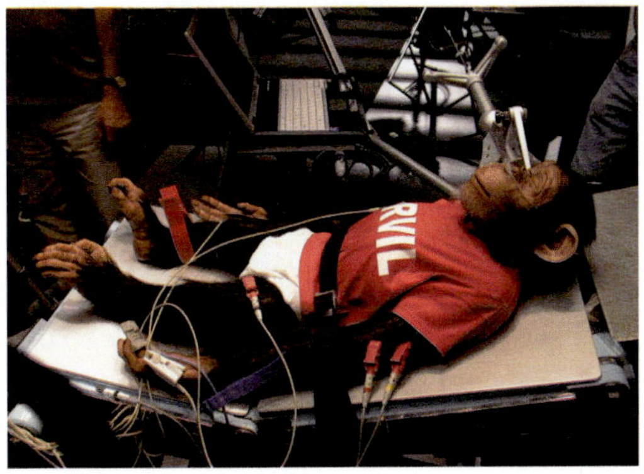

Chimpancé ficticio para un experimento científico en la película *Somne*.

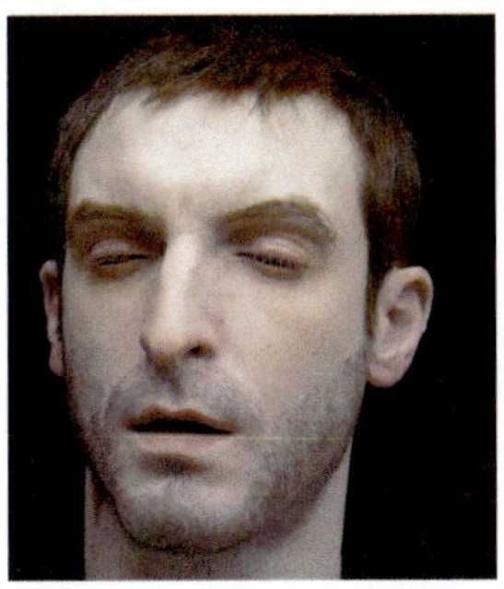

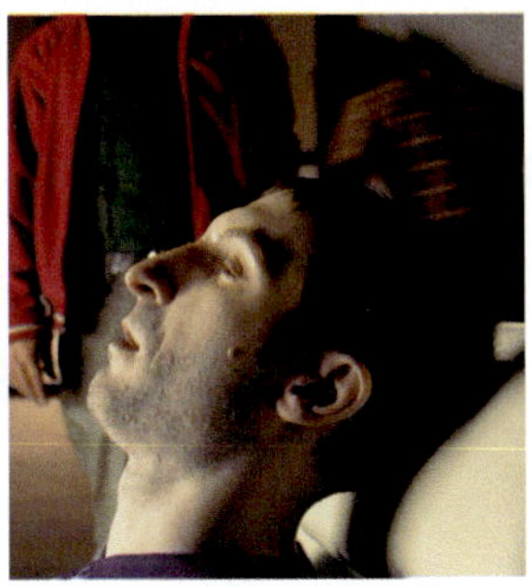

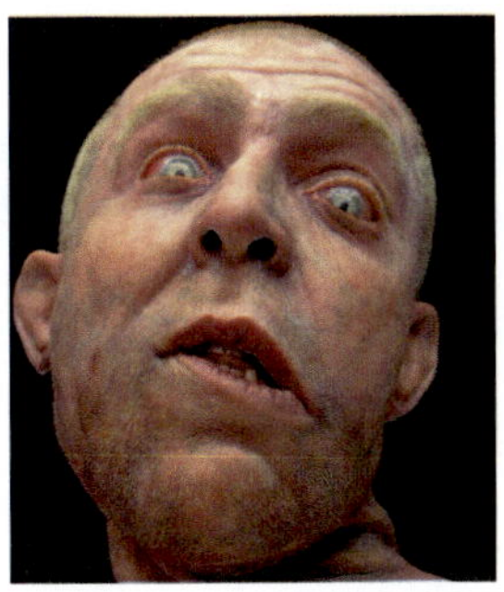

Personaje de Ulloa en *Hipnos*.

"*Doom*".

1.2. Ficticios

Además de simular cuerpos, en la ficción se recurre con frecuencia a la simulación de objetos.

Existen materiales específicos para la fabricación de los llamados ficticios.

Normalmente, los materiales más utilizados son:

- Poliespán. Para la recreación de madera y similares.
- Fibra de vidrio. Para simular piedras, paredes o ladrillos.
- Espuma de látex o poliuretano. Para la reproducción de alimentos.
- Siliconas específicas. Para la simulación de vidrio y hielo.

a. Reproducción de alimentos y b. Reproducción de la planta de la mandrágora. Ambos en la película *El laberinto del fauno*.

2. ANIMATRÓNICOS

Hoy en día, una de las tendencias más innovadoras en la puesta en escena de la ficción, son los llamados animatrónicos. Su función consiste en recrear movimientos mediante articulaciones electro-mecánicas.

• Los materiales están en constante evolución; hoy en día existen plásticos para la simulación de vidrio que reproducen incluso el sonido de los cristales rotos.

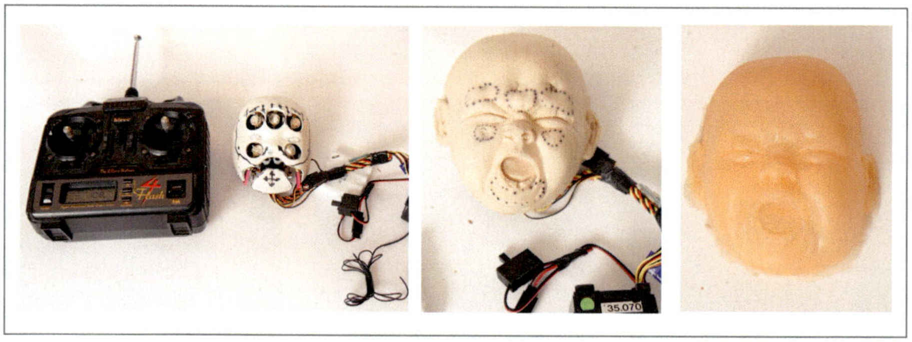

Piezas para montar un animatrónico para simular movimientos faciales parecidos al llanto de un niño.

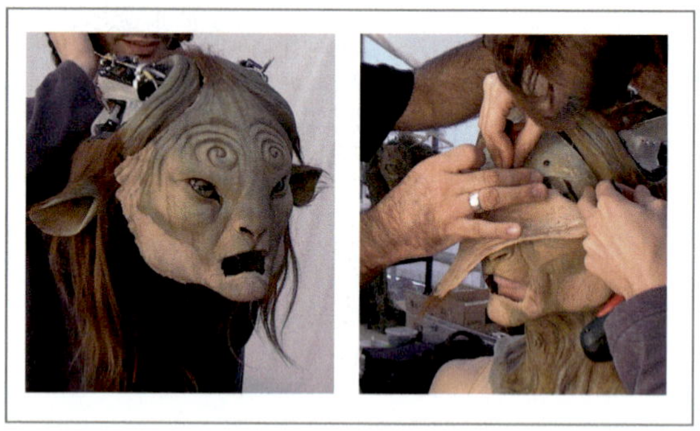

Fabricación de animatrónico para el personaje del Fauno. *El laberinto del fauno.*

El funcionamiento de estos mecanismos consta de un proceso complejo de técnicas relacionadas con la robótica. No obstante, básicamente podría resumirse en la simulación de movimientos a través de resistencias de control que transmiten impulsos de forma electrónica o mecánica. Estas resistencias, también llamadas potenciómetros, junto a un eje, un circuito integrado y un motor, constituyen los llamados servomotores o servos. Estos, a través de la recepción de señales electrónicas de posición, se encargan de generar los movimientos de los animatrónicos. De esta forma, los servos junto con otros cables y palancas, forman los músculos y articulaciones.

Para simular la piel, se utiliza la silicona y la espuma de látex y, para el esqueleto, al ser más rígido, se usa la fibra de vidrio.

Los animatrónicos, pueden moverse mediante sofisticados programas informáticos en su totalidad, o mediante una técnica mixta conseguida, además, con la ayuda de un manipulador o *puppeteer* en zonas concretas del cuerpo.

También las prótesis pueden generar movimientos gracias a mecanismos animatrónicos. Constituyen las llamadas máscaras mecánicas.

Estos mecanismos, pueden actuar como complemento de las prótesis potenciando la simulación de movimientos imposibles recreados sobre el físico de un actor. En algunos casos pueden utilizarse los propios ojos del actor añadiendo expresiones con la animatrónica al resto de los gestos faciales, pero en otras ocasiones la máscara cubrirá por completo su rostro, como en el Fauno de *El laberinto del fauno*, en la que tanto ojos, como nariz y orejas son mecánicos.

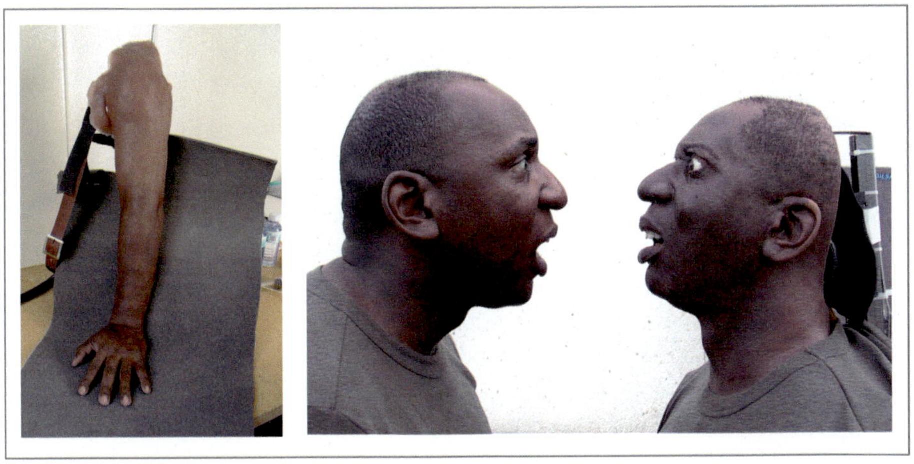

Animatrónicos. Dispositivo del brazo y el actor y su réplica ficitica. El mecanismo interno proporciona movimientos similares al rostro humano. *Frágiles*.

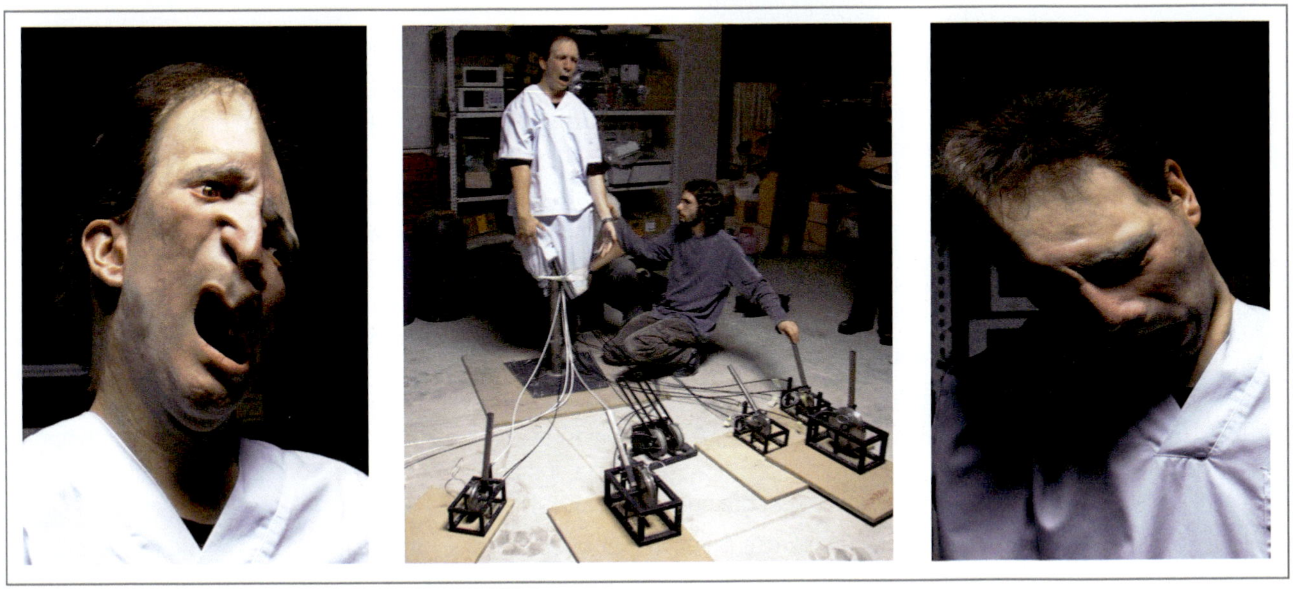

Efectos animatrónicos para la deformación del rostro. *Frágiles*.

RAY HARRYHAUSEN Y LOS PRIMEROS PASOS DEL CINE ANIMADO

Ray Harryhausen nació en Los Ángeles (California) en 1920. Fue uno de los grandes precursores de la animación cinematográfica. Durante los años que abarcaron su vida laboral, la animatrónica o las técnicas actuales de postproducción eran impensables, por lo que Ray empleaba la técnica del *stop motion*, que consiste en la animación de figuras fotograma a fotograma.

Algunos de sus trabajos forman parte de los grandes mitos de la cultura cinematográfica. Sus títulos más reconocidos son: *El gran gorila* (1949); *Jasón y los argonautas* (1963); y *Furia de titanes*, por la cual estuvo nominado al Oscar a los Mejores efectos especiales en 1982. Esta supuso una última aportación a la animación en la década de los ochenta.

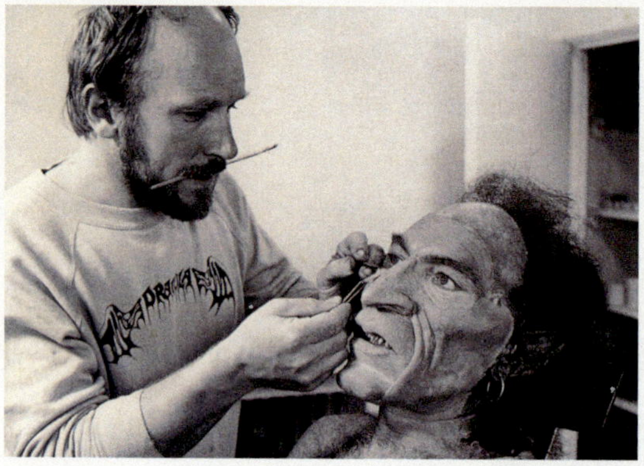

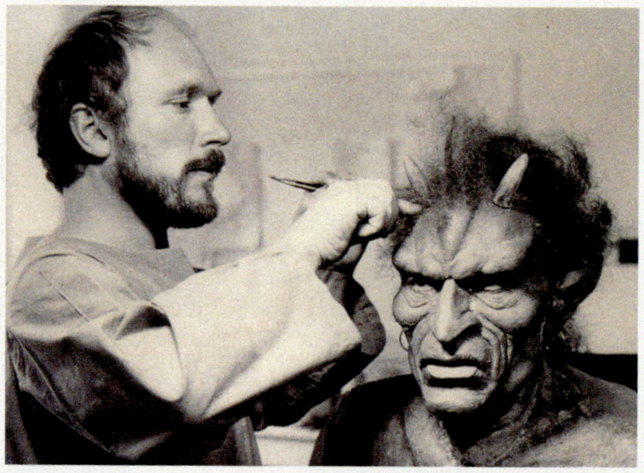

Colin Arthur maquillando a Cagliostro en *Furia de titanes*.

3. OTRAS TÉCNICAS COMPLEMENTARIAS

Además de la animatrónica, existen técnicas de postproducción que permiten el retoque digital para generar ambientes, suplir posibles limitaciones, o crear efectos inimaginables en los comienzos de esta búsqueda.

Algunas de ellas son: el *cromakey* y los *puppets* o marionetas.

Cristina Piaget caracterizada en *La monja*, detrás el fondo azul para *cromakey*.

3.1. El *cromakey*

La traducción al castellano es llave de color.

El *cromakey* es una técnica que se emplea con mucha frecuencia en vídeo y televisión. También hoy día se comienza a utilizar en cine.

Consiste en dar a la secuencia un fondo neutro que, posteriormente, podrá ser sustituido de manera selectiva por la imagen que precise la producción.

Los actores graban la escena delante de una pantalla de color verde o azul; se emplean estos colores porque son los que más difieren del color piel con el fin de que en postproducción al ser sustituidos por otra imagen no se incluya esta en ninguna parte del cuerpo que no se desee. No obstante, hoy día, los programas de edición de vídeo digital permiten hacer llaves sobre cualquier color.

Puede utilizarse para simular decorados, o para crear efectos sobre los actores.

Los efectos sobre los actores suelen ser de adelgazamiento y se logran pintando la parte del cuerpo a suprimir, del mismo color que la pantalla de fondo.

Cromakey utilizado para sustituir el fondo. La Mujer Mecánica. *Frágiles*.

• El *cromakey* puede ser utilizado en tiempo real como es el caso de las noticias del tiempo meteorológico; los vídeos del mapa del tiempo van apareciendo sobre un fondo vacío a la vez que el presentador se desplaza sobre una imagen virtual que aparecerá ya mezclada en el monitor.

Cromakey utilizado para conseguir eliminar parte del cuerpo del personaje. El Hombre Pálido. El *laberinto del fauno*.

3.2. *PUPPETS* O MARIONETAS

Como su propio nombre indica son marionetas articuladas, que se manejan mediante un sistema de varillas.

Se podría decir que esta técnica es la predecesora de la animatrónica.

Básicamente se emplea con la misma finalidad: dar movimiento a personajes inanimados. La diferencia es que en este caso los motores son personas ocultas que manejan las varillas, los manipuladores o *puppeters*.

A pesar de las nuevas técnicas que se abren camino hoy en día, los *puppets* no han caído en desuso, ya que, para trabajos puntuales, resultan una opción eficaz y bastante más económica.

Esta técnica, suele necesitar retoques de postproducción que generalmente se realiza con el *cromakey*.

Rodaje con *puppets*. *Arachnid*.

REALIZACIÓN DE OJOS PARA ANIMATRÓNICOS Y *PUPPETS*

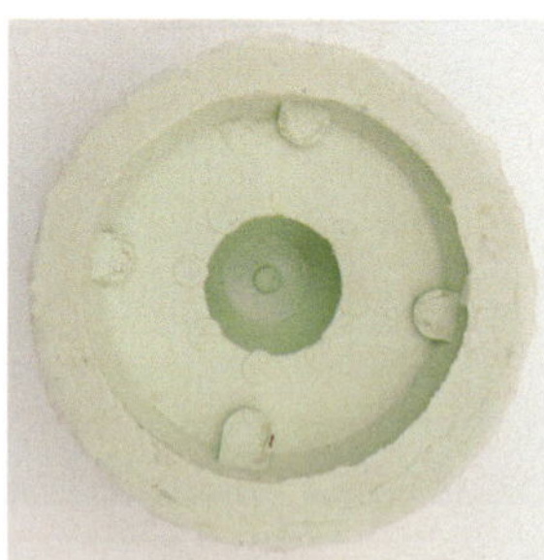

- Se comienza modelando un ojo con plastilina libre de azufre en la zona del iris. Hay que poner más plastilina ya que en un ojo real tiene mayor volumen y donde se ubica la pupila hay que dejar solo un pequeño hueco para el modelado.
- Se continúa realizando un molde del modelado anterior. Para facilitar el posterior desmoldeado se utiliza silicona.

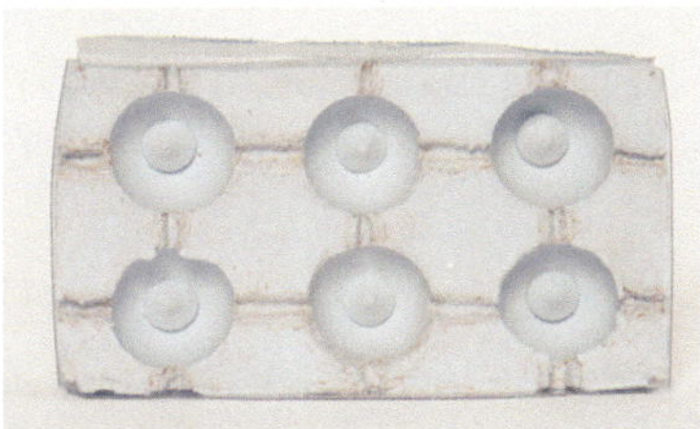

- En el tercer paso se realiza otro modelado de un ojo con la misma plastilina libre de azufre que utilizamos en el primer modelado, pero deberá ser unos 2 milímetros más pequeño que el anterior en todo su perímetro.

  En este segundo modelado hay que dejar en la zona del iris el hueco y una protuberancia para la pupila.
- En el cuarto paso se obtiene el molde del anterior modelado que se realiza también en silicona. El molde puede ser múltiple, lo que nos permite positivar varios ojos a la vez.

- A continuación se realiza el positivado del ojo que se ha obtenido del molde anterior, para ello se emplea resina o poliuretano rígido.

  Una vez obtenido este positivo se puede bien colorear o adherir una impresion fotografica simulando el iris y en la pupila se colorea con negro.

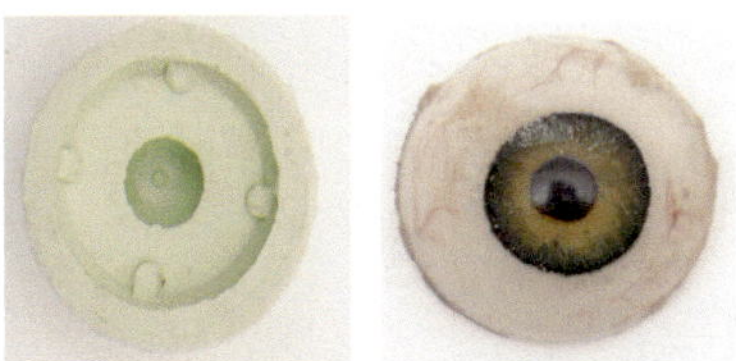

- Una vez finalizado el proceso de color, se vierte en el primer molde resina transparente. Se cierra el molde con el ojo coloreado y de este modo se encapsula por completo el iris y el resto del ojo.

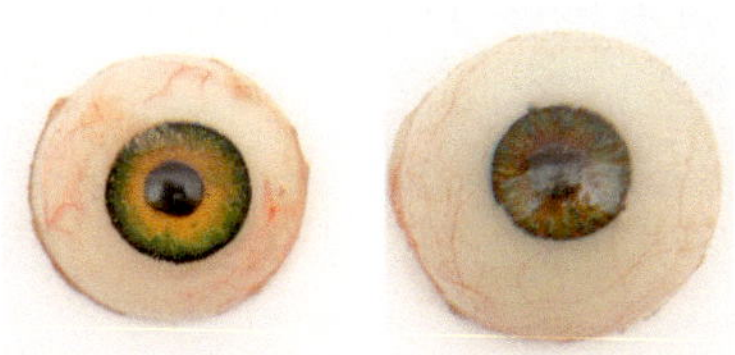

- Una vez seco se desmoldea con facilidad ya que el molde es de silicona, y se pule la superficie transparente para conseguir el brillo del ojo.

RESULTADO FINAL

SIMULACIÓN DE EFECTOS CLIMATOLÓGICOS Y FUEGO

La ficción va más allá de cualquier realidad y todos sus condicionantes. Los fenómenos meteorológicos son factores fundamentales en la ambientación de cualquier escena. Algunos de los más reproducidos artificialmente son: la niebla, la nieve y la lluvia.

La recreación de la niebla puede demandarse tanto para decorados exteriores, como para interiores. En el caso de los exteriores, la niebla se suele simular mediante máquinas de humo con base de aceite o agua. Estas máquinas funcionan con gas, y se activan mediante un mecanismo de turbinas y tubos difusores. Para decorados interiores, solamente se utilizan máquinas de humo con base de agua.

Para recrear escenas de nieve, se emplean máquinas específicas que suelen funcionar con celulosa y agentes espumógenos que distribuyen el material a través de tubos lanzadores.

Aunque el fuego no es un fenómeno medioambiental, los mecanismos que se emplean para su simulación podrían englobarse dentro de este mismo grupo, ya que su realización depende de los mismos equipos profesionales.

Dentro de los efectos con fuego podemos hablar de: explosiones, simulación de incendios, pirotecnia e impactos.

Piratas del Caribe. En el fin del mundo.

- Para el transporte de materiales empleados en crear escenas con fuego, se requieren permisos especiales y vehículos homologados para el transporte de mercancías peligrosas. En este tipo de procedimientos no pueden faltar ciertas medidas de seguridad, como extintores.

En el caso de que los efectos del fuego se realicen sobre especialistas (bonzos) hay que garantizar la máxima seguridad de las personas. De esta forma se utilizan trajes ignífugos, máscaras de silicona personalizadas y geles retardantes al fuego.

Simulaciones cinematográficas: humo de cañones y fuego.

PARA RECORDAR

- Las reproducciones reales son simulaciones de cuerpos, humanos o animales.
- Los ficticios son simulaciones de objetos que se fabrican en materiales apropiados para cubrir unas necesidades concretas.
- Una de las tendencias más innovadoras en la puesta en escena de la ficción son los llamados animatrónicos. Su función consiste en recrear movimientos mediante articulaciones electro-mecánicas.
- El *cromakey* es una técnica que se emplea con mucha frecuencia en vídeo y televisión. Consiste en dar a la secuencia un fondo neutro que posteriormente podrá ser sustituido de manera selectiva por la imagen que precise la producción.

Actividades

Repasa

1. ¿Cuál es la diferencia entre los ficticios y las reproducciones reales? ¿En qué caso emplearías cada uno?
2. ¿Cuáles son los elementos más frecuentes en la simulación de efectos climatológicos?
3. ¿Para qué se emplean los mecanismos animatrónicos? Explica su funcionamiento.
4. ¿Qué es un *cromakey*?
5. ¿Qué mecanismos se empleaban antes de que apareciera la animatrónica? Busca un ejemplo de cada uno.

Practica

1. Elabora un listado de diez películas en las que aparezcan efectos de animación. Ordénalas cronológicamente y trata de hacer un recorrido desde los principios de *stop motion*, hasta las últimas técnicas de animatrónica.
2. Observa la fotografía y explica lo que ves. ¿Qué técnica se está realizando? ¿Cuál crees que es la función?

PRODUCTOS COSMÉTICOS DECORATIVOS

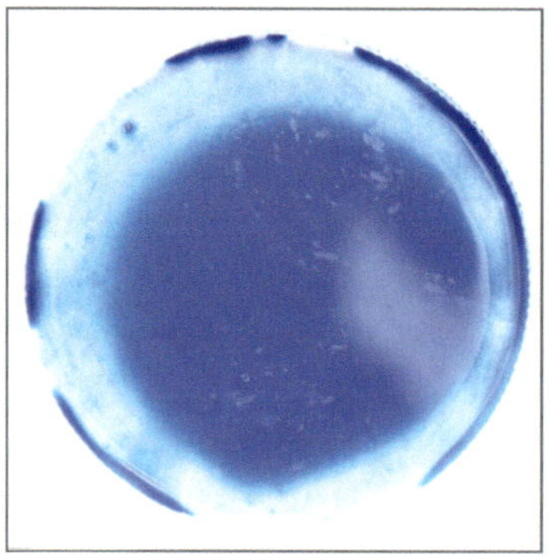

AGUA COLOR

El agua color es un concentrado de pasta que se disuelve con agua. No perjudica la piel, ya que permite su transpiración.

Su utilidad es muy amplia, empleándose para maquillajes corporales, de fantasía. No es adecuado para aplicar sobre las prótesis porque tiende a cuartearse.

Existe una amplia gama de colores, así como pinturas perladas, metalizadas, fluorescentes y líquidas, recomendadas estas últimas para utilizar con aerógrafo.

Aplicación y manipulación: Su aplicación es similar a las acuarelas. Se utiliza con pincel y se diluye en agua. A mayor cantidad de agua, el color y la intensidad del producto disminuirán y resultará menos cubriente.

Los colores pueden mezclarse para obtener distintas tonalidades. La mezcla debe hacerse antes de su aplicación. Para crear sombras y luces, se aplican distintas tonalidades de un mismo color, o pequeñas cantidades de blanco o negro sobre el color que se esté empleando.

Conservación y limpieza: Para su correcta conservación, es fundamental que no se mezclen los colores; en el caso que se busque alguna combinación debe hacerse en otro recipiente.

La limpieza sobre la piel es sencilla, ya que la pintura se diluye con agua. La opción mas práctica son las toallitas húmedas, ya que son desechables y, por lo tanto, más higiénicas.

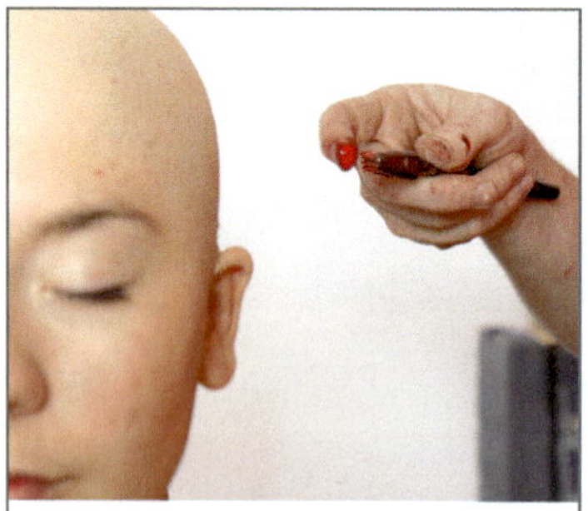

MAQUILLAJE CON BASE DE ALCOHOL

Se presenta en pastillas compactas, para uso con pincel, y en formato líquido, ideal para aerógrafo.

La ventaja de este producto, es que al disolverse con alcohol, es muy resistente y no se degrada con el sudor o la humedad. También es aconsejable para la coloración de prótesis, ya que por su composición logra fuerte adherencia sobre cualquier material.

Aplicación y manipulación: Su manejo es similar al agua color; la diferencia es que en lugar de disolverse con agua debe mezclarse con alcohol, por lo que también resulta algo más agresivo para la piel.

Conservación y limpieza: Tras su utilización, las pastillas vuelven a su forma sólida. Para una conservación óptima, se recomienda no exponer el producto a temperaturas muy elevadas. La limpieza debe realizarse con alcohol; por este motivo hay que tener la precaución y evitar zonas sensibles.

En su forma líquida con el aerógrafo, debes tener en cuenta que seca con mucha rapidez, por lo que conviene usar disolvente en la limpieza antes de que los conductos puedan obstruirse.

MAQUILLAJE EN CREMA

Sus cualidades son similares al agua color; la diferencia es que su composición es grasa y, por lo tanto, no admite agua. Es más apropiado que el agua color para la coloración de prótesis, y para detalles puntuales como la simulación de ojeras o hematomas.

Aplicación y manipulación: Se aplica directamente con el pincel, y su coloración es muy intensa por lo que se aplica en pequeñas cantidades. Debe usarse sobre piel limpia e hidratada.

Los colores pueden mezclarse como en el caso anterior, y el juego con las intensidades del color se realiza mediante el difuminado sobre la piel.

Conservación y limpieza: Las consideraciones en este aspecto son las mismas que en el caso del agua color. Al ser un material graso conviene conservarlo en un lugar seco, lejos de fuentes de calor.

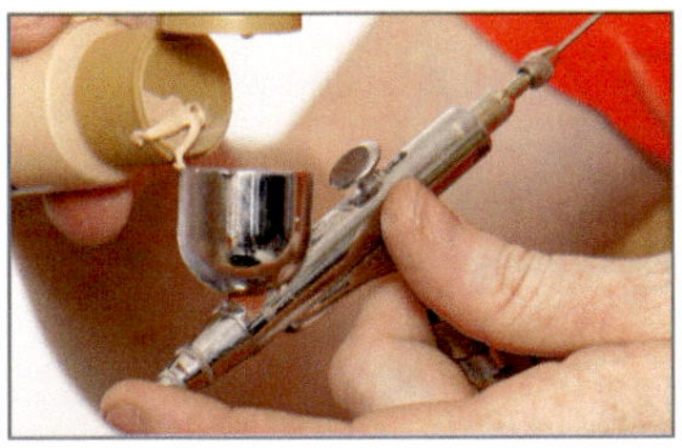

PAX PAINT

Está compuesto por pintura de base acrílica y prosaide. Este producto se comercializa, aunque también puedes fabricarlo mezclando al cincuenta por ciento cada uno de los componentes.

UTENSILIOS

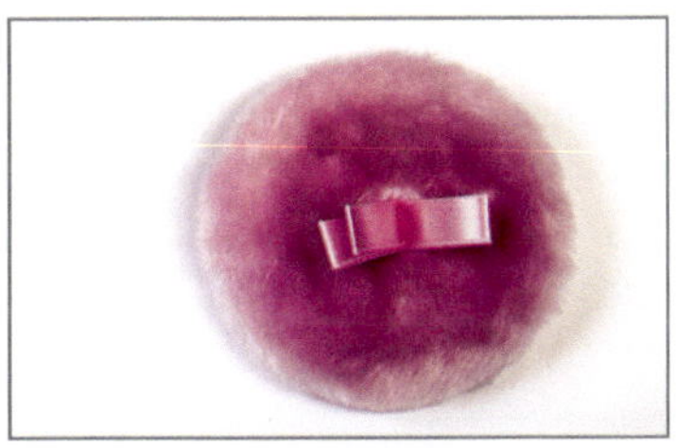

BORLAS

Muy indicadas para matizar brillos y para ayudar a fundir las prótesis con la piel.

BASTONCILLOS DE ALGODÓN

Imprescindibles para la limpieza de zonas de difícil acceso.

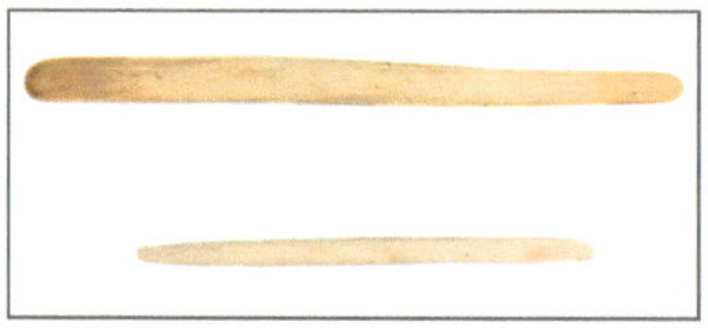

ESPÁTULA DE MODELADO

En estos casos las espátulas se utilizan para amasar, modelar sobre carne artificial o para fundir los bordes del producto sobre la piel.

Son similares a las que se usan en modelado, aunque de tamaño más reducido.

ESPONJAS

Se suelen usar de dos tipos: de látex y de poros.

La de látex se utiliza para aplicar fondos, como en el maquillaje social. También se usan con agua color, y para pulir superficies en el modelado.

La esponja de poros está más indicada para la simulación de efectos de cuperosis, o lavado de texturas sobre el modelado.

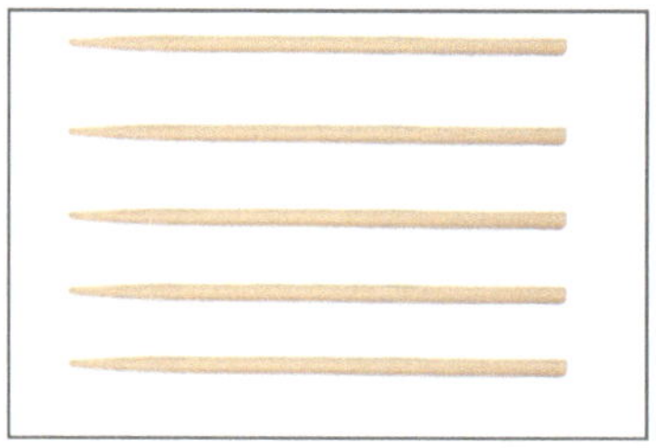

PALITOS DE NARANJO

Muy prácticos en posticería (aplicación de pestañas postizas y otras prótesis) para evitar el contacto de los dedos con el pelo.

También se usan como complemento de cualquier trabajo minucioso, ya que por su tamaño permiten el acceso a lugares poco accesibles.

PULVERIZADOR Y CUENTAGOTAS

Se emplean para la aplicación de materiales líquidos. Son muy prácticos para la simulación de sudor o sangre, entre otras cosas.

Resulta conveniente tener de dos tipos: los que pulverizan con gota gorda, ideales para algunos efectos, y los que pulverizan muy fino, para acciones más suaves.

El pulverizador se emplea para cubrir grandes superficies, y el cuentagotas detalla zonas concretas.

PRODUCTOS ESPECÍFICOS PARA LA FABRICACIÓN DE MOLDES

ESCAYOLAS

Existen diferentes tipos de escayola, según la casa comercial. En líneas generales existen escayolas blandas, medias y duras.

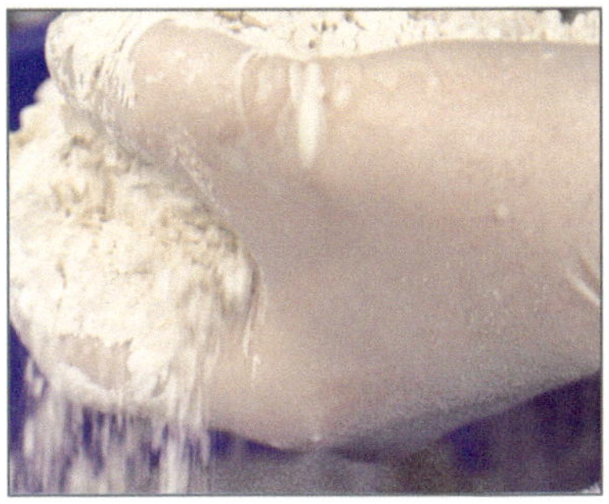

FIBRA DE VIDRIO URETANOS

Es una malla compuesta por finas fibras de vidrio, que mezclada con su catalizador (resina) actúa como refuerzo, adquiriendo una dureza tal que puede ser incluso taladrada y no romperse.

Los uretanos rígidos adquieren consistencia plástica y son útiles para vaciados que necesitan dureza.

GOMAS DE POLIURETANO

Su uso es fácil, no requieren mucha precisión en la mezcla, y pueden adquirir distintas consistencias.

El único inconveniente de este material es que puede presentar dificultades a la hora de desmoldear, ya que resulta adherente a casi todos los productos de positivado.

SILICONAS PARA MOLDES

Las siliconas tienen las mejores propiedades desmoldeantes con la mayor parte de los productos para el positivado de moldes.

Funciona con catalizador. La mayor desventaja de este material es que su coste es elevado, por lo que suele emplearse en trabajos profesionales.

PRODUCTOS ESPECÍFICOS PARA EL POSITIVADO

ESPUMA CALIENTE

Se compone de: una base de látex; un espumante o *foaming*, para introducir aire en la composición aumentando así el volumen; un gelificante, para que la espuma mantenga su consistencia; y un curante de espuma, para que el material seque.

Su utilización es compleja, ya que requiere mucha precisión en los tiempos y proporciones. Además de aplicación de calor en un horno especializado, es necesaria una batidora de montar para realizar la mezcla.

Se trata de un material de uso profesional, a través del cual se pueden conseguir excelentes resultados en cuanto a reproducción y flexibilidad.

Un inconveniente de la espuma caliente sobre la silicona es que es más opaco y al ser iluminada no deja pasar la luz como la silicona. Esta, también por su textura, es más parecida a la piel.

Para asegurar la correcta utilización de estos productos, siempre es aconsejable seguir fielmente las indicaciones del fabricante en cuanto a tiempos y proporciones, ya que cada marca puede tener sus propias especificaciones y particularidades.

ESPUMA FRÍA

Está formada por dos componentes: la base y el catalizador, que actúa sobre ella curando, endureciendo el producto y expandiendo su volumen.

Es un material muy práctico ya que su proceso de curado es rápido y no necesita aplicación de calor. No obstante, la calidad que se logra con ella es inferior a otras aplicaciones en cuanto a reproducción de detalles y elasticidad.

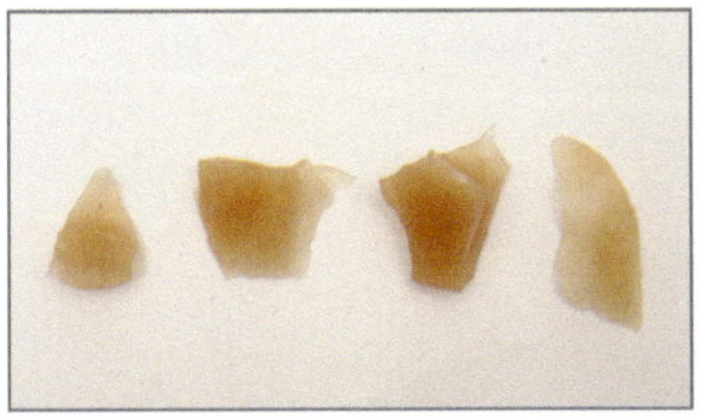

GELATINA

Se trata de un producto similar a la silicona, aunque de una calidad bastante inferior. Su uso es más doméstico, y se puede fabricar con recetas sencillas.

La mayor ventaja de este producto es que resulta mucho más económico que los anteriores. También se puede aplicar directamente sobre la piel para simular heridas, cicatrices, quemaduras, etc.

En la aplicación directa de la gelatina sobre la piel hay que tener precaución por su elevada temperatura. Se aplica con precaución y comprobando su temperatura sobre la piel antes de colocarla sobre el modelo (tipo biberón).

SILICONA PARA POSITIVADO

Existen muchos tipos de silicona. Por su tacto, peso y densidad es, tal vez, el material que más se asemeja a la textura de la piel.

Hoy por hoy, una de las más utilizadas es la silicona translúcida, que tiene la ventaja de ser encapsulada. El encapsulamiento es un proceso en el que la silicona se vierte por capas, la primera una capa muy fina que fija los detalles con mucha exactitud y sobre ella se fija el resto del material.

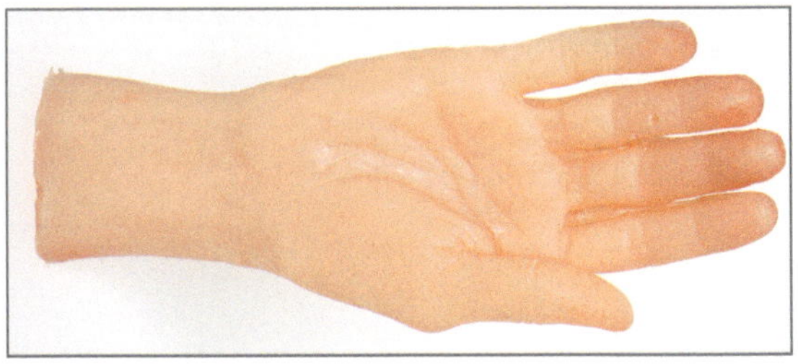

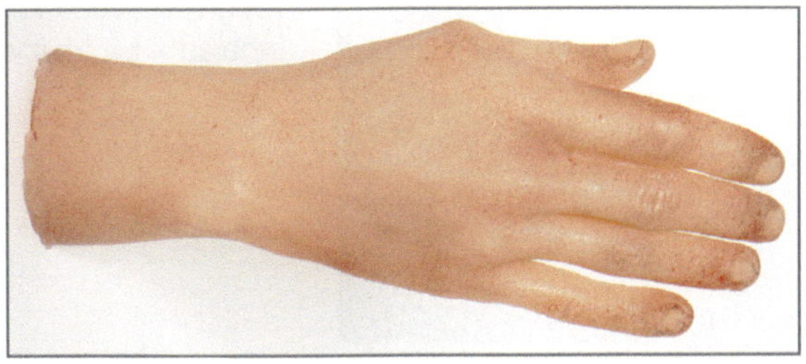

PRODUCTOS DE APLICACIÓN DIRECTA

Los materiales de aplicación directa son recursos que se aplican sobre la piel como complemento del maquillaje.

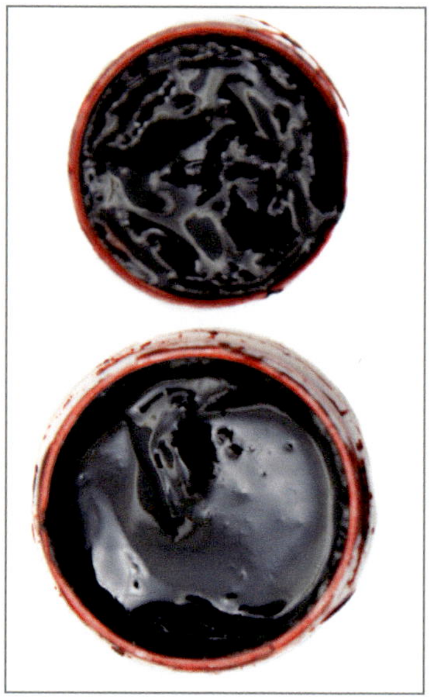

SANGRE ARTIFICIAL

Existe de diversos tonos y consistencias. Son aptas para cualquier tipo de piel o prótesis. Se emplean para simular heridas, hemorragias, coágulos, y manchas de sangre seca.

Dependiendo de su consistencia, que variará en función del trabajo a realizar, se puede aplicar con un pincel, una espátula, una jeringuilla o un pulverizador.

También se comercializa en polvo o cápsulas para simulaciones de sangre en la boca. Además, se puede encontrar sangre artificial especial para teñir los ojos, que se aplica con un dosificador o jeringuilla.

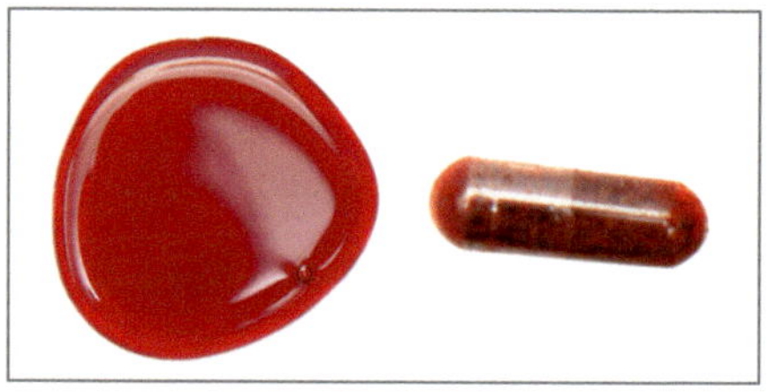

ADHESIVOS PARA PRÓTESIS

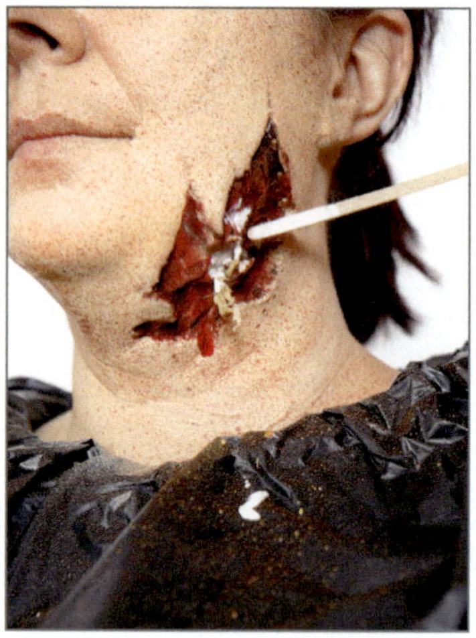

CABOSIL

Es un espesante. En caracterización, se emplea para reparar o espesar látex (o el material que se esté utilizando) y para cubrir juntas. Suele ser compatible con casi todos los productos, por lo que también se pueden obtener buenos resultados en la simulación de sustancias de tipo mucoso: babas, legañas, secreciones...

Es altamente tóxico antes de la mezcla, por lo que deben tomarse todas las precauciones, sobre todo el uso de mascarilla para no ser inhalado. La toxicidad la pierde al realizar la mezcla.

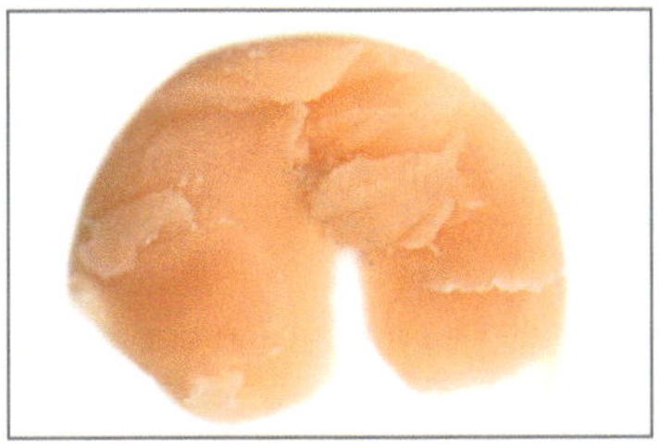

CARNE ARTIFICIAL

La carne artificial es una pasta modelable. Para su aplicación, se calienta con las manos y se adhiere directamente sobre la piel. No necesita adhesivo, aunque se puede reforzar su aplicación con mastic si se incorpora a alguna zona de movilidad. Una vez fijada, se modela, se funden los bordes y se maquilla para unificar con la piel. Para lograr buenos resultados, se pueden añadir polvos translúcidos. Los restos se pueden retirar con una espátula.

CERA CUBRECEJAS

Es muy similar a la carne artificial. Por su composición es más compacta y adherente, por lo que está más indicada para cubrir cejas. Su aplicación es similar a la de la carne artificial.

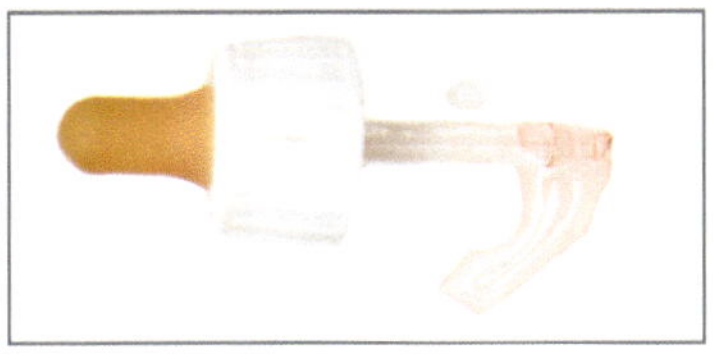

GLICERINA

Se comercializa en forma de líquido transparente. Reproduce el efecto de sudor o lágrimas. También se puede aplicar para que otros fluidos resbalen sobre la propia glicerina.

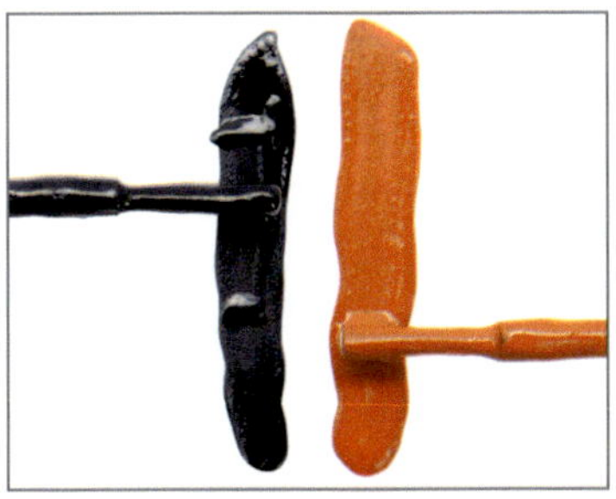

LACA DENTAL

Las lacas dentales normalmente se comercializan en tono negro, dorado, plateado y color amarillento (para simular el efecto de la nicotina). Se suelen emplear para simular carencias dentales o suciedad.

MAQUILLAJE CAPILAR

Se presenta en forma de crema compacta, y suele utilizarse para simular canas. Su aplicación se realiza mediante un cepillo dental o similar. También puede aplicarse sobre pelo postizo. Hay que tener en cuenta que la coloración de pelos aislados resulta más realista que la de grandes zonas.

MASTIC

Es un adhesivo a base de resinas naturales. Por su composición, no es agresivo para la piel, aunque no garantiza resultados muy duraderos. Por este motivo, está especialmente indicado para fijar postizos (patillas, barbas, cejas, etc.).

Normalmente se comercializa con un pincel y, tras su aplicación sobre la piel conviene esperar unos segundos, y cuando adquiera un estado mordiente fijar el postizo y presionar con cuidado para garantizar su adhesión.

Posteriormente para retirar el postizo, se aplica disolvente de mastic con un bastoncillo a medida que se va levantando.

METOCEL

Celulosa en forma de polvo, que se diluye y colorea (preferiblemente con colorante alimenticio) para lograr múltiples simulaciones con mayor o menor grado de viscosidad. Ideal para simulación de babas, caracterización de heridas, etc.

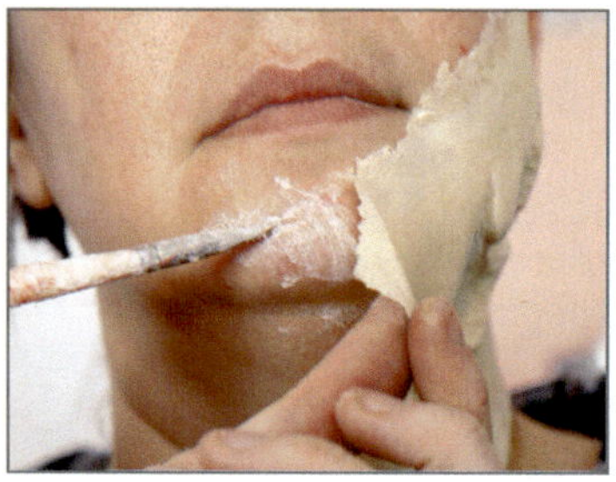

PROSAIDE

Es un adhesivo más resistente y elástico, fabricado a base de derivados del látex. Este material se aplica igual que el anterior. Es más recomendable para la fijación de prótesis y para afianzar la unión de sus juntas en el caso de que se solapen.

Se retira del mismo modo que el mastic, aunque resulta algo más complicado.

OTROS PRODUCTOS

Hay algunos productos de uso doméstico muy interesantes como complemento en la simulación de heridas. Por ejemplo, el coco rallado integrado en el maquillaje logra buenos efectos de congelación; con la leche condensada y los colorantes alimenticios se pueden obtener resultados muy realistas en la simulación de pustulencias. También el pan rallado mezclado con látex es una buena opción para reproducir herpes o costras.

DISPOSITIVOS COMPLEMENTARIOS

Los dispositivos complementarios son elementos que refuerzan la caracterización. Llegan adonde no llega el efecto del maquillaje. Los dispositivos complementarios suelen aplicarse con adhesivos específicos que vienen como complemento del producto. Cada fabricante incorpora sus propias indicaciones.

DISPOSITIVOS DENTALES

Pueden encontrarse en forma de piezas sueltas, fundas o dentaduras completas.

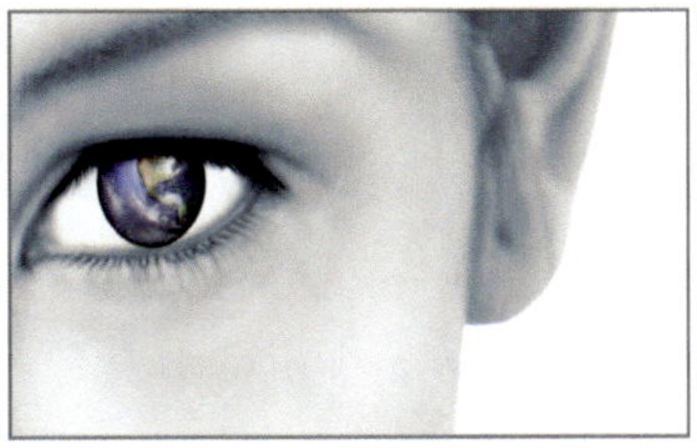

LENTILLAS

Similares a las lentillas comunes pero dispuestas para imitar motivos fantásticos o perseguir objetivos concretos. Su aplicación no requiere pautas específicas.

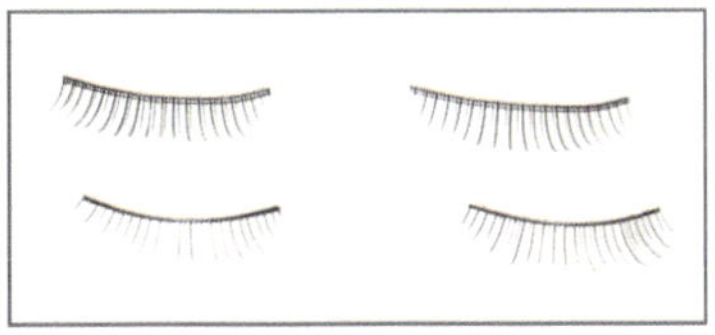

PESTAÑAS POSTIZAS

Se pueden encontrar como postizo completo, o como dispositivos parciales para cubrir carencias, estas se presentan por pequeños grupos de pelos (dos o tres).

Los postizos completos se comercializan en una amplia gama de colores y tamaños. Pueden ser realistas o de fantasía, y se pueden encontrar pestañas inferiores y superiores.

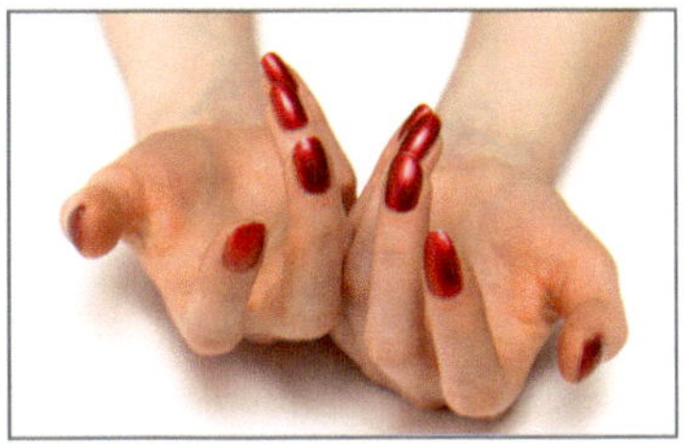

TIPS O UÑAS POSTIZAS

Se adhieren a las uñas naturales. Pueden encontrarse de diversas formas y colores.

MÓDULO 3

Introducción

Los medios de comunicación de masas operan de tal forma en la actualidad que consiguen que aproximadamente el 94% de toda la información que recibimos, sea a través de los sentidos de la vista y el oído, por lo tanto, audiovisual.

Gracias a las tecnologías de la comunicación, las imágenes y los sonidos se pueden generar, almacenar, manipular, convertir, transmitir... y reproducir por variados procedimientos.

En este módulo trataremos los procesos audiovisuales, cine, televisión, vídeo y los espectáculos en vivo, como teatro, danza, ópera, conciertos y variedades, según los diferentes géneros escénicos.

En los contenidos que se describen, haremos un minucioso recorrido temático que ayude al caracterizador a desenvolverse en los distintos ambientes reales de su trabajo, desde el proceso de producción, el rodaje y los equipos técnicos, pasando por los distintos soportes materiales y técnicos, hasta llegar a las características y funciones que deben desempeñar estos profesionales de la caracterización.

Índice de temas

Objetivos generales

- Reconocer las propiedades de la luz y el sonido en los procesos audiovisuales y espectáculos.
- Establecer las características fundamentales de la iluminación y su influencia en los procesos de caracterización.
- Entender y aplicar el lenguaje audiovisual al prestar tus servicios como profesional de la caracterización en una empresa del sector audiovisual.
- Evaluar la panorámica del sector audiovisual.
- Conocer los tipos de empresas y los materiales de registro y reproducción en los medios audiovisuales.
- Interpretar la producción audiovisual y ser capaz de analizar documentación técnica referida a los procesos audiovisuales y espectáculos.

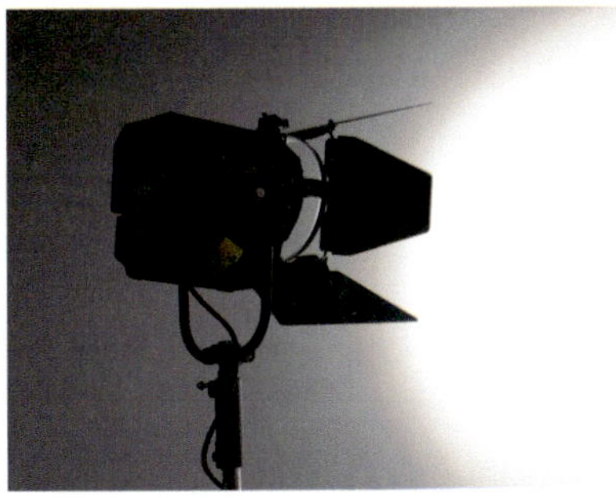

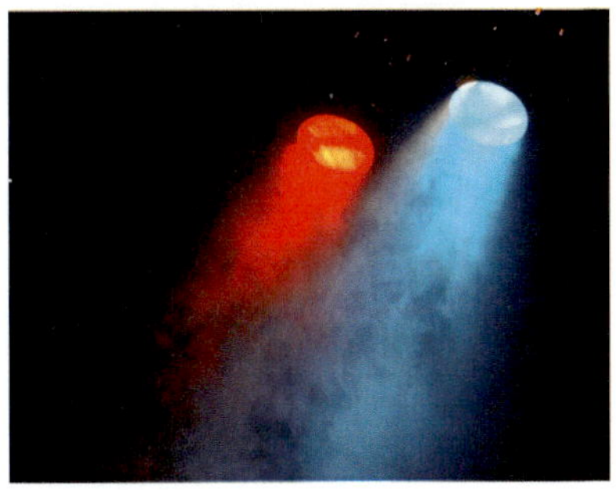

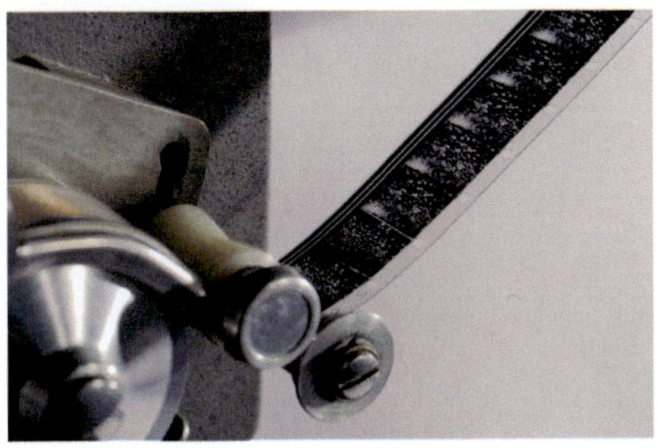

1 TEMA LA LUZ Y EL SONIDO

Índice de contenidos

Qué vas a aprender...

- La naturaleza de la luz, los parámetros que la definen y su ubicación dentro del espectro electromagnético.
- La interacción de la luz con la materia: reflexión, refracción, absorción, interferencia, difracción y polarización.
- La estructura y el funcionamiento del ojo que hacen posible la visión.
- La definición de color y sus cualidades.
- La diferencia entre la síntesis aditiva y sustractiva del color.
- La discrepancia entre el hecho físico y la apreciación psicológica del color.
- La definición de sonido, las cualidades que lo identifican y sus características de propagación.
- El oído: su morfología y funcionamiento.

Para qué te va a servir...

- Para conocer la materia prima constitutiva de los procesos audiovisuales: la luz y el sonido.
- Para entender la morfología y el funcionamiento de los órganos del sentido de la vista y del oído.
- Para definir un color en sus tres cualidades y entender las especificaciones técnicas.
- Para comprender la síntesis del color y su aplicación en los pigmentos usados en maquillajes y caracterizaciones.

Qué vas a necesitar...

- Una conexión a internet en un ordenador.
- Cartulinas de colores y tijeras.
- Un DVD o vídeo y un aparato de televisión.

1. LA LUZ Y EL SONIDO

La luz forma las imágenes y es motivo de estudio para cualquier profesional del medio audiovisual. Es el elemento por excelencia de todas las técnicas visuales.

Las imágenes que se perciben a través de revistas, televisión, cine, internet, etc. son posibles gracias a la luz y su especial naturaleza, ya que la vida misma depende de la luz del sol.

El sonido es uno de los primeros estímulos que percibe el ser humano, hace posible el lenguaje formal, la comunicación entre los seres humanos y también forma parte del lenguaje audiovisual: las palabras, los ruidos, la música son fundamentales no solo para entender el hilo narrativo de un producto audiovisual, sino también para dar verosimilitud a las acciones y enfatizar lo que muestran las imágenes.

Conocer la naturaleza, características y comportamientos de la luz y el sonido ayudan a entender un poco mejor la complejidad de los procesos audiovisuales y la profesión de caracterizador.

2. NATURALEZA DE LA LUZ

La luz es una forma de energía electromagnética capaz de estimular una sensación visual.

Esta energía de la luz constituye el denominado espectro visible y es una pequeña franja dentro de todo espectro electromagnético, que abarca desde las ondas extremadamente cortas de los rayos gamma hasta las ondas de la radio, muy largas, que pueden alcanzar varios kilómetros de longitud.

La luz posee una doble naturaleza: como corpúsculo (partícula) y como onda. También participa de una serie de propiedades comunes a toda la energía radiante.

La luz es la «materia prima» de la que se alimentan los procesos audiovisuales.

2.1. Propiedades

La luz tiene las siguientes propiedades:

- La energía es irradiada a partir de un manantial o fuente (el sol, el filamento de una bombilla, etc.) ya sea por combustión, por descarga, fluorescencia o incandescencia.
- No necesita un medio concreto para su propagación, es capaz de salvar el vacío, no requiere una sustancia portadora pero puede desenvolverse a través de otros medios también.
- Se desplaza a gran velocidad, unos 300.000 km/s en el vacío, disminuyendo a medida que aumenta la densidad del medio por el que se propaga.
- Las ondas que componen esta energía se desplazan siguiendo una trayectoria recta, denominada rayo.

- Dentro de su trayectoria recta, el desplazamiento lo hace en forma de ondas regulares que vibran perpendicularmente a su dirección de propagación.
- Las ondas del espectro electromagnético pueden ser medidas a través de dos parámetros: la longitud de onda y la frecuencia.
  - Longitud de onda. Es la distancia lineal ocupada por una onda o ciclo medidos longitudinalmente, se representa por la letra lambda λ. Su unidad de medida es el nanómetro (nm), equivalente a una millonésima parte de un metro.
  - Frecuencia. Es el número de ondas completas, ciclos por segundo en cada vibración, o sea, el número de ondas que pasan por segundo en un punto dado; su unidad de medida es el hercio (Hz).

El espectro electromagnético es la representación de las ondas electromagnéticas ordenadas de acuerdo con sus longitudes de onda.

Ambas unidades están relacionadas de manera inversamente proporcional, a menor longitud de onda, mayor será el número de ondas que pueden encajar en un segundo y por ello su frecuencia es mayor.

La frecuencia resulta mucho más difícil de medir que la longitud de onda, por ello cada radiación se suele identificar por su longitud de onda cuando se propaga en el aire.

Hacia el centro del espectro electromagnético se encuentran las ondas de la luz, cuya gama visible está entre las longitudes de onda de 400 a 700 nanómetros, como límites prácticos.

Es lo que en conjunto se denomina luz blanca, que puede ser descompuesta en los colores del arco iris. Las ondas más cortas corresponden al color azul (alrededor de 400 nm) y las más largas al color rojo (alrededor de 700 nm).

Por debajo de los 400 nm aproximadamente se encuentran las radiaciones ultravioletas y por encima de los 700 nm están las radiaciones infrarrojas; ambos extremos no son visibles por el ojo humano, pero son capaces de ser utilizados por determinados sistemas de registro de imágenes.

Cada longitud de onda produce un estímulo diferente en el sentido de la vista y el ojo lo percibe como un color, una vez interpretado por el cerebro.

2.2. Comportamiento de la luz

Debido a la naturaleza de la luz y a sus propiedades, cuando la luz incide sobre un objeto se comporta de diferentes formas según las características de este.

Los principales fenómenos que tienen lugar son: reflexión, refracción, absorción, interferencia, difracción y polarización.

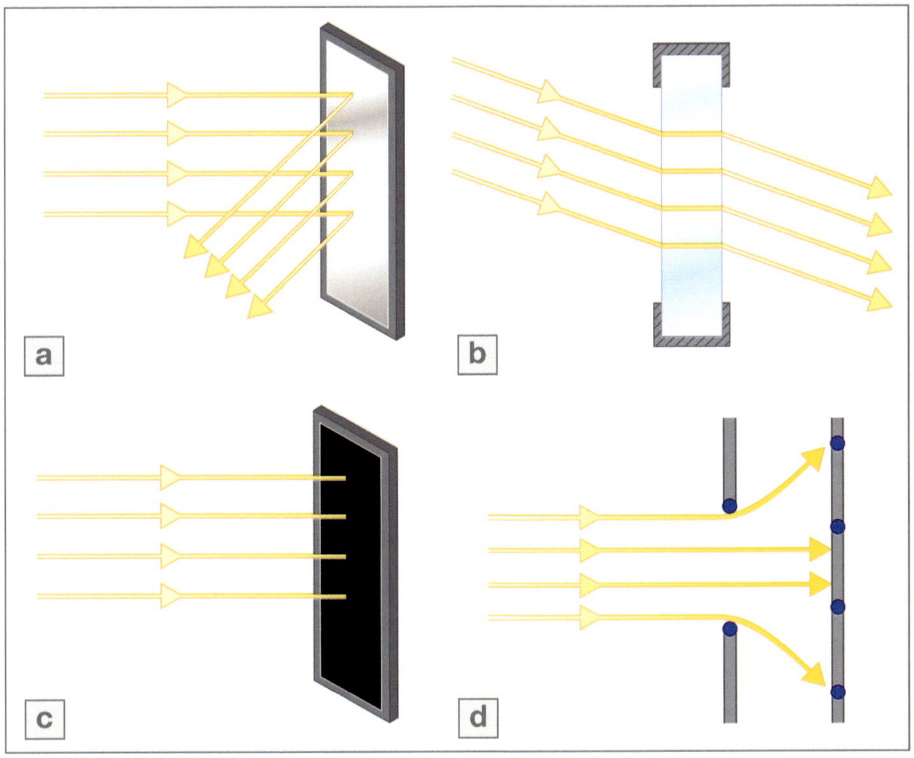

Comportamiento de la luz.
a. Reflexión.
b. Refracción.
c. Absorción.
d. Difracción.

Reflexión

Cuando los rayos de luz llegan a un cuerpo, a través del cual no pueden seguir propagándose, se desvían en otra dirección, o sea, se reflejan, y lo hacen de diversas maneras en función del tipo de superficie sobre la que inciden, dando lugar a los siguientes tipos de reflexión:

- Especular. Sobre una superficie pulimentada, como en un espejo, la luz retorna con el mismo ángulo con el que llegó.
- Difusa. Sobre una superficie rugosa, la luz que llega en una sola dirección es reflejada por las partículas que tienen diferentes inclinaciones en infinidad de direcciones.
- Semiespecular. Sobre una superficie lisa mate, la luz es reflejada con un ángulo ligeramente distinto al de incidencia, dando lugar a una reflexión intermedia especular y difusa.
- Acromática/cromática. Si se reflejan por igual todas las longitudes de onda de la luz que incide en la superficie, la reflexión será acromática; si por el contrario la reflexión afecta de manera distinta a unas longitudes de onda que a otras, la reflexión será cromática y la superficie se verá coloreada.

Refracción

Si la luz pasa de un medio de propagación a otro con una densidad distinta experimenta un cambio en su velocidad, y si el rayo de luz que incide no es perpendicular al nuevo medio también se produce un cambio en la dirección de su trayectoria.

EL COLOR DEL CIELO

El color del cielo es azul como resultado de la interacción de la luz del sol con la atmósfera. Por el calor del sol, el agua del mar se evapora y queda suspendida en la atmósfera, el rayo de sol pasa por esas gotas en suspensión que funcionan como un prisma, y por efecto de la refracción se descompone la luz en los colores del arco iris. Las longitudes de ondas más cortas se separan más, son las correspondientes a los azules, y por eso el cielo es azul.

- Gracias al fenómeno de la reflexión de la luz podemos ver cualquier objeto que no emita luz propia.
- El fenómeno de la refracción posibilita la formación de las imágenes en el ojo, en una cámara de fotos, etc. El rayo luminoso tiene que atravesar los elementos transparentes del ojo hasta llegar a la retina o las lentes de los objetivos en dirección a los dispositivos de captación de la imagen.
- El conocimiento de la interferencia de ondas luminosas se aprovecha para aumentar el poder de transmisión de los objetivos fotográficos mediante recubrimientos especiales.
- Los pigmentos que se utilizan en las pinturas se basan en la absorción, por descarte reflejan los rayos de luz que no son absorbidos. Casi podríamos decir que están hechos del color que absorben y sin embargo su color es el que reflejan y, por tanto, el que vemos.
- La polarización de la luz sirve también para saturar los colores. Debemos tenerlo en cuenta al aplicar los pigmentos sobre la piel ya que aumentará la pureza del color y se verá distinto si se utilizan filtros polarizadores en la captación de imágenes.

Absorción

Los rayos luminosos que no son reflejados ni transmitidos por una superficie, resultan absorbidos por esta y transforman su energía luminosa en otro tipo de energía. Los objetos en función de la absorción de la luz pueden ser:

- Transparentes: absorben poca luz visible, transmiten los rayos de luz de forma ordenada, pueden ser selectivos con las longitudes de onda y absorber algunas y transmitir otras; son elementos como el vidrio, el agua, etc.
- Translúcidos: transmiten los rayos de luz pero de manera desordenada en todas las direcciones.
- Opacos: reflejan o absorben toda la luz que les llega pero no la transmiten; si son blancos reflejan, si son negros absorben.

Interferencia

Ocurre cuando dos o más rayos luminosos de igual longitud de onda se superponen, puede entonces ocurrir que se anulen o que se intensifiquen: interferencia destructiva y constructiva respectivamente.

Difracción

Los rayos luminosos en su desplazamiento rectilíneo si pasan próximos a un borde opaco se ven desviados debido a la naturaleza ondulatoria de la luz. La difracción es mayor para las longitudes de onda más largas. Se tendrá presente en la toma de imágenes al poner diafragmas cerrados en los objetivos ya que afecta de forma negativa a la nitidez de la imagen.

Polarización

Es el fenómeno por el cual las vibraciones de un rayo luminoso (que se producen en todos los planos según su dirección de propagación) se hacen pasar por un solo plano eliminando los demás. Este fenómeno tiene innumerables aplicaciones, pues elimina reflejos de superficies que no sean metálicas y posibilita ver lo que hay al otro lado.

3. EL OJO Y LA VISIÓN

La vista es uno de sentidos más valiosos, pues a través de ella se conocen las formas, los colores, las texturas, se calculan las distancias y se aprecia la realidad de forma tridimensional. Aproximadamente el 85% de la información del entorno llega a través del sentido de la vista (y aproximadamente el 94% de toda la información se recibe a través de los sentidos de la vista y el oído, por lo tanto, es audiovisual).

El ojo es el órgano encargado de la visión, recibe las ondas electromagnéticas de la luz y las traduce en impulsos nerviosos que luego envía a través del nervio óptico.

Los ojos se encuentran separados por unos 6 cm, cada uno posee su propio punto de vista, el cerebro establece una correlación entre la información suministrada por uno y otro ojo y forma una única imagen tridimensional.

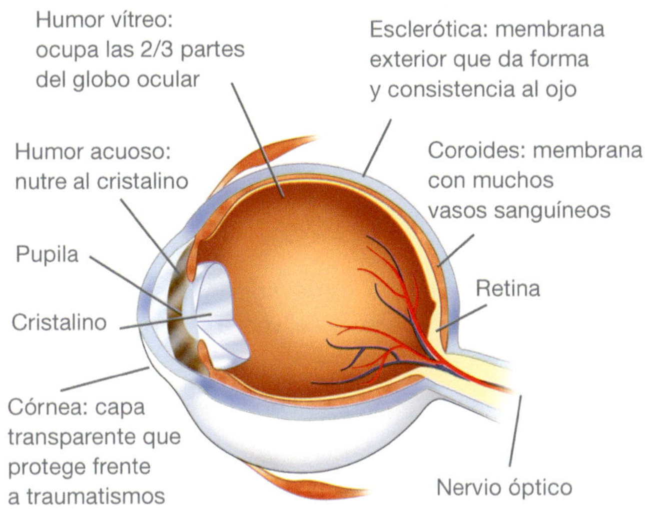

Partes del ojo.

Si miramos un cielo azul y sereno o si de noche fijamos la mirada en una habitación oscura al tiempo que movemos lentamente una bombilla que proyecta luz ante nuestros ojos, observaremos unas sombras que se mueven en el interior del ojo, como moscas, que son en realidad las sombras de los glóbulos blancos.

Alcanza su máxima sensibilidad para longitudes de onda de unos 555 nm en buenas condiciones de iluminación, para un color verde amarillento, y en condiciones de poca luz para un color verde azulado, longitudes de onda más cortas, de 510 nm.

Los rayos luminosos procedentes de los objetos llegan a la córnea, y a través de la pupila atraviesan el cristalino; este proyecta una imagen nítida, invertida y de menor tamaño sobre la retina, que es enviada al cerebro por el nervio óptico para que sea reconocida e interpretada, dando lugar a con ello al fenómeno de la percepción visual.

4. EL COLOR

El color es la sensación fisiológica producida en el ojo por las radiaciones luminosas. Sea tratado en términos filosóficos, científicos o artísticos, acaba siendo nombrado siempre como una cualidad cromática de la visión, englobando así tanto al color luz como al color pigmento.

- Existe una gran analogía entre el funcionamiento del ojo y el de una cámara fotográfica o de vídeo, al fin y al cabo, ambos son sistemas de captación de luz y formación de imágenes.
- En realidad quien «ve» no es el ojo sino el cerebro; la imagen que llega a la retina está invertida, el cerebro se encarga de darle la vuelta e interpretarla.

4.1. Características del color

Las características que definen un color son tres:

- Tono (dominante) o matiz. Da el nombre al color: verde, amarillo, rojo.
- Saturación o croma. Es la pureza de color, cuanto más presencia de blanco, menor saturación.
- Brillo o valor. Es la intensidad lumínica, la luminosidad, alude a la claridad u oscuridad de un tono.

Los objetos son incoloros, la materia tiene la propiedad de absorber determinadas longitudes de onda de la luz visible y reflejar otras.

El mecanismo de mezcla y producción de colores producido por la reflexión de la luz sobre un cuerpo no es el mismo que el de la obtención de colores por mezcla directa de rayos de luz.

Un objeto iluminado por luz blanca (compuesta por tres colores básicos: rojo, verde y azul) será visto de color rojo porque absorbe las longitudes de onda de los colores azul y verde y refleja las otras radiaciones, que el ojo interpreta como rojo.

La parte del ojo en la que se forma la imagen se denomina *retina* y está recubierta por células fotosensibles, capaces de discriminar las longitudes de onda correspondientes al azul, al verde y al rojo. A través del nervio óptico esta información llega al cerebro y las posibles combinaciones de estos tres colores sintetizan la sensación de todos los demás.

Si se ve el color rojo es porque se ha excitado el elemento sensible al rojo, si se ve el color amarillo es porque se han excitado a la vez el verde y el rojo. La explicación a este fenómeno se encuentra en la síntesis del color.

4.2. Síntesis aditiva y sustractiva

La síntesis de color hace referencia a la formación de unos colores nuevos a partir de otros dados. Se produce mediante dos sistemas: la síntesis aditiva y la síntesis sustractiva.

Síntesis aditiva

Para la síntesis aditiva se habla del color como *color luz*. En este caso, los colores primarios aditivos, o sea, los colores a partir de los cuales se pueden formar los demás son el rojo, el verde y el azul.

La mezcla de las tres luces con igual grado de intensidad produce luz blanca.

Las mezclas de luces dos a dos producen los colores secundarios.

Luz roja + luz verde = luz amarilla

Luz roja + luz azul = luz magenta

Luz azul + luz verde = luz cian

Amarillo, magenta y cian son, respectivamente, colores complementarios del color que falta en su composición para ser luz blanca. De este modo:

El amarillo es complementario del azul

El magenta es complementario del verde

El cian es complementario del rojo

Síntesis sustractiva

Casi todos los objetos deben su color a los pigmentos o pinturas, que absorben determinadas longitudes de onda de la luz blanca y reflejan el resto, de manera que lo que llega al ojo es el conjunto de longitudes de onda que han sido reflejadas y son estas las que producen la sensación de color, que se denomina *color pigmento.*

Los colores pigmento que absorben la luz de los colores primarios aditivos se llaman colores primarios sustractivos. Estos son el amarillo, el magenta y el cian.

Partiendo de una superficie blanca, los colores aplicados funcionan como filtros que dejan pasar solo su color. La aplicación de los tres colores sobre una superficie blanca no permitirá que se vea ningún color y el resultado será negro.

Si aplicamos los colores dos a dos, por sustracción obtendremos los siguientes:

4.3. Aspectos psicoperceptivos del color

En la percepción visual se da una discrepancia entre el hecho físico y el hecho psicológico. Algunos aspectos curiosos son:

- Las diferencias de tono entre dos áreas coloreadas disminuyen al disminuir sus tamaños respectivos.
- Como consecuencia de lo anterior, cuando una superficie aumenta, aumenta también su valor aparente y de una manera más importante en los tonos oscuros.
- El sistema visual humano es más sensible a pequeñas variaciones de luminosidad que de tono o matiz.
- Si dos zonas con colores muy similares son adyacentes, la diferencia de tonos será claramente visible, mientras que si están separadas por otro color ambos colores parecerán iguales.
- La percepción de un color varía sustancialmente dependiendo del fondo o del color que lo rodee. Es lo que se denomina *contraste simultáneo.* Dos colores idénticos se verán diferentes si están rodeados de colores distintos. El brillo de un color aumenta si su fondo es menos brillante y su tono y su saturación se purifican cuando el fondo se desplaza hacia el color complementario. Y las figuras tienden a agrisarse cuando se las rodea de colores muy parecidos a ellas.

Cuando se contrastan dos colores complementarios, cada uno de ellos aumenta su intensidad luminosa y su color.

LA MEMORIA VISUAL

Nuestra memoria visual es mucho más pobre que nuestra memoria auditiva, a menudo recordamos una canción con solo haberla escuchado una vez y, sin embargo, nos resulta casi imposible recordar un color con exactitud aunque lo hayamos visto cientos de veces. Nuestro vocabulario en relación con el color se limita a unos treinta nombres a pesar de que existen innumerables tonos y matices.

- La percepción de un color varía cuando en función del color que se acaba de ver inmediatamente antes. Este fenómeno se denomina contraste sucesivo. Igual que en el caso anterior, pero examinando un color a continuación de otro. Si se mira un color y después su complementario, este parecerá mucho más saturado que en condiciones normales. La luz del día parece mucho más azul al salir de un interior iluminado con luz amarilla.
- Cuando dos colores que son visualmente idénticos para unas determinadas condiciones de luz, aparecen distintos al variar su iluminante, se dice que son colores metámeros.
- La asociación de sentimientos con los colores es un hecho y se interpreta de forma distinta en cada cultura.

- Las pantallas de televisión forman los diferentes colores mediante síntesis aditiva.
- Las impresoras de tinta forman los colores mediante síntesis sustractiva sobre el papel.
- Cuando se ilumina una escena con luz coloreada, los pigmentos aplicados en las caracterizaciones no se verán igual que bajo la luz blanca.
- Es esencial que el profesional del maquillaje tenga un amplio control sobre la percepción del color porque los modernos materiales fotográficos y de vídeo son muy sensibles a los matices de la base tonal de los colores piel.
- Cuando realizamos maquillajes o pinturas corporales, hacemos uso de los colores pigmento y es de aplicación la síntesis sustractiva.

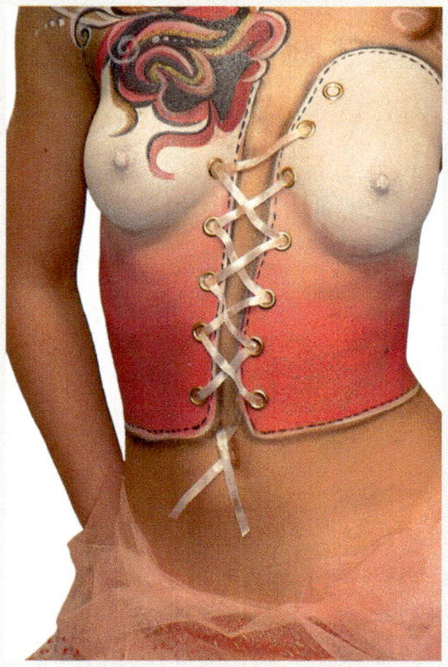

5. EL SONIDO

El aire es el medio transmisor más común del sonido.

El sonido es un tipo de onda mecánica que se produce por la vibración de un cuerpo en el aire o en cualquier otro medio elástico. Cuando un cuerpo vibra, transmite su movimiento alrededor y se va propagando sucesivamente como un efecto dominó.

Las ondas producen variaciones de presión y el cerebro, a través del oído, genera la sensación fisiológica de sonido.

Para que se produzca un sonido deben existir dos factores: una fuente que lo emita y un medio por el que se propague.

Las ondas sonoras presentan varias características:

- Se propagan desde la fuente en todas direcciones.
- Pueden entrecruzarse en un punto sin modificarse unas a otras.
- Su velocidad de propagación en un medio no depende de las características de la onda o de la fuerza que la genera, sino del propio medio por el que se desplaza. Esta velocidad es mayor en los sólidos que en los líquidos, y en estos es mayor que en los gases.

5.1. Fenómenos físicos que afectan a su propagación

La propagación del sonido se ve afectada por los siguientes fenómenos físicos:

- Reflexión y refracción. Cuando una onda de sonido se encuentra en su propagación con un medio distinto ocurren dos fenómenos diferentes:
  - Reflexión: parte de la onda retrocede hacia el medio del que procede.
  - Refracción: parte de la onda pasa al nuevo medio y continúa su propagación por él a la vez que experimenta un cambio en su trayectoria y en su velocidad.
- Difracción. Fenómeno mediante el cual las ondas de sonido son capaces de propagarse a través de pequeños orificios y bordear obstáculos. Los longitudes de onda del sonido audible miden entre 3 y 12 cm, son grandes comparadas con los obstáculos y aberturas que tienen que sortear y la difracción posibilita su propagación.

VELOCIDAD DEL SONIDO

Las velocidades propias del sonido son:

340 m/s en el aire a 20 °C.

1.600 m/s en el agua.

6.000 m/s en el acero.

5.2. Cualidades del sonido

Cualquier sonido puede ser descrito mediante sus cualidades: intensidad, duración, tono y timbre.

- Intensidad. Es el volumen, está determinado por la cantidad de energía de la onda, considerando así los sonidos como fuertes y débiles. También recibe el nombre de amplitud. Su medida es el decibelio (db). Los sonidos que se perciben deben superar el umbral auditivo (0 db) y no sobrepasar el umbral de dolor (140 db). Se miden con un instrumento denominado sonómetro.
- Duración. Es el tiempo que permanece el sonido; así se pueden clasificar los sonidos en largos, cortos, muy cortos, etc.
- Tono. También llamado altura, depende de la frecuencia de vibración; su medida es el ciclo por segundo o hercio (Hz). Según el tono, los sonidos se clasifican como: graves (bajas frecuencias), medios (frecuencias medias) y agudos (altas frecuencias). El oído humano puede percibir sonidos comprendidos entre 20 Hz y 20.000 Hz, por debajo y por encima se encuentran los infrasonidos y los ultrasonidos, respectivamente.
- Timbre. Permite distinguir la fuente que lo origina debido a la diferente vibración que producen unos y otros materiales. Debido al timbre se pueden diferenciar unos instrumentos musicales de otros aun cuando estos tengan el mismo tono e intensidad.

EL ECO

El fenómeno físico de la reflexión del sonido explica por qué se produce el eco: para ello es necesario que el observador esté separado de la superficie de reflexión al menos 17 metros. Percibimos 2 sonidos como diferentes cuando entre ambos transcurren al menos 0,1 segundos.
(17m = 340m/s x 0,1s/2)

EL EFECTO DOPPLER

Cuando oímos la sirena de un vehículo de emergencias, el sonido emitido es más grave cuando se está aproximando a nosotros que cuando se aleja. Este efecto se conoce como efecto Doppler, y fue descubierto por Christian Andreas Doppler en 1842. Se produce por la emisión de una onda por parte de un objeto en movimiento.

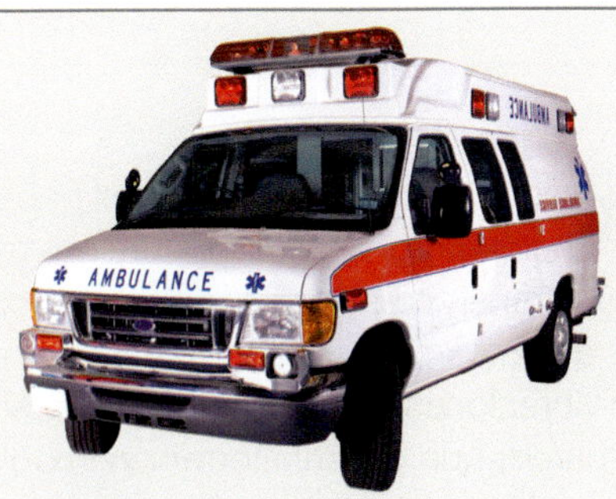

• Una onda mecánica es un tipo de perturbación que se propaga a través de un medio elástico (medio capaz de volver a su estado cuando la onda ha pasado) transportando su energía pero sin transporte de materia.

• Una conversación normal tiene una intensidad de unos 65 db, un susurro 10 db y el sonido de las olas del mar 40 db.

• El sonido más grave de una guitarra tiene una frecuencia de 82, 4 Hz y el más agudo de 689,5 Hz.

• La banda sonora de una película está compuesta por cuatro grandes tipos de sonidos: la palabra, los ruidos, la música y el silencio.

• En las salas de conciertos se sitúan pantallas reflectoras detrás de la orquesta y en el techo para dirigir el sonido hacia el auditorio, aprovechando la propiedad del sonido de la reflexión.

• Si en una sala hay muchas superficies que reflejan el sonido, es difícil entender lo que se dice; para facilitar la audición se colocan materiales absorbentes en paredes y techos.

• El fenómeno de la difracción nos permite escuchar la música de un concierto aunque la persona que esté sentada delante nos impida ver a los intérpretes.

6. EL OÍDO Y LA AUDICIÓN

Es uno de los cinco sentidos del sistema sensorial, capta las vibraciones de los sonidos, las transforma en impulsos nerviosos y envía las señales al cerebro, donde serán interpretadas.

El oído no solo cumple la función de «micrófono», capaz de captar el sonido, sino que además detecta la dirección del movimiento y la posición.

En número de dos y situados a ambos lados del cráneo, los oídos se componen de las siguientes partes: oído externo, oído medio y oído interno.

- Oído externo. Es la parte visible, está formado por el pabellón auricular (oreja) y el conducto auditivo. Su función es reunir las ondas sonoras y encaminarlas hacia el oído medio.
- Oído medio. Formado por un conjunto de cavidades llenas de aire, está separado del oído externo por el tímpano, que es una membrana que cubre la abertura interna del conducto. Dentro de esta cavidad se encuentran tres huesecillos: martillo, yunque y estribo; este conecta con el oído interno.
- Oído interno. Sus componentes se encuentran en el interior de una cavidad del hueso temporal. Las piezas que lo componen forman unos conductos membranosos por cuyo interior circula un líquido llamado endolinfa. La complejidad de sus estructuras hace que reciban el nombre de laberinto, donde se pueden distinguir tres partes: vestíbulo, conductos semicirculares y caracol.

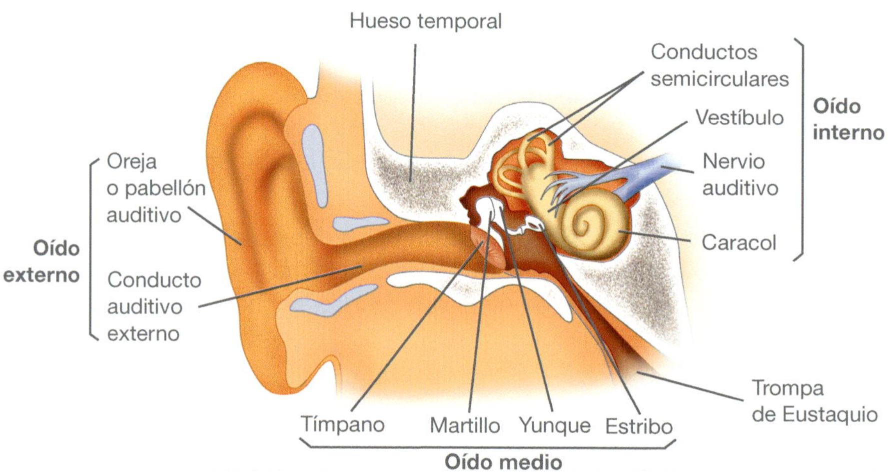

Las ondas sonoras entran por el pabellón auditivo y llegan al tímpano a través del conducto auditivo. Por su naturaleza membranosa, el tímpano vibra al recibir las ondas y transmite estas vibraciones a los huesecillos del oído medio. Los movimientos de estos huesecillos traspasan el estímulo al oído interno y, al llegar al caracol, las vibraciones se transmiten por la endolinfa a las células receptoras situadas en su pared, que las transforma en impulsos nerviosos. Estos llegan a través del nervio auditivo.

PARA RECORDAR

- La luz constituye el denominado espectro visible y es una pequeña franja dentro de todo el espectro electromagnético.
- La luz puede salvar el vacío, pero el sonido necesita un medio por el cual propagarse.
- Las peculiares respuestas de la luz en su interacción con la materia posibilitan los procesos audiovisuales: reflexión, refracción, difracción, absorción-transmisión, interferencia y polarización, y deben ser tenidos muy en cuenta en la aplicación de pigmentos para caracterización.
- Los objetos son incoloros, la materia tiene la propiedad de absorber determinadas longitudes de onda de la luz visible y reflejar otras; el color correspondiente a la longitud de onda reflejada es el que vemos.
- Un color se define por su tono, saturación y brillo.
- La síntesis de color se refiere a la formación de unos colores nuevos a partir de otros dados. Son dos los sistemas utilizados: la síntesis aditiva y la síntesis sustractiva.
- En la síntesis aditiva se parte de fuentes de luz independientes que se suman.
- En la síntesis sustractiva se realiza un filtraje sobre una única fuente de luz.
- El color es un fenómeno subjetivo que varía en función de múltiples variables; una cosa es el hecho físico y otra la percepción psicológica del mismo.
- El sonido es un tipo de onda mecánica que se produce por la vibración de un cuerpo en el aire o en cualquier otro medio elástico.
- Un sonido se define por su intensidad, duración, tono y timbre.

Actividades

Repasa

1. ¿Qué dos parámetros nos ayudan a situar la luz dentro del espectro electromagnético?
2. La lente del ojo se denomina:
   • pupila • retina • cristalino
3. ¿Qué elemento sobra de esta lista?
   • tímpano • retina • caracol • martillo
4. ¿A qué color corresponden las longitudes de onda más cortas de la luz? ¿Y las más largas?
5. ¿De qué color veremos un tomate rojo si lo iluminamos con luz verde?
6. ¿Cuáles son los colores complementarios del rojo, del verde y del azul?
7. ¿Cuál es la función del tímpano?
8. ¿Cuál es la velocidad de propagación del sonido en el vacío?
9. Cita el nombre de las cualidades del sonido.
10. ¿Qué cualidad hace posible que diferenciemos dos instrumentos musicales por su sonido?
11. Si hablamos de sonidos graves y agudos nos estamos refiriendo al ___________
12. ¿Qué cualidad del sonido se mide en decibelios (db)?
13. Cita una aplicación de la polarización de la luz.

Practica

1. Analogía entre el ojo y una cámara de fotos. Busca información sobre el funcionamiento de una cámara de fotos y, a la vista del dibujo del ojo, relaciona cada una de sus partes con las de la cámara.
2. Recorta un rectángulo de cartulina de color rojo y sitúalo sobre diferentes fondos de cartulinas de colores vivos, observa cómo la percepción de este color varía en función de los fondos.
3. Presta atención al sonido en la próxima película que veas, identifica los diálogos, la música, los sonidos de los objetos reales, como pisadas, puertas, lluvia, y también los que no se corresponden con la escena, como latidos.

Índice de contenidos

Qué vas a aprender...

- Las características fundamentales de la iluminación en audiovisuales y espectáculos y su influencia en los procesos de caracterización.
- Los tipos de fuentes de iluminación más habituales: la luz natural y las lámparas de luz artificial.
- Las relaciones que se establecen entre las diferentes luces y su ubicación en un esquema de iluminación.
- La aplicación de filtrajes variados en los objetivos de cámara y en las luminarias, y sus usos más frecuentes.

Para qué te va a servir...

- Para explicar las repercusiones que las características de la luz tienen sobre el maquillaje y la caracterización.
- Para poder identificar las fuentes de iluminación más habituales.
- Para afrontar un proceso de caracterización conociendo de antemano el tipo de iluminación que se va a utilizar.
- Para saber cómo afectará al maquillaje y la caracterización el uso de filtros.

Qué vas a necesitar...

- Una conexión a internet en un ordenador.
- Un DVD o vídeo y un aparato de televisión.
- El vídeo o DVD *Amar el cine: Cinta VII,* «Estética cinematográfica», del Ministerio de Educación y Ciencia.
- Películas: *El Sur,* de Víctor Erice, *y Lucía y el sexo,* de Julio Médem.

1. LA ILUMINACIÓN

Disposición de luces para rodaje en un plató.

La iluminación es elemento base de la puesta en escena de cualquier producto audiovisual, contribuye a crear un ambiente e influye directamente sobre la decoración, el vestuario, el maquillaje, la caracterización de los personajes y, en definitiva, sobre todos los elementos expresivos del proceso de creación audiovisual.

Es la medida en la que la luz llega a una superficie y puede definirse como «el arte de crear sombras». Es importante la carencia parcial de iluminación; el reparto entre luces y sombras es fundamental en la composición de cada plano.

- Desde un punto de vista técnico debe ser:
  - Suficiente para poder ver la escena o para poder registrarla con una cámara.
  - Controlable en sus parámetros de calidad, cantidad, etc., para obtener un resultado óptimo.
- Desde un punto de vista artístico debe posibilitar:
  - La creación de una realidad tridimensional sobre un soporte de tan solo dos dimensiones: formas, volúmenes y texturas, tamaños, distancias.
  - La conducción de la atención del espectador, destacando de un sujeto sus rasgos más favorecedores y ocultando otros mediante el empleo de la sombra y la luz, además de jerarquizar a los personajes haciendo brillar a los más destacables.
  - La instrumentalización dramática. La influencia sobre las interpretaciones y sentimientos del espectador al generar una disposición en el ánimo y ambiente en que se mueve el personaje.

La iluminación escénica no es estática, los cambios de luz juegan un papel importante y evidencian cambios de decorados, lugares, sentimientos; se mueven en torno a los sujetos, dinamizando la puesta en escena de un espacio que es inamoviblemente fijo.

En el cine la iluminación, generalmente, tiende a dar sensación de naturalidad, es tan permanente o cambiante como lo sería en el propio espacio real al que representa.

• Alrededor de 1920, con el expresionismo alemán, la estética de las películas trata de reflejar el estado de ánimo de los personajes, imponiendo una interpretación subjetiva del mundo que se quiere transmitir. Los decorados tenían mucha importancia. Se pintaban en ellos, con gran contraste, las luces y las sombras que conferían al ambiente un gran valor simbólico. Curiosamente esto tuvo su origen en las restricciones de electricidad que sufrió Alemania en la posguerra.

Las características de la iluminación moldean el espacio y crean una atmósfera propia para cada situación.

2. CARACTERÍSTICAS

Las características de la iluminación son: calidad, dirección, temperatura de color e intensidad. Permiten controlar y modificar la apariencia de las cosas y con ello las posibilidades creativas y dramáticas de cualquier producto audiovisual.

Una luz dura ensombrece el rostro y lo endurece.

2.1. Calidad de la luz

Hablar de la calidad de la luz, en términos técnicos, es hablar de luz suave y luz dura.

- Se denomina **luz dura** a la que procede de una fuente de luz que proporciona sombras bien definidas y mucho contraste. Destaca las texturas o relieves y ocasiona sombras múltiples cuando se usan varias fuentes de luz a la vez.

  Es el caso de la luz directa del sol con un cielo despejado.
- Se denomina **luz suave** a la que procede de una fuente de iluminación de amplia cobertura. Permite gradaciones tonales intermedias sin contraste, no provoca sombras ni destaca formas ni relieves.

  Es el caso de un cielo nublado en el que los rayos de luz se dispersan, y se dirigen en todas las direcciones.

Una calidad de luz intermedia será la correspondiente a la luz semidifusa, proporciona una zona de *penumbra* que sirve de transición entre luces y sombras que hace que estas no tengan los bordes tan nítidos.

Se puede conseguir que una fuente de luz dura se suavice utilizando delante del foco un tamiz que difunda los rayos o bien reflejando los rayos luminosos sobre una superficie difusora que cambie su dureza original, en cualquier caso se reduce también su intensidad.

Estos dos tipos de luz se usan solos o combinados en función de las necesidades de la escena. Para el caso de maquillaje y caracterización una iluminación suave disimulará imperfecciones de la piel, líneas, manchas y arrugas; es, pues, adecuada para conseguir un efecto de *glamour*. Si lo que se pretende es potenciar los ángulos y aristas, una iluminación dura perfilará los contornos y exagerará los rasgos del sujeto.

2.2. Intensidad

Es la cantidad de luz que emite una fuente luminosa, y su conocimiento es importante para saber si será suficiente en la iluminación de la escena (en representaciones escénicas y espectáculos) o para su registro (de cine o de vídeo), así como para establecer relaciones entre los distintos iluminantes.

Se mide en lux, cuando se tiene en cuenta la superficie que ilumina. Algunas intensidades típicas son:

- Luz del sol en un día despejado: de 10.000 a 30.000 lux.
- Oficina con luz brillante: 400 lux.
- Iluminación de estudio de televisión: 1.750 lux.
- Luz de luna: 0,01 lux.

La diferencia de intensidades entre dos fuentes de luz se llama relación de intensidades y afectará a la manera en que se apreciará la forma y superficie del sujeto, así como al ambiente de la escena. Las relaciones altas, con grandes diferencias entre luces y sombras, son más efectistas y dramáticas.

Como instrumento de medida de la intensidad de la luz se utiliza el *fotómetro,* importante para conseguir una iluminación equilibrada de la escena y evitar que existan áreas demasiado oscuras o demasiado claras en las que se puedan perder los detalles, además ayuda a usar la luz de forma creativa y destacar con ello el centro de interés de la composición.

Fotómetro.

La intensidad de la luz se puede ajustar:

- Colocando difusores o reflectores en la trayectoria de la luz.
- Ajustando el haz luminoso mediante dispositivos incorporados en las lámparas que estrechan o expanden los rayos de luz.
- Por medios electrónicos, *dimers* (atenuadores), que reducen el voltaje de las fuentes de luz reduciendo así su intensidad.
- Variando la distancia entre el iluminante y el sujeto iluminado.

Se tiende a pensar que, al separar una fuente de luz al doble de distancia, la cantidad de luz que llega al objeto será la mitad de intensa, pero en realidad es cuatro veces menos. Esto lo demuestra la ley del cuadrado inverso, según la cual: «Cuando una superficie está iluminada por una fuente de luz puntual, la intensidad de la iluminación es inversamente proporcional al cuadrado de la distancia respecto al foco de luz.»

2.3. Temperatura de color

Hace referencia al color que predomina en una fuente de iluminación.

Se habla de luces frías al referirse a tonalidades azules y verdes y de luces cálidas cuando su color tiende más a tonos rojizos.

Para poder definirla conviene remitirse a un experimento de laboratorio en el que al calentar un *cuerpo negro* (cuerpo teórico, capaz de ser un absorbente total de la energía que incide sobre él y, a la vez, comportarse como un radiador perfecto de la energía que en él se genere) va emitiendo luz de colores distintos a medida que sube la temperatura. Cuanto más alta es la temperatura, las radiaciones emitidas presentan menor longitud de onda, son más azules, y al descender la temperatura, las longitudes de onda emitidas son menores y su color es más rojizo.

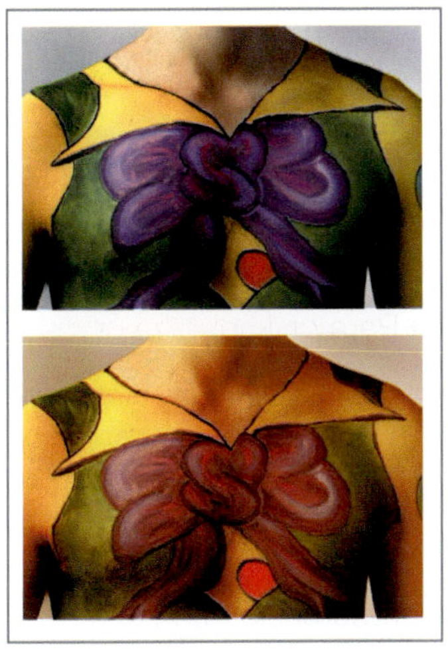
Variación de los colores según la iluminación.

a. Corporal iluminada con luz de temperatura de color alta.

b. Con luz de temperatura de color baja.

La temperatura de color es aquella a la que hay que elevar el **cuerpo negro** para que emita un determinado color. Esta temperatura se expresa en kelvin (K), su valor relacionado con los grados Celsius es de 0 °C = –273 K.

Algunos ejemplos de temperaturas de color:

- Luz de una cerilla: 1.700 K.
- Luz de una vela: 1.850 K.
- Luz de incandescente (iluminación doméstica): 2.800 K.
- Fluorescente: 4.500 K.
- Luz día y *flash* electrónico: 5.500 K.

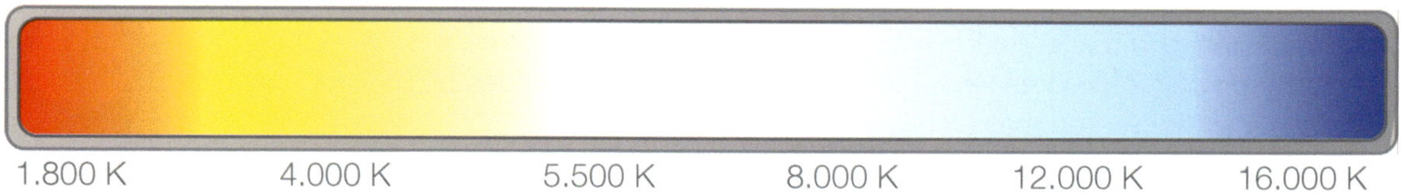

La luz puede ser de cualquier color entre el rojo y el azul, pero hay dos temperaturas de color predominantes que serán las más usadas en las lámparas 5.500 K, llamada luz día, y 3.200 K, luz de incandescencia.

El color de la luz tiene una repercusión psicológica sobre el espectador, hace más creíble lo que ve, pero también le predispone para una determinada sensación o sentimiento.

2.4. Dirección de la luz

Teniendo en cuenta el punto de vista de la cámara y la colocación de la fuente luminosa respecto al motivo, se pueden establecer los siguientes tipos de luz: frontal, lateral, contraluz, cenital y contrapicada.

- Frontal: situada desde el punto de vista de cámara y en dirección al motivo. Proyecta sombras detrás del objeto o sujeto, por lo que le confiere un aspecto plano y carente de volumen, pero también disimula las faltas del rostro. Se utiliza en reportaje de vídeo y pocas veces en cine.
- Lateral: colocada a uno de los lados de la cámara. Proyecta sombras laterales que modelan los rasgos del sujeto y le proporcionan tridimensionalidad y volumen destacando las texturas. No suele ser favorecedora pero imprime carácter.

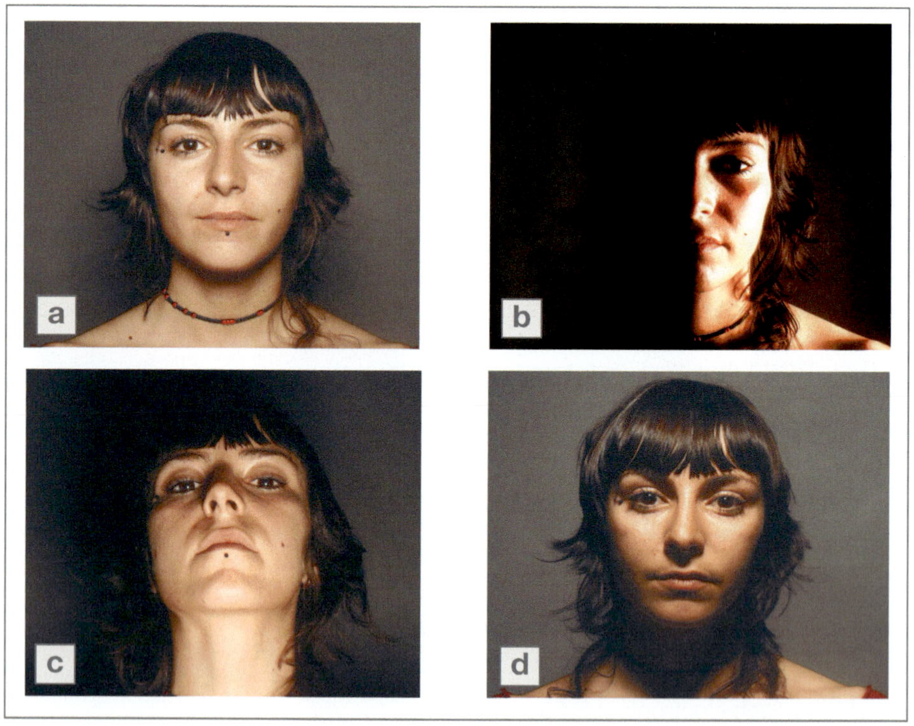

Cuatro ejemplos del valor expresivo de la iluminación:
a. Luz frontal.
b. Luz lateral.
c. Contrapicada.
d. Cenital.

- Contraluz: ubicada en el lado opuesto al de la cámara por detrás del motivo, puede servir para separar al sujeto del fondo, contrastarlo o crear una silueta.
- Cenital. Se sitúa la luz por encima del motivo, confiere un aspecto normal al estar acostumbrados a la posición de la luz del sol y de las lámparas de las casas, que suelen estar situadas en el techo.
- Contrapicada por debajo del motivo. Proyecta sombras hacia arriba que deforman los rasgos de los personajes, produce un sentimiento de inquietud y maldad en el rostro.
- Equilibrada.

En el rostro humano la luz ejerce una gran influencia. La luz se convierte en la gran aliada de los expertos en maquillaje y caracterización para recrear el rostro y la expresión que mejor conviene a la línea expresiva y dramática de la película, programa, espectáculo, etc. La relación que se establece entre la iluminación y el trabajo de caracterización se recoge en el cuadro siguiente.

Tipo de luz	Caracterización
Frontal	Se debe aumentar el modelado del rostro, usando la técnica del claroscuro.
Lateral	Para la elección de colores y texturas, solo hay que tener en cuenta la intensidad y la calidad de luz recibida en el lateral iluminado.
Contraluz	Estará en función de si el contraluz está suavizado por una luz de ambiente o de relleno de baja/alta intensidad.
Cenital	Potencia el efecto de deformación o reafirmación, o bien suaviza equilibrando la luminosidad de las distintas zonas.
Contrapicada	Potencia el efecto que se requiera, según se trate de género fantástico, de terror o cualquier otro.
Equilibrada	Su efecto modelador facilita la labor del caracterizador porque incrementa la fotogenia del personaje.

Para fines prácticos habrá que:

- Conocer de antemano la iluminación que se utilizará, con especial cuidado en el uso de filtros ya que pueden verse alterados los colores del maquillaje o caracterización. El color piel debe parecer natural en relación con la hora del día u otras condiciones en las que se desenvuelve el personaje.
- Prestar atención a los colores del decorado y sus reflejos sobre vestuario y maquillaje.
- Considerar que en cine se filma con una sola cámara (normalmente) y los ángulos de iluminación, intensidades, al igual que el maquillaje o el sonido, se optimizan para un único ángulo y distancia de cámara. Sin embargo, en televisión se pueden usar 3 o 4 cámaras y la iluminación debe cubrir bien todos los ángulos, por lo que para asegurar que la luz sea uniforme, se ilumina de una manera más plana que en cine con una pérdida aparente de volumen y formas.
- La iluminación para artes escénicas es uno de los factores más importantes del espectáculo. Se controla a través de una mesa situada fuera del espacio escénico, en cuanto a intensidad, color, movimiento, etc. Actualmente el tratamiento de esa información suele ser digital, se generan espacios virtuales a través de programas informáticos y se colocan así las luminarias en función del efecto deseado.

En 1879 Thomas Alba Edison construye su primera lámpara de incandescencia y en 1880 se inaugura la primera central eléctrica.

3. FUENTES DE ILUMINACIÓN

La luz puede provenir de fuentes naturales o artificiales, y en cada caso sus características serán distintas.

3.1. Luz natural

Es intensa y hace posible la iluminación de grandes espacios sin depender de suministros eléctricos ni añadir costes de producción; sin embargo, no suele ser la más utilizada ya que es más difícil de controlar, cambia con facilidad de intensidad, calidad, dirección, temperatura de color y duración, según las estaciones del año, la hora del día, las condiciones atmosféricas, etc.

Se suele emplear controlada por accesorios de iluminación como reflectores o paraguas difusores que matizan su calidad y modifican su dirección y combinada con fuentes de luz artificial de apoyo que aminoren las grandes diferencias entre luces y sombras.

La mejor luz natural es la del amanecer o atardecer porque es más suave y menos contrastada.

3.2. Luz artificial

Permite la elección y control del tipo de luz deseada. Además de las características ya mencionadas (intensidad, temperatura de color, dirección, etc.) habrá que valorar otras como el peso de la lámpara, el tamaño, la facilidad en el manejo y montaje, la dureza, la adaptabilidad a las diversas situaciones, la posibilidad de incorporar accesorios, la duración y el precio.

La principal dificultad es la iluminación de amplios espacios por la necesidad de usar una gran potencia eléctrica y la incompatibilidad entre fuentes por su diferente temperatura de color siempre que se deseen iguales.

En la iluminación de representaciones escénicas se cuenta en principio con el equipo del propio teatro con sus corredores o galerías de iluminación, torres, puentes de iluminación, etc.

Ejemplo de luz natural y luz suave.

Ejemplo de luz artificial y luz dura.

Los aparatos de iluminación

Para la generación de luz artificial se utilizan una serie de aparatos de iluminación y de accesorios complementarios.

Como fuentes originarias de luz cabe citar las siguientes:

- Lámparas de tungsteno sobrevoltadas. Son lámparas parecidas a las de uso doméstico, con una temperatura de color entre 3.200 K y 3.400 K. Simulan el aspecto de una iluminación casera pero tienen mayor intensidad. Su vida útil es menor y con el tiempo su temperatura de color varía. A este tipo de lámparas pertenecen las *nitraphot* y *photoflood.*
- Lámparas halógenas. En ellas el filamento de tungsteno se halla encerrado en una ampolla de cuarzo o sílice rellena de gas halógeno (bromo, cloro, flúor, yodo). Brindan una iluminación clara y brillante, y quizá son las más usadas para reportajes de vídeo y pequeñas producciones.
- Lámpara de descarga de gas. Tienen una gran potencia de luz y alto rendimiento energético. Se trata de una fuente de luz de día, que posee una temperatura de color de unos 5.600 K (la media diurna) y una gran intensidad de luz, como cuatro veces más que una lámpara tungsteno halógena. A este grupo pertenecen las lámparas HMI, *Halogen Metal Iodide,* que requieren circuitos auxiliares (rectificadores de corriente continua) para su utilización.

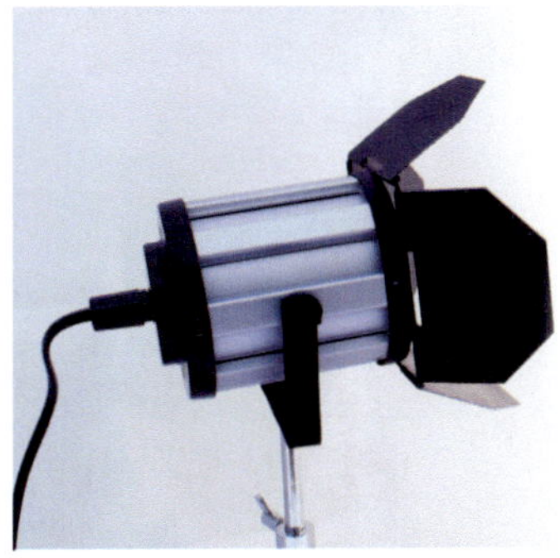

Proyector.

En cuanto a los aparatos donde se ubican estas lámparas, llamados proyectores, existen cuatro tipos de ellos:

- Proyectores de luz suave. Se trata de un tipo de proyector que proporciona una luz sin sombras y de gran intensidad.
- Proyectores de luces concentradas, que originan haces puntuales de luz de amplitud controlable. Se emplean para iluminar superficies pequeñas, proyectar sombras decorativas, manchas de luz, contraluces y efectos.
- Proyectores de efectos y motivos. Proyectan manchas de luz sobre áreas concretas y se usan para crear efectos de iluminación localizados, proyectar diapositivas o sombras bien definidas.
- Proyectores de seguimiento. Grandes proyectores de forma alargada que sirven para el seguimiento de personajes en el escenario, utilizan un haz de luz recortado de forma redondeada. Se utilizan en teatro, espectáculos y programas televisivos en los que es necesario centrar la atención sobre una persona que se mueve y dejar el resto a oscuras. Se usan a gran distancia, por lo que precisan mucha potencia, y un operador debe manejarlos ajustando su intensidad y enfoque para el encuadre.

> La verdadera revolución técnica y conceptual de la iluminación viene del teatro; entre 1900 y 1920 se empieza a poder modular la luz eléctrica con resistencias y así la iluminación empieza a formar parte de la escena. Lógicamente el cine ha sido heredero del teatro en este sentido.

4. TÉCNICA DE LA ILUMINACIÓN

Los actores no son sujetos estáticos, son cuerpos que se mueven en el espacio encuadrado por la cámara a los que la iluminación no puede ignorar.

El cine más clásico creaba una iluminación distinta en función del valor de los planos, más dramática y estética en los planos más cortos, aunque no coincidiera con la organización de la luz de encuadres más amplios que se sucedían a continuación.

• La diferencia entre la luz principal y la de relleno se expresa como relación de intensidades o relación de iluminación. Si la luz de modelado es el doble de intensa que la de relleno, la proporción será de 2:1 (usada en televisión normalmente). En cine se pueden usar relaciones más extremas, con mayores diferencias entre sí que aumentarán con ello el contraste, enfatizando las texturas y volúmenes.

• La luz de contra ayuda a marcar siluetas y a manifestar transparencias. Por ello se tendrá en consideración a la hora de incluir caracterizaciones que se puedan ver potenciadas con ella, como puede ser el caso de creación de alas o utilización de fluidos viscosos o de plástico o vidrio, etc.

• La luz de modelado debe situarse por el lado más favorecedor de la persona. Si dos personajes están sentados uno al lado del otro, se verá extraño que sus iluminaciones principales provengan de lados distintos.

El cine actual, en general, respeta la iluminación de los planos anteriores y posteriores, atendiendo a criterios de credibilidad y naturalidad, aunque a veces no se respeta y el sujeto aparece iluminado de manera distinta para cada valor de plano.

Un rostro será hermoso si está cargado de verdad y la iluminación tendrá también que estar a expensas del texto, de la voz y su entonación.

4.1. El triángulo de iluminación

Es poco frecuente que se utilice una sola fuente de iluminación, lo habitual para cualquier proyecto audiovisual es usar más de una fuente de luz. Desde el momento en que se dispone de distintas luces, entre ellas se creará una relación, unas estarán supeditadas a las otras, tendrán distinta intensidad, incluso temperatura de color y ocuparán distintas posiciones.

Luz principal

Es la luz más intensa, establece la dirección de las sombras, la forma y el detalle de los objetos, todas las demás irán subordinadas a ella. También se denomina luz clave o luz de modelado. Es importante que provenga de un solo foco para no proyectar más de una dirección de sombras.

Si en la escena hay movimiento, podrán existir sucesivas luces principales para cada punto en el que se vaya desarrollando la acción.

Suele situarse formando un ángulo entre 30º y 45º respecto al eje de cámara del sujeto. Si la grabación o rodaje es en exteriores, lo normal es que la luz del sol opere como principal, en este caso habrá que prestar atención a la altura del sol para que la iluminación no sea demasiado cenital, siendo mejor la luz de la tarde o primeras horas de la mañana.

Luces secundarias

Son todas las luces que no son la principal, su intensidad es menor, bien porque poseen menor potencia, bien porque están más alejadas del sujeto. Se distinguen las siguientes:

- Luz de relleno. Su objetivo es aclarar las sombras producidas por la luz clave y en ningún caso crear sombras nuevas. Suele ser una fuente de luz difusa que se coloca formando un ángulo de unos 45º con el eje de cámara y en el lado opuesto a la principal. Una luz de relleno bien situada proporciona una suave transición entre luces y sombras que ayuda a recrear la realidad tridimensional de la escena.
- Luz de contra. También llamada contraluz. Crea un sutil borde alrededor del sujeto y lo separa del fondo. Se sitúa por detrás del sujeto con relación a la cámara. Evidencia las transparencias y los contornos. Si se usa de forma exclusiva, sin más luces, se creará un efecto de silueta.
- Luz de fondo. Crea sensación de profundidad al separar el sujeto del fondo o de los demás elementos de la escena. La iluminación debe ser uniforme y los sujetos deben estar suficientemente lejos para no crear sombras, ni de actores ni de micrófonos en pértigas.

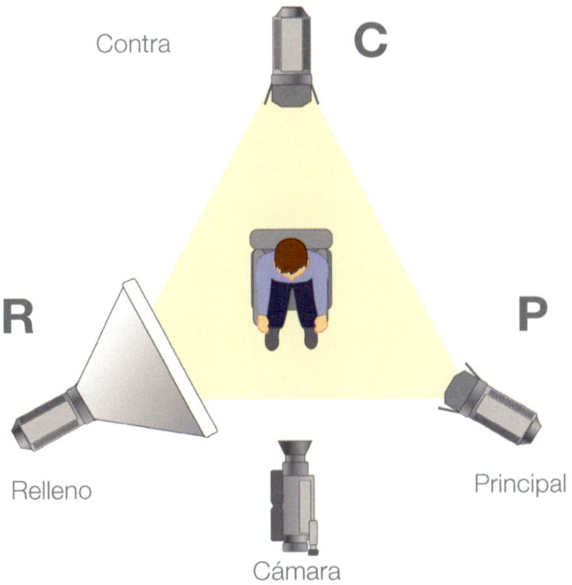

Esquema básico de la situación de las luces para una iluminación estándar.

P: luz principal.

R: luz de relleno.

C: luz de contra.

Según el tipo de iluminación que se aplique a un sujeto se puede alterar su apariencia:

- Efecto suave: minimiza las dimensiones y las formas, oculta los detalles, como por ejemplo las arrugas de una cara. Este efecto se logra:
  - Reduciendo el ángulo entre la luz principal y la de relleno.
  - Usando una calidad de luz suave.
  - Reduciendo la relación de iluminación entre las luces.
- Efecto intenso: maximiza tamaños y formas, destaca texturas, evidencia marcas de piel. El efecto interno se consigue:
  - Incrementando el ángulo entre luz modeladora y relleno.
  - Usando una fuente de luz dura como principal.
  - Aumentando el rango de contraste.

5. FILTROS

Los filtros son láminas transparentes, generalmente coloreadas, que pueden ir colocadas en la cámara de cine/vídeo o ir dispuestas en una fuente de iluminación o reflector para controlar la calidad de la luz, el color y la apariencia estética del producto audiovisual. Suelen ser de vidrio, de gelatina o de plástico, y funcionan absorbiendo ciertos componentes de la luz y dejando pasar otros.

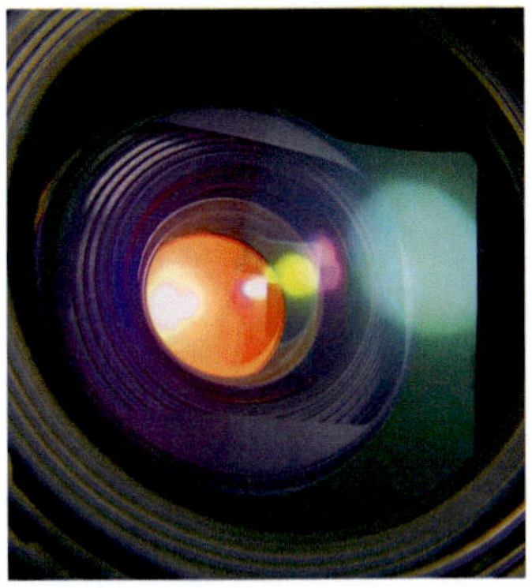

Fltro en el objetivo de la cámara.

Todas las fuentes de luz, debido a su temperatura de color, presentan una tonalidad rojiza, amarillenta o azulada. Cuando se combinan estas fuentes para iluminar es necesario equilibrar estos colores. El ojo se acomoda a la luz por costumbre y un folio blanco se sigue viendo blanco aunque se ilumine con luz amarilla; sin embargo, para las cámaras de vídeo o de cine la percepción del color es objetiva.

La luz dominante de una escena marca la referencia. Para equilibrar cromáticamente a las demás, se suele emplear tungsteno de 3.200 K o luz día de 5.500 K.

- En televisión se manejan contrastes de iluminación más limitados que en cine, normalmente se aporta una luz general para el estudio y se van superponiendo luces dirigidas.
- Para minimizar arrugas, problemas de piel y crear un efecto dulce y agradable, usaremos una relación de iluminación baja, 1:1 (plana), 2:1 (suave).
- Para destacar relieves de la piel o texturas de heridas o abultamientos en caracterización será más conveniente utilizar una relación de intensidades más alta, 4:1, 8:1. Todo ello se verá reforzado si usamos ángulos de proyección de luces laterales entre 60° y 85° aproximadamente.
- Habrá que tener en cuenta dónde están ubicadas las luces lógicas de una escena, como la luz de una ventana, para crear desde ahí la línea de iluminación.
- Si se usa película en blanco y negro, utilizar filtros de contraste en la cámara puede servir para eliminar imperfecciones de la piel, por ejemplo, en un plano cercano de un personaje que presenta marcas en la piel de color rojo, usar un filtro de su propio color «rojo» las aclarará y se notarán menos, pues servirá para embellecer su rostro.

Con los filtros en las fuentes de iluminación se genera una atmósfera en concordancia con lo que quiere transmitir la escena. La luz será dorada si se simula un amanecer, rojiza si se quiere apoyar una escena violenta o apasionada, azul para transmitir frialdad o rigor…

En algunas ocasiones la mezcla de luz natural y artificial es una solución adoptada para obtener determinado efecto artístico.

5.1. Clasificación

Hay varios tipos de filtros:

- Filtros de colores para blanco y negro. Usados con película de blanco y negro. Sirven para diferenciar niveles de grises y poder distinguir unos colores de otros. Se denominan filtros de contraste. Funcionan aclarando su color y oscureciendo el complementario.
- Filtros de colores para color. Se utilizan en vídeo y en cine. Sirven, en principio, para equilibrar el tipo de luz al tipo de película usada en cine y también para equilibrar correctamente los colores.

  Son de dos tipos:

  - De corrección. Transforman las luces frías en luces más cálidas, son de colores ámbar o anaranjado y bajan la temperatura de color, o al revés, suben la temperatura de color de la fuente y son de colores azulados.
  - De compensación. Se emplean para compensar exceso de rojo, verde, azul, amarillo, magenta o cian. Vienen definidos con las letras CC.
- Filtros especiales
  - Ultravioletas. Normalmente son incoloros o poseen un suave matiz azulado. Se usan en cámara para absorber los rayos ultravioletas y evitar que se registren como un efecto de neblina. También se utilizan como protección del objetivo frente a erosiones.
  - Filtros de densidad neutra. Absorben casi uniformemente todas las longitudes de onda, poseen un cierto matiz gris e impiden el paso de ciertas cantidades de luz. Se suelen usar para restringir la profundidad de campo (zona nítida de una imagen) consiguiendo que los fondos no distraigan y se destaque así al sujeto principal y también para reducir la intensidad de la luz que llega a la cámara.
  - Filtros polarizadores. Dejan pasar solo la luz que vibra en un determinado plano, con las aplicaciones siguientes: intensificar el azul del cielo, reducir los reflejos de las superficies no metálicas y saturar los colores.
  - Filtros suavizadores. Se utilizan para restar definición a la imagen y conseguir así eliminar o suavizar arrugas en los retratos.
  - Filtros de estrella. Producen estrellas donde hay reflejos o puntos luminosos.
  - Filtros de efecto noche. Transmiten la sensación de noche aunque la grabación se realice de día.
  - Filtros de efecto niebla, degradados, de foco central, y un sinfín de filtros peculiares que pueden ser utilizados para conferir a la película su tono particular.

PARA RECORDAR

- Las principales características de la iluminación son: calidad, intensidad, temperatura de color y dirección.
- La luz utilizada en producciones audiovisuales puede ser natural o artificial y muchas veces se combinan ambas, ya que la luz natural por sí misma resulta difícil de controlar.
- Las fuentes de luz utilizadas se clasifican en: lámparas de tungsteno sobrevoltadas, lámparas halógenas y lámparas de descarga de gas.
- El cine actual, en general, respeta la iluminación de los planos anteriores y posteriores, atendiendo a criterios de credibilidad y naturalidad.
- Es poco frecuente que se utilice una sola fuente de iluminación. El esquema tipo es el constituido por el triángulo de iluminación: luz principal y luces secundarias.
- La luz principal también se denomina luz clave o luz de modelado. Es la más intensa, establece la dirección de las sombras. Todas las demás irán subordinadas a ella.
- Un filtro es una lámina transparente, generalmente coloreada, que se utiliza con fines diversos y puede situarse en el objetivo de la cámara o delante de una fuente de iluminación.
- Los filtros suavizadores se utilizan para restar definición a la imagen y conseguir así eliminar o suavizar arrugas en los retratos.

Actividades

Repasa

1. Busca en internet la página: http://recursos.cnice.es/media/cine/index.htlm. Encontrarás varios *bloques temáticos*, entra en el contenido *Tecnología del cine*, al finalizar la introducción verás una actividad: actividad bloque 7. Te enseñará a descubrir cómo «ven» las cámaras.
2. Analiza la iluminación de una escena de una película, observa si varía esta en función del valor del plano.
3. Visualiza fragmentos de las películas *El Sur, Lucía y el sexo,* o cualquier otra y algún programa televisivo y observa el distinto tratamiento de la luz que en ellos se hace.
4. Si es posible, acude a la representación de una obra de teatro y pon atención en los juegos de luces. Analiza qué ocurre en cuanto a intensidad, color, contraste y calidad de luz y su repercusión sobre el maquillaje y la caracterización de los personajes.
5. Visionado del vídeo *"Amar el cine*: *Cinta VII*, estética cinematográfica", del Ministerio de Educación y Ciencia.

Practica

1. Cuando hablamos de calidad de la luz, ¿a qué características de iluminación nos referimos?
2. ¿Qué funciones desempeña la iluminación de un producto audiovisual?
3. Cita tres maneras posibles de reducir la intensidad de la luz de una fuente luminosa.
4. Contesta verdadero o falso, según corresponda en las siguientes afirmaciones:
   - La luz lateral, colocada a uno de los lados de la cámara, proyecta sombras laterales que modelan los rasgos del sujeto ______
   - La luz cenital se ubica en el lado opuesto al de la cámara, por detrás del motivo ______
   - El tipo de iluminación usado en cine es igual que en televisión ______
   - La luz natural cambia con facilidad de intensidad, dirección y temperatura de color ______
   - Las luces secundarias establecen la dirección de las sombras ______
   - Los filtros de colores para blanco y negro oscurecen su color y aclaran el complementario ______
   - La luz de contra ayuda a marcar siluetas y a manifestar transparencias ______
5. ¿Qué influencia tienen sobre el color los filtros polarizadores?
6. Para eliminar arrugas o problemas de piel, ¿cómo debe ser la iluminación?
7. ¿Dónde debe ir situada la luz de contra?
8. ¿Qué efecto produce una luz frontal usada aisladamente?

Índice de contenidos

Para qué te va a servir...

- Para poder explicar los tipos de planos que pueden tomarse en un rodaje y sus repercusiones en los procesos de caracterización.
- Para distinguir en una secuencia el número de planos que la constituyen y saber cómo se denomina cada uno de ellos.
- Para ser capaz de esquematizar los movimientos de cámara que se pueden efectuar en un rodaje y explicar su repercusión en cuanto a caracterización.

Qué vas a aprender...

- La diferencia entre plano, toma y secuencia.
- La repercusión del tamaño del plano en la pantalla respecto a la caracterización.
- Las consideraciones más importantes a la hora de componer una imagen.
- Los puntos de vista de cámara.
- Los diferentes movimientos de cámara.
- El concepto de tiempo fílmico.
- La importancia de la continuidad en cuanto a decorados, peluquería y maquillaje.
- Los tipos de transición más frecuentes entre planos.

Qué vas a necesitar...

- Material audiovisual
  - Vídeos *Amar el cine,* cintas I, V y VI.
  - Películas: *Sed de mal, El acorazado Potemkin*, y otra película cualquiera.
- Cámara de fotos digital.
- Revistas para recortar fotografías con las que realizar un mural, cartulina, tijeras, pegamento y rotuladores.

1. EL LENGUAJE AUDIOVISUAL

El lenguaje audiovisual es el lenguaje propio de los medios audiovisuales: el cine, la televisión, las representaciones escénicas y espectáculos y las presentaciones multimedia, etc. El lenguaje audiovisual se sustenta en el principio de la presentación fragmentada y selectiva de la realidad mediante planos sucesivos.

Se trata de un lenguaje vivo, que utiliza maneras de expresión que varían con el paso del tiempo y está en constante proceso de evolución técnica y social.

El lenguaje audiovisual engloba elementos visuales (imágenes) y sonoros (música, palabras, silencios) desde un punto de vista morfológico, y se nutre de unos códigos y reglas comunes que deben ser aprendidos para que tenga lugar el proceso de comunicación.

El caracterizador debe ser capaz de reconocer e interpretar este lenguaje porque con su trabajo participa de una forma activa sobre los elementos que lo configuran: el valor del plano, la composición, el encuadre y la continuidad.

2. ELEMENTOS DE LENGUAJE AUDIOVISUAL

Desde la mínima unidad narrativa integrante del lenguaje hasta la obtención del producto audiovisual terminado, son numerosos los elementos que se deben considerar. No solo participan para darle coherencia y dotarlo de significado sino que le proporcionan el estilo y el énfasis dramático necesarios para convertirlo en una obra única.

2.1. Unidades narrativas

Las diferentes unidades que componen este lenguaje propio se suceden como en una novela: palabras, frases, párrafos, capítulos…; es una forma de escritura en la que la suma de las partes constituye el todo final.

Se puede hablar de las siguientes unidades significativas:

- El plano. Es la mínima unidad registrada sin interrupción. En una película se puede detectar cada vez que hay un corte y aparece una nueva imagen. Es como una palabra en el lenguaje escrito.
- La toma. Es una unidad de rodaje, desde que comienza la grabación, que arranca con la claqueta, hasta que la cámara deja de filmar (no todo lo que se graba aparece en la pantalla, habrá que seleccionarlo). A veces para conseguir un plano se han tenido que realizar varias tomas.
- La escena. Conjunto de planos que se desarrollan en un mismo escenario (como una frase formada por palabras); en cuanto hay un cambio de decorado se produce también un cambio de escena.
- La secuencia. Sucesión de imágenes que informan de una acción con sentido propio; puede contener una o varias escenas, suele contener varios planos y cuando se desarrolla en un plano único, sin cortes, se denomina plano secuencia. Es como un capítulo de una novela.

UN FILM EN UNA TOMA

- La película *El arca rusa* (dir. Alexandr Sokurov, 2002) pasará a la historia del cine por carecer de todo montaje, por estar rodada en un único plano secuencia de 96 minutos. Se trata del primer film filmado íntegramente en una sola toma; es decir, que se rodó en los 96 minutos de tiempo real en que transcurre la película, sin un solo corte, sin montaje alguno. Esto supera el ya paradigmático ejemplo de *La soga*, de Hitchcock, que fue filmada en la que se supone es una toma, aunque en realidad el director tuvo que cambiar de rollo varias veces, disimulando los cortes. La tecnología digital ha hecho posible que Sokurov filmara sin cortes y en alta definición: la cámara mandaba toda la información a un disco rígido con una calidad de imagen muy superior a la del vídeo convencional, y se pasó más tarde a un película de 35 mm.

2.2. El valor del plano

El plano es el espacio encuadrado por la cámara en relación con la figura humana. Su valor o tamaño, más o menos amplio, da lugar a diferentes significados: descriptivos, narrativos o expresivos, que se irán combinando entre sí a lo largo de la narración audiovisual. Al pasar de un plano a otro se debe procurar que sus diferencias de valor no sean ni muy grandes ni demasiado pequeñas.

Según su tamaño, los planos pueden ser: planos largos, planos medios y planos cortos.

Planos largos o planos descriptivos

Ofrecen un amplio ángulo de cobertura. Informan del lugar donde se realiza la acción, dando una idea global de la escena. Integran al sujeto en su entorno pero sin diferenciar bien sus rasgos; la caracterización de los personajes, su maquillaje y peinado tienen importancia pero no son demasiado relevantes. Estarán en pantalla el tiempo suficiente para poder contextualizar los acontecimientos. Pueden ser de dos tipos:

- Gran plano general (GPG). Es el plano que mayor ángulo de cobertura presenta. Abarca un espacio grande en el que la figura humana es un elemento más que integra el paisaje. Se suele usar al principio de la secuencia para mostrar el ambiente o escenario donde transcurre la acción.
- Plano general (PG). Este plano reduce el campo visual respecto al anterior, sitúa a los personajes en su entorno pero dotándolos de mayor protagonismo, de manera que se pueda ir individualizando cada sujeto y valorando sus acciones.

El teatro o cualquier otro espectáculo con una puesta en escena similar puede considerarse un plano general, no hay, en principio, acercamiento de personajes, por lo que el tratamiento del maquillaje tendrá la consideración de este tipo de plano, pero más exagerado que para cine y televisión, más evidente, en general, en colores contrastes y formas. No pretende, como en el cine, estar sin ser visto, sino enfatizar de forma permanente la caracterización misma.

Planos narrativos o planos medios

En este plano el ángulo de cobertura es menor. Se ofrecen pocos detalles de la situación contextual para centrar la atención del espectador en el sujeto, del que se aprecian bien sus gestos y las posturas del cuerpo, lo que ofrece indicios de su estado emocional. Esto debe ser reforzado mediante la caracterización, que contribuirá a la ambientación del personaje en su tiempo y a enfatizar su estado de ánimo. Son los planos en los que se desarrolla la acción. Son los más utilizados y los que duran más tiempo en pantalla. En cine suelen denominarse planos de diálogo.

- Plano entero (PE). Es el más amplio de los planos narrativos, el sujeto es mostrado de los pies a la cabeza, su figura aparece entera y es completamente reconocible, deja poco aire alrededor del sujeto, podemos ver lo que hace, incluso su expresión. Es el mejor valor de plano para mostrar acciones.
- Plano americano o plano 3/4 (PA). Es más corto que el plano entero, comprende al personaje desde la cabeza hasta un poco más arriba de las rodillas. En el PA las manos cobran mayor expresividad y mayor sensación de acercamiento al sujeto.

- Plano medio (PM). Es el tamaño de plano que recoge un personaje desde medio pecho hasta la cabeza. Se pueden distinguir dos variaciones: plano medio largo (PML), cuando abarca desde la cintura y plano medio corto (PMC), cuando se aproxima a un PP sin llegar a serlo. El ambiente que envuelve al personaje apenas sí se aprecia. Participa de valores narrativos, pero también expresivos por la cercanía del sujeto. Son los más usados en situaciones de plano contra plano.

Planos expresivos o planos cortos

Muestran la expresión. Acercan al espectador las emociones de los personajes, aportando la profundidad de su pensamiento y mostrando los detalles. Su duración en pantalla y su uso deben ser limitados porque necesitan poco tiempo para su comprensión. El maquillaje y caracterización deben ser creíbles, no demasiado exagerados pues se muestran de manera evidente y cercana, pero más meticulosos y detallistas que en los encuadres más abiertos que pasan más desapercibidos.

- Primer plano (PP). Reproduce al personaje desde los hombros hasta la cabeza. El rostro del sujeto ocupa toda la pantalla, sirve para destacar sus emociones y sentimientos y tiene una gran fuerza dramática. Suelen ir intercalados con otros planos más largos.
- Plano de detalle (PD), también llamado primerísimo primer plano (PPP). Destaca una parte del personaje o de un objeto, que ocupa todo el encuadre. Sirve para dirigir la atención del espectador. Y muchas veces posee también valor descriptivo y narrativo.

- El plano se analiza desde dos puntos de vista: como unidad mínima, desde un corte al siguiente, y también como parte encuadrada o valor de plano (PM, PA, PG, etc.)
- De una misma toma se pueden obtener varios planos.
- Los maquillajes y caracterizaciones deben ser más precisos cuanto más cortos sean los valores de plano, ya que evidencian más los pequeños detalles y es un dato que el caracterizador debe conocer.

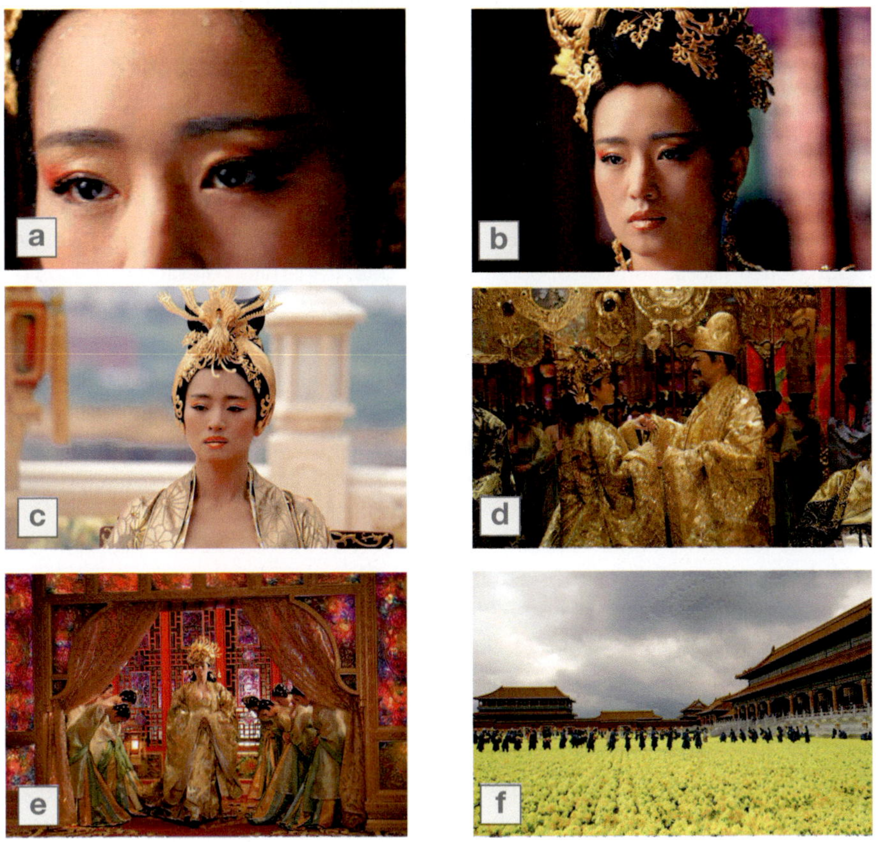

Tamaños de los planos:
a. Plano de detalle.
b. Primer plano.
c. Plano medio.
d. Plano americano.
e. Plano general.
f. Gran plano general.

> **LA CLAQUETA**
>
> Es la doble plancha de madera, provista de una bisagra, que sirve para anotar los datos en cada toma (nombre de la película, número de escena, número de toma y número correlativo de la toma que se realiza en caso de repetición). La claqueta se coloca delante de la cámara cuando esta empieza a rodar, de forma que quedan los datos incorporados a este segmento de película, lo cual facilitará la labor en el posterior montaje. Antes de retirar la claqueta el asistente separa ambas planchas y las junta de nuevo con un golpe que produce un fuerte y característico ruido. Esto sirve para sincronizar posteriormente las imágenes con los sonidos. A veces es imposible hacer claqueta al comienzo de la toma y se hace al final, colocándola al revés y dando el golpe para que el montador la pueda sincronizar también. Ahora también existe la claqueta electrónica, que muestra el código de tiempo y los datos en un pequeño tablero digital integrado a la claqueta.
>
> 
>
>
> Claqueta.

2.3. La composición de la imagen

Es la distribución de los elementos dentro del encuadre de la pantalla a tenor de criterios estéticos o semánticos y de acuerdo con ciertos principios y consejos de composición.

Principios compositivos

La composición dentro del encuadre parte de normas estudiadas y experimentadas anteriormente en el campo de la pintura. Estas normas o principios son los siguientes:

- Claridad. Es el principio compositivo más importante, los elementos visuales no deben estorbar, deben estar colocados de manera que se evite la confusión.
- Contraste. El contraste ayuda a clarificar las ideas; puede ser de varios tipos: contraste de tamaños, por ejemplo, si se pretende resaltar lo grande que es algo, nada mejor que colocarlo al lado de algo pequeño, de colores, de formas o de texturas.
- Armonía. Entendida como la vinculación de las distintas partes del encuadre por su semejanza entre sí. Puede venir dada por la agrupación de líneas y formas parecidas, por una gradación lumínica suave, por la elección de colores cercanos en el círculo cromático, etc.
- Equilibrio. Fundamentado en la necesidad de la percepción humana de estabilidad. No es fácil definirlo pues es más bien un concepto subjetivo, es lo que indica que una imagen está estructurada adecuadamente.
- Ritmo. Es la sensación de dinamismo que proporcionan algunas imágenes, aún siendo estáticas, por la repetición de sus elementos según una cierta cadencia. Posee una gran fuerza visual que debe ser empleada con moderación.
- Simetría. Consiste en la repetición de un objeto de manera especular. Se trata de un concepto fácil de intuir y, por lo tanto, reconocible, que proporciona sensación de estabilidad; puede resultar monótono por lo que se suele usar la asimetría para generar inestabilidad y aportar mayor tensión dramática.
- Líneas dominantes en el encuadre. Hacen que se centre la atención del espectador: horizontales, verticales, curvas u oblicuas, transmiten efectos anímicos distintos y contribuyen a la sensación o no de equilibrio.
- Peso de la composición. Es la forma de resaltar el centro de interés. El centro geométrico de una imagen es una zona débil en términos de atracción visual. Lo más corriente es que la fuerza visual se sitúe en alguno de los puntos de intersección generados por la aplicación de la regla de los tercios. Según esta regla, al dividir el campo de encuadre en nueve partes iguales, los puntos de intersección de las líneas que lo dividen se convierten así en zonas de gran atracción visual. Estas zonas se tendrán en cuenta al situar los centros de interés de cualquier composición. La zona izquierda es más estable que la derecha y permite que se coloquen pesos visuales sin que se desequilibre la imagen. Tiene mucho que ver con el sistema de lectoescritura occidental, de arriba hacia a bajo y de izquierda a derecha.
- Profundidad de campo. Espacio sobre el que se extiende la nitidez por delante y por detrás del sujeto principal que aparece enfocado. Se emplea para destacar o no otros personajes u objetos además del principal.
- La iluminación. La luz va íntimamente ligada a la forma de representar el espacio, además hace visibles unos objetos y oculta otros, se emplea pues para resaltar el centro de interés.

Los puntos donde las líneas se cruzan constituyen los puntos fuertes donde se concentra el máximo interés visual del espectador.

- Distancia focal. Es una característica de las lentes usadas por la cámara durante el proceso de captación de imágenes. Estas se denominan angulares, normales y teles. Para fines prácticos se usan para abarcar más o menos parte de la escena, consiguiendo con ello que las imágenes seleccionadas se aproximen o no al espectador.

Consejos para el encuadre

- Al tomar primeros planos o planos medios no dejar demasiado aire (espacio que rodea al personaje) por encima de la cabeza del sujeto, ni cortar demasiado la barbilla o la parte superior de la cara, excepto en planos muy cortos en los que su uso sí es aceptable.
- Si el sujeto está de perfil, conviene dejar aire en la dirección de la mirada o de la acción.
- No incluir en el fondo de la pantalla a personajes que no sean importantes para que no distraigan la atención.
- Evitar que asomen objetos por encima de la cabeza del sujeto principal
- En una situación de plano contra plano (dos sujetos hablando, uno se ve de espaldas y otro de frente y se van alternando en la pantalla) hay que evitar que un personaje tape la cara del otro.
- Al encuadrar a dos personajes no se deben situar demasiado cerca de los extremos del cuadro ni demasiado juntos en el centro.
- No cortar a los personajes por sus articulaciones, mejor un poco antes o un poco después.

Recorte incorrecto de la cabeza.

Recorte correcto de la cabeza.

2.4. Angulaciones de cámara

Es el punto de vista de la cámara en relación con la acción que se desarrolla. Está al servicio de la narración pero también puede tener un importante valor dramático y expresivo. El ángulo de cámara puede adoptar las siguientes posiciones:

Angulaciones de cámara: a. Frontal, b. Perfil, c. Picado, d. Contapicado, e. Aberrante y f. Vista de gusano.

- Normal o frontal. La cámara se sitúa a la altura de los ojos del personaje; el aspecto es natural, tal como ve un ojo humano un objeto a su misma altura mirándolo de frente.
- Lateral. El personaje está situado de perfil, por lo que su eje de acción discurre de forma perpendicular a la cámara.
- Picado. Punto de vista por encima del referente, en ocasiones por motivos narrativos (un personaje al que se mira desde lo alto de una escalera); en otras ocasiones su intención es dramática, transmitiendo sensación de inferioridad. Si es extremo, se denomina *vista de pájaro*.
- Contrapicado. Punto de vista por debajo del referente; se utiliza para darle continuidad narrativa (el personaje está subido a una escalera y se le mira desde abajo) o porque se le coloca en situación de superioridad y aumenta el énfasis dramático. Si es extremo se llama *vista de gusano*.
- Inclinado o aberrante. La cámara se inclina sobre su eje, en diagonal, confiere a la imagen desequilibrio.
- Subjetivo. La cámara adopta la mirada del personaje.
- Imposible. Punto de vista imposible de concebirse en la realidad, por ejemplo, desde el interior de una nevera.
- Invertido. El ángulo de cámara es normal pero la cámara se gira 180° sobre su eje y de esta manera los objetos aparecen invertidos.

2.5. Movimientos de cámara

En los comienzos del cine, los únicos movimientos existentes eran los de los actores frente a la cámara. Esta no experimentaba movimiento alguno ni se variaba el tamaño de los planos ni el punto de vista, como si se tratase de una función de teatro.

Mover la cámara supuso la posibilidad de dinamizar las acciones y acercar los personajes al público. El avance en el lenguaje audiovisual discurre paralelo al de los movimientos de la cámara, que se pueden resumir en los siguientes tipos:

• El primer *travelling* de cámara por azar se le atribuye a Alexandre Promio (introductor de cinematógrafo en España) mientras grababa unas imágenes desde una góndola en Venecia.

- Panorámica. Giro sobre el eje de cámara, vertical, horizontal u oblicuo. Se suele hacer sobre un trípode, sirve para describir un espacio, acompañar a un personaje o relacionar dos puntos de interés. Si se realiza muy rápida, emborrona la imagen y se denomina *barrido.*
- *Travelling*. Movimiento de cámara con desplazamiento suave sobre una vía, que recibe el mismo nombre y que evita vibraciones. Puede ser de acompañamiento, de avance o retroceso. Dinamiza la imagen al variar el punto de vista y con ello la perspectiva. Aporta fluidez a la narración y suele usarse combinado con otros movimientos aparentes, como el *zoom* óptico, que va cambiando a la vez el valor del plano y con panorámicas en cualquier sentido. Por ejemplo, una persona camina por la calle y en su desplazamiento (*travelling*) mira hacia lo alto de un edificio sin detenerse (*travelling* + panorámica vertical).

Travelling en la grabación de la película *El bosque de las sombras* (Koldo Serra, 2007).

- *Zoom*. También llamado *travelling* óptico, la cámara no se mueve, lo que varía es el ángulo abarcado por su óptica. El efecto que produce es que la imagen se aleje o se acerque dando sensación de desplazamiento real pero sin variación en la perspectiva. Se puso de moda en los años 60 y 70 del siglo pasado. Es poco estético y su uso injustificado produce cansancio en el espectador. Su utilización combinada con otros movimientos de cámara proporciona un efecto atractivo. No se aplica demasiado en cine.
- Grúa. La cámara se sitúa sobre una grúa provista de un brazo articulado que permite un movimiento en el eje vertical fácil de combinar con giros y otros desplazamientos. Puede acercarse a los personajes y cambiar con ello el valor del plano. Dota a la imagen de gran belleza y sugerentes perspectivas. Si el sistema está robotizado y se maneja la cámara a distancia se denomina *cabeza caliente.*
- *Dolly* o pedestal con ruedas. Se trata de una plataforma con ruedas provista de un soporte para cámara y en ocasiones para la silla del operador. Permite un desplazamiento suave.

Momento de grabación de la película *La condesa blanca* (James Ivory, 2005) con cámara al hombro.

- Cámara al hombro o en mano. El operador lleva la cámara y la desplaza consigo. Se suele usar en planos subjetivos en los que el espectador se identifica con el protagonista. El movimiento fílmico Dogma, en un intento de recuperar la pureza del cine, hace uso de estos movimientos de cámara, con sonido directo y sin modificaciones especiales del natural. Surgió en 1995 con el director Lars Von Trier a la cabeza y un ejemplo representativo es la película *Los idiotas.*

• La concepción de los planos, las secuencias, los movimientos de cámara y la composición de la imagen, tendrán una gran repercusión sobre el trabajo de los profesionales de maquillaje y caracterización. Será necesario conocer todo ello con antelación.

- *Steady cam.* Es un pequeño brazo articulado con un sistema de contrapesos que anula las vibraciones producidas por el operador de cámara que lo lleva y que posibilita todo tipo de movimientos con mucha suavidad. Generan unas imágenes que se identifican con el punto de vista subjetivo del personaje.
- Grabación aérea. Puede realizarse desde un helicóptero con un operador de cámara que realiza las tomas o con aviones pequeños que se manejan por control remoto, facilitando así el acceso a lugares donde uno de tamaño real no llegaría.

2.6. El tiempo

El lenguaje audiovisual cuenta una historia haciendo uso del tiempo; este tiempo es diferente al tiempo real y se denomina tiempo fílmico.

Un acontecimiento cualquiera puede durar lo mismo, más o menos que en la realidad. Hay varias posibilidades:

- Adecuación. La acción en la pantalla dura lo mismo que en la realidad, caso de los planos secuencia o la transmisión de un partido de fútbol, por ejemplo.
- Reducción. En el producto audiovisual el tiempo se acorta. El protagonista toma un avión y en cuestión de segundos llega a su destino. Se eliminan los planos que no son necesarios, dinamiza los acontecimientos sin restarle sentido a la acción. A esta figura del lenguaje del cine se denomina *elipsis*. Como ejemplo, el final de *Frankenstein*, de James Whale.
- Distensión. El tiempo fílmico se dilata más que el real, por ejemplo, la caída de un hombre desde un rascacielos mostrada desde diferentes puntos de vista y a cámara lenta permite visualizar mejor toda la acción.

Por otro lado las acciones audiovisuales pueden tener lugar de forma continua o alternada: hacia el pasado, desde el futuro o sin cronología alguna.

En las películas *El hombre que mató a Liberty Valance* y *Pulp Fiction* se utiliza el *flash-back* y la alternancia cronológica, respectivamente.

- Tiempo continuo. El tiempo fílmico discurre en el mismo sentido que el tiempo real. Lo que se ve más tarde será futuro y lo que ya fue mostrado es pasado.
- Tiempo alterno. En cuanto el tiempo deja de ser continuo, se convierte en alterno y ofrece las siguientes posibilidades:
  - Tiempo simultáneo. Distintas acciones que ocurren a la vez se van mostrando simultáneamente. Típico de películas del Oeste: la heroína de la película asediada mientras el jinete galopa para salvarla.
  - *Flash back*. La narración retrocede al pasado por un espacio breve de tiempo como en *Marnie la ladrona* de Alfred Hitchcock, o toda la película puede estar montada.
  - *Flash forward.* Aparece una acción futura adelantada al presente, como una premonición o un punto de vista onírico.
  - Alternancias cronológicas. Pasado, presente y futuro se alternan en el desarrollo de la película.

2.7. El montaje y la continuidad

El concepto del montaje en cine y la edición en vídeo y televisión se vincula con el de continuidad narrativa y es la operación de unir o engarzar un plano tras otro con el fin de construir el hilo narrativo o argumental de una película o un programa de televisión.

El montaje

Una vez terminada la fase de grabación del material audiovisual, comienza su visualización y se va desestimando lo que no sirve, seleccionando los fragmentos elegidos (los planos) unos tras otros para que empiece a tener sentido la historia. A esta tarea se la denomina tradicionalmente montaje si el medio es cinematográfico, edición si se trata de vídeo y en programas de televisión en directo se habla de mezcla.

Actualmente alguna de las películas de cine se pasa a vídeo y se edita con medios digitales que facilitan el trabajo y lo enriquecen con un mundo entero de posibilidades.

Técnicamente el montaje dota a la película o programa de continuidad y sentido narrativo, aportándole ritmo. Es el elemento de lenguaje que sostiene el tiempo fílmico, proporciona la adecuación de los planos, los distiende o los comprime, presenta el futuro antes que el presente o lo alterna.

La unión de dos planos significa también la unión de dos ideas y de la vinculación de estas surge lo que se denomina «tercera idea», su intencionalidad da paso al montaje dramático que pretende provocar en el espectador emociones y sentimientos.

La continuidad

Un concepto importante en relación con el montaje es la continuidad, para conseguir que las secuencias tengan sentido y que no se rompa la ilusión de realidad.

A la continuidad se le denomina *raccord*; si de un plano al siguiente, algún detalle rompiera esa sensación de realidad, entonces se habla de fallo de *raccord* o falta de continuidad.

Hay varios tipos de continuidad:

- De vestuario. Entre un plano y el siguiente no debe cambiar el vestuario si se está ante la misma situación.
- De maquillaje y peluquería. El aspecto será el mismo de un plano al siguiente si el actor tiene una herida en la mejilla derecha, en el plano siguiente la tendrá en el mismo lado de la cara, y con el mismo aspecto.
- De decorado. No se pueden cambiar las localizaciones de muebles, floreros, etc. de un plano a otro sin justificación.
- De iluminación. La luz en todos los planos de una misma secuencia no debe variar sin intención.
- De óptica. Al alternar planos de dos sujetos conversando, sus valores de plano no deben distintos.
- De movimiento. Se debe mantener la coherencia en las acciones de los personajes.

LA ESCALERA DE ODESSA

Es difícil hablar de montaje sin mencionar *El acorazado Potemkin*, de Sergei M. Eisenstein, una película rusa en blanco y negro de 1925. Significó en su día un nuevo aporte a la narración audiovisual. Contiene una de las escenas más famosas de la historia del cine: la escena de la escalera de Odessa. A años luz del cine de su época, significó una revolución respecto al montaje y los movimientos de cámara.

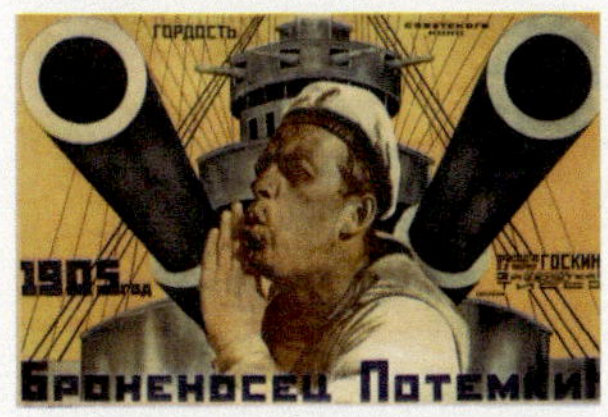

- El *script*, que forma parte del equipo de dirección y cuida la continuidad, es el encargado de recoger en la ficha de desglose de guión por personajes los productos de maquillaje de cada uno, con sus materiales de caracterización, colores y zonas de colocación, para que pueda ser repetido igual y no haya fallos de *raccord* al respecto.
- El más mínimo error en un maquillaje puede restar credibilidad a la imagen.
- Barbas falsas, cabellos teñidos, sangre artificial, etc., contribuyen a imprimir un estilo inconfundible a una película. Desde *Nosferatu el vampiro* en 1922 ha habido innumerables *looks* de vampiro, tantos como directores y caracterizadores, que los han convertido en vampiros singulares frente al resto.

Los actores Bela Lugosi y Tom Cruise caracterizados como vampiros.

- El personal de maquillaje y caracterización tiene una gran responsabilidad sobre la composición del encuadre en planos cercanos, los colores y formas.
- El medio audiovisual o espectáculo de que se trate determinará la técnica y proceso de caracterización que se debe aplicar. No es lo mismo caracterizar para cine que para teatro.
- Es importante que los medios técnicos usados en los distintos lenguajes pasen desapercibidos para que el resultado sea creíble.
- Todos los elementos de lenguaje audiovisual estudiados no son un fin en sí mismos, están al servicio de la fluidez narrativa.

2.8. Los signos de puntuación

Igual que en el lenguaje escrito, el lenguaje audiovisual posee sus propios signos de puntuación, son los que permiten la transición de un plano al siguiente. Han ido evolucionando y usándose de manera diferente según el tipo de producto audiovisual, la época y el estilo del autor. El cine suele usar simples cortes como uniones entre planos. En videoclips, presentaciones multimedia y programas televisivos se usan otras transiciones más elaboradas, no conviene abusar de los efectos, son vistosos pero no deben ser un fin en sí mismos.

Hay varios tipos de signos de puntuación:

- Corte. Es el más utilizado, permite pasar de un plano al siguiente directamente. Es el más usado en el cine.
- Fundido. El plano va desapareciendo hasta quedar por entero de un color, normalmente negro.
- Fundido encadenado. Una imagen se desvanece mientras la siguiente va apareciendo y sustituye a la primera. Suele usarse para sugerir el paso de tiempo.
- Cortinilla. Una imagen entra y desplaza la que había hacia un lado, hacia arriba, o puede tener diversas formas y presentaciones, efectos tridimensionales, como paso de página, forma de reloj, etc. Fue muy usado en cine en los años 70, actualmente se aplica a presentaciones en conferencias, en internet y en videoclips sobre todo.
- Barrido. Se trata de un signo de puntuación que se hace en el momento de la toma, la cámara se mueve rápidamente desde un elemento a otro y produce un efecto de ráfaga. Marca una elipsis temporal larga.
- Desenfoque. La imagen va perdiendo nitidez mientras otra aparece desenfocada y va recobrando el enfoque; se usa de manera similar al encadenado.
- Efectos digitales. Han enriquecido la cantidad y calidad de las transiciones, casi cualquier efecto es posible.

PARA RECORDAR

- El lenguaje audiovisual, como medio de comunicación que es, necesita de un código reconocible para poder ser interpretado; plano, secuencia, escena, hacen avanzar una historia como lo hacen las palabras, las fases y los capítulos de una novela.
- El plano puede concebirse como «la mínima unidad de lenguaje audiovisual» y como «valor» por su tamaño de representación en el encuadre.
- En la composición de un encuadre, la claridad es el principio sobre el que se asientan todos los demás.
- Los puntos de vista de cámara enseñan a mirar a los personajes, para saber más de su personalidad y la función que cumplen en la trama argumental.
- Los movimientos de cámara hacen más creíble lo que ocurre en las dos dimensiones de la pantalla, moviéndose con los personajes como si nosotros mismos los acompañásemos.
- La falta de continuidad entre planos, sea del tipo que sea, rompe la sensación de realidad que se pretende crear.
- El montaje o edición de los planos estructura el ritmo y aporta un sentido nuevo a los planos que enlaza.
- Los signos de puntuación, como en el lenguaje escrito, indican pausas, interrupciones, cambios, ayudan a que la narración sea más fluida y también aportan plasticidad visual. Conviene que sean lo más sencillos posible para no restar protagonismo a la imagen y el sonido.

Actividades

Repasa

1. Completa las siguientes frases:
   - El tiempo en el cine se denomina ______________
   - Los planos ______________ muestran la expresión.
   - ____________________ es el espacio encuadrado por la cámara en relación con la figura humana.
   - En teatro, el maquillaje será ________________ que para cine y televisión.
   - Una panorámica es ______________________
   - A la continuidad en cine se le denomina normalmente con el término francés de ________________
   - La transición entre planos que más se usa en el cine es ________________________________
   - Sobre los planos largos o generales podemos decir:
     - son expresivos.
     - constituyen una vista distante de la escena.
     - son los usados para diálogos.
   - La angulación aberrante es:
     - la posición de cámara desde arriba hacia abajo.
     - la inclinación en diagonal de la cámara.
   - Cuando el tiempo real dura lo mismo que el fílmico se denomina:
     - adecuación.
     - distensión.
     - reducción.

Practica

1. Busca en internet la página http://recursos.cnice.es/media/cine/index.htlm, en los bloques temáticos entra en el contenido «lenguaje fílmico». Al finalizar la introducción encontrarás la actividad del bloque 8. Te servirá para reconocer los distintos valores del plano.
2. Visionado dirigido de la escena de las escaleras de Odessa, de la película *El acorazado Potemkin*.
3. Visionado de los vídeos *Amar el cine*, cintas I, V, VI «El invento del cine», «El lenguaje cinematográfico» y «El montaje», respectivamente, del Ministerio de Educación y Ciencia.
4. Identifica en una secuencia cualquiera de una película el número de planos que la componen.
5. Describe en una secuencia de película cualquiera los movimientos de cámara empleados.
6. Visualiza, en la película *Sed de mal* de Orson Welles, el primer plano de la misma. ¿Cuánto tiempo dura? ¿Cómo se denomina a este tipo de plano?
7. Recorta fotografías que contengan diferentes tipos de planos, pégalos sobre cartulina identificando cada uno y agrupándolos según su valor narrativo.
8. Busca en internet información sobre películas en las que haya sido evidente algún problema con la continuidad.
9. Fotografía a diferentes personas en plano medio variando la angulación e indica cómo cambia su apariencia al variar el punto de vista.

Índice de contenidos

Qué vas a aprender...

- Las fórmulas de producción de teatro.
- La industria del cine y los tipos de empresas cinematográficas.
- El panorama televisivo y los modelos de televisión.
- El sector del vídeo.
- Panorama actual del sector audiovisual.

Para qué te va a servir...

- Para saber qué tipos de empresas configuran el sector audiovisual.
- Para entender las distintas maneras de producir teatro.
- Para conocer la industria del cine.
- Para tener una visión general sobre el sector televisivo y videográfico.
- Para conocer los diferentes modelos de televisión en función de la titularidad, la cobertura, la manera de transmitirse y la programación que realiza.

Qué vas a necesitar...

- Un lector de DVD y un aparato de televisión o un monitor

1. EL SECTOR AUDIOVISUAL

Bajo el nombre de sector de servicios audiovisuales se incluyen las actividades asociadas con el teatro, la televisión, el vídeo y el cine, en tanto en cuanto producción de contenidos, así como su distribución y comercialización-exhibición. Aunque el desarrollo de las nuevas tecnologías y las aplicaciones derivadas de ellas, así como la aparición de nuevos soportes, están desfigurando cada día los límites de las actividades audiovisuales, estas se pueden clasificar de la siguiente manera:

- Actividades de espectáculos: producción de espectáculos (teatro, musicales, etc.).
- Actividades cinematográficas y de viídeo.
  - Producción cinematográfica y de vídeo.
    - Producción de películas. Comprende la producción de películas (de ficción o no), utilizando película de celuloide o cinta de vídeo para su proyección directa en locales de espectáculos o para su transmisión por televisión. Comprende la producción de cortos, documentales, películas o vídeos educativos, de entretenimiento y publicitarios.
    - Actividades de apoyo a la producción cinematográfica y de vídeo. Comprende actividades auxiliares como el doblaje, montaje, efectos especiales y otras actividades de apoyo a la producción, por cuenta de terceros, para cine o televisión.
  - Distribución de películas cinematográficas y cintas de video. Se incluye la distribución de películas y cintas de vídeo a otras industrias mediante venta o alquiler. Incluye también la compra y la venta de derechos de distribución de películas y cintas de vídeo.
  - Exhibición de películas. Abarca la proyección de películas de cine en salas cinematográficas.
- Actividades de televisión.
  - Producción y distribución de televisión. Comprende la producción de programas de televisión, acompañada o no de su difusión posterior. Estos programas pueden ser de entretenimiento, promoción, educativos, de información, grabados o en directo.
  - Emisión de programas de televisión. Abarca la difusión de programas de televisión.

El sector audiovisual amplía sus límites con el desarrollo de nuevas tecnologías.

2. EL TEATRO

La producción de obras escénicas hace referencia a diferentes medios a través de los cuales se representa el teatro, no solo al género dramático o musical, sino también a la ópera, al circo, al mimo, las marionetas y otros. Todos tienen en común que son fundamentalmente visuales y se viven en directo ante un público.

Un momento de la representación de *Viejo celoso* por la compañía La Barraca.

2.1. Fórmulas de producción del teatro

Además de la intención estética, el teatro se rige por criterios económicos y puede ser clasificado según distintas fórmulas de producción:

- Teatro subvencionado. Apoyado económicamente por el gobierno o por otras instituciones. Casi todos los países cuentan con una compañía de Teatro Nacional apoyada por el gobierno.
- Teatro comercial. Dirigido al gran público, nace para obtener ganancias y para entretener, sin más intenciones sociales ni valores artísticos. Siempre con tono conservador y reacio a las experimentaciones, arriesga poco con obras extrañas o autores desconocidos.
- Teatro no comercial. Conocido como teatro del arte en Europa y América antes de la I Guerra Mundial y como teatro experimental más tarde. Presenta obras más serias, artísticas y de vanguardia. Está más vivo y abierto a la experimentación. Suele contar con presupuestos más limitados y sobrevivir con los ingresos de taquilla y con subvenciones estatales y privadas
- Teatro comunitario y académico. Es el teatro de aficionados miembros de algún colectivo (instituciones educativas como universidades y escuelas superiores) que utilizan el teatro como pasatiempo. Suele tener un objetivo educativo con un repertorio apoyado en los clásicos y en lo experimental.

Se habla de decadencia en el teatro por la falta de hábito en el público porque este ha encontrado otros modos de entretenimiento, o crisis por el precio excesivo de las entradas, sin embargo hay quien opina que el teatro se está renovando, que se abren salas nuevas y que se cuenta con autores de primer orden en España, que se potencia con la celebración de concursos y premios para autores noveles y con la concesión de subvenciones.

3. EL CINE

La ciudad de Hollywood también se conoce como la «Meca del cine».

El cine en 1895 se inició como una actividad puramente artesanal y hoy es de las industrias más importantes a nivel económico. Se trata de un producto de consumo masivo, cuya demanda no es libre sino que está dirigida y ligada a la evolución tecnológica y social de su tiempo. Es arte e industria a la vez y afecta además a otras actividades externas, como la textil, la publicitaria, etc.

La industria de Hollywood y la participación de la banca, junto con una producción rigurosamente planificada han hecho que sea Estados Unidos la mayor potencia cinematográfica mundial. La industria se basa en el sistema de estudios (*studio system*) en torno a tres conceptos: estudios, géneros y estrellas y asumiendo el control de toda la cadena comercial: producción, distribución y exhibición.

3.1. Tipos de empresas dedicadas al cine

Son empresas de cine las dedicadas a la producción, distribución y exhibición de películas.

La producción supone la inversión de un gran capital, la inversión en Europa supone un porcentaje bajo comparado con Estados Unidos.

Las productoras cinematográficas son empresas con tres funciones específicas:

- Organizar el proceso de producción.
- Asumir la financiación y promoción del proceso.
- Ostentar la titularidad de los derechos de explotación comercial.

Las empresas distribuidoras tienen otras dos funciones específicas:

- Hacer de puente entre la productora y la empresa de exhibición.
- Colaborar económicamente en la producción y comercialización, con gastos como la publicidad y las copias de película.

Existe un dominio del mercado americano de las grandes multinacionales sobre las empresas pequeñas y sobre el mercado europeo ya que cuenta con grandes medios publicitarios

En cuanto a la exhibición, cumple dos funciones básicas: hace posible que el producto audiovisual llegue al público y lo hace interpretando sus gustos.

La televisión no se relaciona con las distribuidoras sino directamente con la productora y lo puede hacer de dos maneras:

- Mediante una venta a priori, antes de que la película esté terminada, con el consiguiente riesgo y espera de unos meses desde su estreno en el cine hasta que pueda ser emitida.
- Mediante la venta cuando el producto audiovisual está ya acabado. Se marcan unas cuotas de emisión de películas nacionales y extranjeras.

La empresa de exhibición es el último eslabón en la producción cinematográfica. El tiempo que la película permanece en cartel se establece en contrato en función de la recaudación mínima que se obtenga en cada pase.

3.2. Tipos de productoras cinematográficas

Las productoras de cine poseen una estructura distinta en función de su dimensión empresarial según el tipo de producción que realicen:

- Producción accidental. No tienen un plan a medio-largo plazo, realizan una producción sin miras puestas en la siguiente. El capital del que disponen lo invierten en esa producción y subsisten según los resultados de lo producido. Los medios materiales utilizados suelen ser alquilados a empresas auxiliares de producción y los medios humanos con los que cuentan son bastante limitados.
- Producción continua. Tienen una continuidad en los trabajos producidos y realizan al año dos o tres películas. Poseen algunos medios materiales y humanos propios pero no los suficientes para abordar toda la producción, por lo que también deben recurrir a empresas auxiliares.
- Producción simultánea. Estas empresas realizan varias películas a la vez. La época dorada del cine americano trabajaba de esta manera realizando 40 o 50 producciones a la vez, ahora su ritmo ha descendido considerablemente.

Receptor antiguo de televisión.

4. LA TELEVISIÓN

La televisión es un sistema de telecomunicaciones que se utiliza para transmitir y recibir imágenes y sonidos a distancia desde 1935. La principal diferencia respecto al cine es la transmisión en directo de imágenes y sonido. En España se realizan las primeras emisiones de televisión en blanco y negro en 1956.

La televisión es la principal fuente de información y entretenimiento. El sector televisivo da cita a grandes intereses comerciales y es responsabilidad de los gobiernos crear una política audiovisual, como servicio público con diversidad cultural y responsabilidad social. Se encuentra en constante expansión en la economía europea.

La producción en televisión la pueden realizar el propio equipo de la cadena de televisión o tratarse de un encargo hecho a productoras independientes; es el dilema de la autoproducción o producción ajena. Hacer un encargo a una productora independiente sirve para potenciar la industria y cada vez más son los países que obligan a las televisiones a mantener un porcentaje de emisión de programas no propio.

4.1. Modelos de televisión

Existen diversos modelos de televisión según el criterio que se tenga en cuenta: la titularidad, la cobertura, la transmisión y la programación.

- Titularidad. Las televisiones pueden ser públicas, privadas o mixtas. La fuente de financiación presente en todas es la publicidad. Los anunciantes pagan por los espacios publicitarios y su valor estará en función de la franja horaria en la que se emitan los anuncios y la programación establecida, pues de todo ello depende la audiencia. Las televisiones públicas además se financian con el dinero de los impuestos.
- Cobertura. Según el radio de acción que alcancen pueden ser: locales, regionales, estatales y trasnacionales. Las locales tienen un campo de cobertura muy limitado, las regionales amplían su cobertura a la comunidad autónoma y las estatales son el modelo más sólido. Las transnacionales utilizan los satélites para su difusión fuera de las fronteras.
- Transmisión. Puede hacerse por ondas, mediante enlaces hercianos, por vía satélite o por cable. El enlace herciano precisa de una red de distribución con una serie de centros repetidores que vayan transmitiendo la señal para que llegue puntualmente a las antenas receptoras. Cuando se hace uso de los satélites de telecomunicaciones, se envía la señal al satélite desde un centro emisor y el satélite distribuye la señal a los receptores parabólicos domésticos. La modalidad de pago por visión es el equivalente del cine a domicilio. Si se trata de distribución por cable, será necesario que un entramado de fibra óptica comunique los hogares con el centro emisor. Cada vez más las redes de banda ancha amplifican la distribución masiva de los canales de televisión.
- Programación. Las televisiones pueden ser generalistas, con una programación variada al gusto de toda la audiencia o especializadas en la transmisión de deportes, películas, música, etc. Actualmente el principal aval de una televisión es su programación. Suele hacerse teniendo en cuenta lo programado por otras cadenas y es lo que se denomina «guerra de audiencias», que es el motor de las televisiones.

  Las estrategias más usadas en programación son casi todas de origen estadounidense y suelen aplicarse en las cadenas generalistas. Todo lo que se incluye en la parrilla de programación tiene que ver más con una adecuada ubicación que

Antenas para la recepción de televisión vía satélite.

con la calidad intrínseca de lo programado. Los informativos suelen ser elemento clave de la «parrilla de salida», establecen una rutina en la audiencia y marcan la seña de identidad de la cadena.

En España, la televisión es la principal fuente de información y entretenimiento.

4.2. Clasificación de los productos televisivos

La sociedad occidental sufre, por lo que respecta a la televisión, una creciente saturación de la oferta que no se ha traducido en variedad, sino en homogeneidad de productos. En el cuadro siguiente se puede observar la clasificación de productos televisivos por contenidos temáticos realizada por la Unión Europea de Radiodifusión.

CONTENIDOS TEMÁTICOS	PRODUCTOS TELEVISIVOS
Educativos	Educación de adultos Escolares y preescolares Universitarios y postuniversitarios
Grupos específicos	Niños y adolescentes Etnias e inmigrantes
Religiosos	Servicios Católicos Otras confesiones
Deportivos	Noticias Magazines Acontecimientos
Noticias	Telediarios Resúmenes semanales Especiales informativos
Divulgativos y de actualidad	Actualidad (Parlamento, magazine, reportajes) Ciencias Cultura y humanidades Ocio y consumo
Dramáticos	Series Folletines Obras únicas Largometrajes Cortometrajes
Musicales	Ópera, y zarzuelas Comedias musicales Ballet y danza Música culta Música ligera Jazz Folklore
Variedades	Juegos y concursos Emisiones con invitados. *Talk-shows* Espectáculos, variedades, etc.
Otros programas	Taurinos
Publicidad	Ordinaria y pases publicitarios
Cartas de ajuste	Cartas y transiciones

- La parrilla de programación es el conjunto de espacios televisivos que constituyen la planificación de una jornada en televisión.
- El auge de los medios de comunicación amplía el panorama laboral para los maquilladores y caracterizadores.

5. EL VÍDEO

El vídeo nace a finales de los años cincuenta como tecnología emparentada con la televisión para poder grabar los programas y emitirlos en un momento distinto al directo de emisión.

Vídeo y televisión se van interrelacionando, la televisión sirve al vídeo de canal de difusión y el vídeo nutre a la televisión de espacios para rellenar su programación.

Muchos pensaron que el vídeo provocaría la muerte del cine, sin embargo, ambos medios conviven complementándose, las películas de cine se pasan a formato vídeo y la afición de ver cine aumenta gracias al alquiler de las películas en los videoclubs.

Es un medio relativamente joven que participa de los códigos propios de los medios visuales como la fotografía, el cómic, la pintura, de los sonoros como el lenguaje humano, la música, el silencio, y de los audiovisuales como la televisión y el cine.

El desarrollo de la llamada «sociedad de la información» tanto analógica como digital y el concepto de multimedia forman parte del sector vídeo y están en constante evolución. La calidad de las imágenes cada vez es mayor y posee aplicaciones nuevas.

5.1. Tipos de empresas de vídeo

En el subsector de las empresas de vídeo se encuentran operando varios tipos de empresas:

- Vídeo profesional. Son empresas que graban en vídeo con calidad para poder ser emitidos por televisión y usados en publicidad. El cine actual que se realiza en vídeo también forma parte del vídeo profesional.
- Vídeo industrial. Productoras que usan una calidad de imagen a medio camino entre los formatos domésticos y la calidad obtenida para la radiodifusión, también se les llama semiprofesionales, se trata de vídeos institucionales, didácticos, campañas promocionales para empresas.
- Vídeo doméstico. Utilizan equipos «amateur» que reproducen una imagen no apta para emitir por televisión. Conviven en este tramo aficionados y empresas de grabación de acontecimientos sociales como bodas, bautizos...

La calidad de imagen que proporcionan las modernas cámaras de vídeo ha cambiado sustancialmente las producciones publicitarias, también modificado por el acceso fácil a los sistemas digitales de edición que proporcionan calidad profesional en los acabados.

Grabación de un *spot* publicitario.

6. PANORAMA DEL SECTOR AUDIOVISUAL EN ESPAÑA

El volumen de negocio generado por el sector español de servicios audiovisuales, en el que se incluye el subsector de la radio, aumenta de año en año a un ritmo vigoroso. Atendiendo a la Encuesta Anual de Servicios del año 2005, elaborada por el INE, el volumen de negocio generado por el sector español de servicios audiovisuales ascendió a 11.068.000 millones de euros. Por lo que respecta a la estructura empresarial, según esta encuesta, el sector aglutina en la actualidad un total de 7.631 empresas, de las que 5.417 (78%) desarrollan su actividad en el ámbito de las actividades cinematográficas y de vídeo y 2.214 lo hacen en el campo de la televisión y la radio.

La concentración geográfica y la atomización empresarial son algunos de los factores más característicos de la estructura empresarial del sector. Con respecto a la concentración, Madrid y Cataluña concentran el 53% del total de establecimientos del sector. Este grado de concentración aumenta hasta el 71% considerando, además de estas dos comunidades, Andalucía y la Comunidad Valenciana. Por lo que respecta a la atomización empresarial, se observa un claro predominio de las micro-empresas o empresas de menos de 10 empleados. De hecho, del total de establecimientos que operan en el campo de los servicios audiovisuales en España y que cuentan con empleo asalariado, el 75% emplea menos de 10 trabajadores.

A grandes rasgos se observa una evolución favorable en los últimos años de las actividades que configuran el sector de servicios audiovisuales.

La actividad cinematográfica ha experimentado un notable incremento por el aumento de la producción de largometrajes y cortometrajes. A pesar de ello la industria cinematográfica española adolece todavía de una estructura de producción, insuficientemente consolidada, con una elevada atomización empresarial y una escasa continuidad en la actividad. En los campos de distribución y exhibición, la actividad se encuentra enormemente influenciada por la producción audiovisual estadounidense.

El mercado videográfico español también vive actualmente un momento muy favorable, sobre todo a raíz de la irrupción del DVD. De hecho, en los últimos años el mercado del formato digital está aumentando de forma continuada en detrimento del vídeo analógico tradicional.

El mercado televisivo, por su parte, constituye la actividad de servicios audiovisuales que ha experimentado las mayores transformaciones en los últimos años. Estas transformaciones se han dado como consecuencia de las modificaciones legales y los avances tecnológicos que se han sucedido en las últimas dos décadas. En la actualidad, en el panorama televisivo compiten televisiones de cobertura nacional que emiten en abierto (públicas y privadas), las televisiones autonómicas, las televisiones locales, las televisiones de pago, los operadores de cable y, en los últimos tiempos, los operadores de televisión digital terrestre.

7. PANORAMA DEL SECTOR AUDIOVISUAL EN LA UNIÓN EUROPEA

El sector audiovisual constituye una de las áreas de mayor expansión en la economía europea y uno de los principales mercados de ámbito global. En la UE la producción del sector audiovisual la sitúan como el segundo productor en el mercado audiovisual, detrás de EE UU y por delante de Japón. Un análisis del volumen de producción del mercado audiovisual europeo pone de relieve el predominio del sector de la televisión (81% del valor de la producción del sector), frente al cine y vídeo (19%).

Aunque los servicios audiovisuales han experimentado un notable auge en los últimos años, la diversidad cultural de Europa constituye en ocasiones un gran inconveniente para su desarrollo, ya que conlleva una fragmentación de mercados que dificulta la creación de un gran mercado receptor europeo de los productos audiovisuales. Ello supone una desventaja frente al mercado estadounidense, caracterizado por su tamaño, la homogeneidad lingüística y su receptividad hacia los productos comerciales.

En términos generales, el comercio audiovisual en el interior de la UE continúa siendo relativamente limitado. No cabe duda que las empresas audiovisuales europeas apenas pueden rivalizar con las grandes empresas estadounidenses y esta situación de desventaja se traduce en un déficit comercial del sector audiovisual europeo con los Estados Unidos.

Otro aspecto que incide negativamente en la competitividad de las empresas audiovisuales europeas es su dimensión, siendo en su gran mayoría pequeñas y medianas empresas. Este factor, añadido a la intermitencia o altibajos en la actividad conlleva muchas dificultades para poder financiar su actividad.

Ante la necesidad de adoptar medidas de apoyo al sector audiovisual europeo, desde 1980 la Unión Europea ha promovido diversas iniciativas que, a la larga, han configurado las líneas maestras de la política audiovisual europea.

Por su relevancia e impacto, destaca la Directiva sobre Televisión sin Fronteras en el ámbito normativo y el Programa MEDIA en el ámbito de las ayudas económicas. Este último se instituyó para potenciar el dinamismo del sector audiovisual de las pequeñas y medianas empresas y promover el desarrollo de empresas de producción y distribución de películas y programas audiovisuales.

Rodaje en exterior.

La Televisión Sin Fronteras, TSF, asienta la política audiovisual en Europa permitiendo la libre circulación de programas televisivos europeos por un lado, y por otro obligando a las cadenas a que destinen más de la mitad de su tiempo a emitir obras europeas.

Por lo que se refiere a las perspectivas de futuro y a pesar de que la situación actual no es del todo satisfactoria, el sector audiovisual europeo se muestra optimista dado su gran potencial, derivado fundamentalmente del creciente impacto de las nuevas tecnologías de la información y la comunicación en la actividad.

PARA RECORDAR

- Bajo el nombre de sector de servicios audiovisuales se incluyen las actividades asociadas con el teatro, la televisión, el vídeo y el cine.
- Todas las representaciones escénicas tienen en común que son fundamentalmente visuales y se viven en directo ante un público.
- El teatro se rige por criterios económicos y puede ser clasificado según distintas fórmulas de producción: subvencionado, comercial, no comercial, comunitario y académico.
- El cine es un producto de consumo masivo, cuya demanda no es libre sino que está dirigida y ligada a la evolución tecnológica y social de su tiempo.
- Estados Unidos es la mayor potencia cinematográfica mundial.
- Son empresas de cine las dedicadas a la producción, distribución y exhibición de películas.
- La televisión es el principal medio de entretenimiento, da cita a grandes intereses comerciales y se encuentra en constante expansión dentro de la economía europea.
- Existen diferentes modelos de televisión según su titularidad, cobertura territorial, transmisión o programación.
- El vídeo nace a finales de los años 50 ligado a la televisión para poder grabar programas y emitirlos más tarde pero pronto se convierte en un medio con identidad propia en constante evolución y mejor calidad de imagen y sonido.
- Existen tres tipos de empresas de vídeo: profesionales, industriales y domésticas.
- El volumen de negocio generado por el sector español de servicios audiovisuales, en el que se incluye el subsector de la radio, aumenta de año en año a un ritmo vigoroso.
- El sector audiovisual constituye una de las áreas de mayor expansión en la economía europea y uno de los principales mercados de ámbito global.

Actividades

Repasa

1. Completa las siguientes frases:
   - El teatro subvencionado es apoyado económicamente por ______________________
   - Son empresas de cine las dedicadas a __________
   - El cine puede ser producido de manera accidental, __________________ o ____________________
   - Según quien ostente la titularidad las televisiones pueden ser ______________, ________________ o ________________________________
   - Según la programación que emitan, las televisiones pueden ser ___________ o _________________
   - Las empresas de vídeo pueden clasificarse en ____________, ____________, ________________
2. Responde verdadero (V) o falso (F) según corresponda:
   - La transmisión de la señal de televisión se realiza siempre por cable.
   - La producción en televisión la realiza siempre el propio equipo de la cadena de televisión.
   - La calidad de las imágenes en vídeo cada vez es mayor y posee aplicaciones nuevas.
   - El vídeo industrial usa una calidad de imagen a medio camino entre los formatos domésticos y los profesionales.
   - El sector audiovisual constituye una de las áreas de mayor expansión en la economía europea.

Practica

1. Interésate por las representaciones escénicas de tu localidad a lo largo de un trimestre y si es posible acude a alguna.
2. Entra en la página web: http://www.mcu.es/cine/MC/CDC/ podrás encontrar resúmenes anuales sobre producción, distribución y exhibición de la actividad cinematográfica y audiovisual en España.
3. Pregunta a tus compañeros cómo es el tipo de televisión que llega sus hogares, haz una clasificación de los tipos de televisión según lo aprendido en este tema.
4. Analiza la parrilla de programación de una cadena de televisión prevista para un día de la semana. Denomina cada uno de los programas según la clasificación aportada por la Unión Europea de Radiodifusión.

EL REGISTRO Y LA REPRODUCCIÓN AUDIOVISUAL

Índice de contenidos

Para qué te va a servir...

- Para clasificar los equipos fotográficos.
- Para conocer los diversos formatos cinematográficos.
- Para saber cómo es el tipo de sonido que se usa en cine.
- Para definir la señal analógica y digital.

Qué vas a aprender...

- El concepto de cámara fotográfica y las clasificaciones que se pueden hacer a tenor de distintas clasificaciones técnicas.
- La cámara cinematográfica, su funcionamiento y los formatos de película de cine más frecuentes.
- El sonido cinematográfico y sus tipos.
- Cómo es un receptor de televisión.
- Las posibilidades que brinda la televisión digital.
- La señal de vídeo.
- La grabación analógica y digital.
- La edición de vídeo lineal y no lineal.

Qué vas a necesitar...

- Un lector de DVD y un aparato de televisión o un monitor.
- Un euroconector.
- Una cámara de fotos digital.
- Una tarjeta de memoria.
- Un ordenador donde volcar las imágenes tomadas con la cámara de fotos.

1. EL REGISTRO Y LA REPRODUCCIÓN DE IMÁGENES FOTOGRÁFICAS

El registro de imágenes fotográficas se ha venido realizando mediante procesos fotoquímicos. Haciendo uso de materiales fotosensibles, las películas fotográficas, tras recibir una exposición controlada de luz con una cámara de fotos, debían ser reveladas químicamente para hacer la imagen visible y obtener con ello un negativo que serviría más tarde para ser copiado y ampliado sobre papel fotográfico.

Actualmente los materiales han cambiado sustancialmente y los procesos digitales se imponen. Se vive un momento de convivencia de los dos sistemas pero cada vez la apuesta digital es más fuerte y se va sustituyendo la película fotosensible y el negativo por un captador de imagen y un archivo digitales, respectivamente.

1.1. Cámaras fotográficas

Todas las cámaras de fotos, desde las más sencillas a las más complicadas, tienen un funcionamiento parecido: se trata de una caja hermética a la luz que forma una imagen en su interior a través de una pequeña abertura, donde va emplazada una lente u objetivo fotográfico. En el lugar donde se forma la imagen se coloca un material sensible a la luz donde esta queda registrada.

Las primeras cámaras consistían en una simple caja estanca a la luz, sin objetivo, solo con un orificio minúsculo para realizar la exposición, eran las denominadas cámaras estenopeicas.

LA «CÁMARA OSCURA»

La «cámara oscura» es el principio de formación de las imágenes. La luz penetra en una cámara o habitación oscura a través de un orificio minúsculo y forma una imagen en el lado opuesto, invertida de arriba a bajo y de izquierda a derecha. Fue descubierto en el año 300 a. C. y utilizado por Leonardo da Vinci en el siglo XV para hacer sus dibujos.

Cámaras antiguas.

Las cámaras fotográficas convencionales utilizan película fotográfica fotoquímica que debe ser sometida a un proceso de revelado para visualizar las imágenes formadas.

El aspecto de las digitales es similar al de las cámaras de siempre, pero incluyen una pantalla de visualización de la escena a modo de pequeño monitor. La diferencia fundamental es que la escena a fotografiar se proyecta sobre un sensor de imagen tapizado de receptores fotosensibles que generan una señal eléctrica proporcional al nivel de exposición recibido, en correspondencia con ello se generan los píxeles o puntos de información resultantes en la imagen.

> La cámara de fotos más grande de la historia fue la denominada cámara Mamut. Se construyó en los Estados Unidos en 1900 pesaba unos 450 kg y proporcionaba unas imágenes en placas de cristal de 130 x 240 cm.

En cuanto a su funcionamiento, las cámaras pueden ser manuales, semiautomáticas y automáticas dependiendo de si se opera con ellas de forma manual o de si incorporan automatismos parcial o totalmente.

Cámara reflex.

Ahora en el mercado se pueden encontrar multitud de tipos de cámaras, en función del tipo de película y formato que utilizan, el tipo de visor, el número de objetivos, el sistema de enfoque, la posibilidad o no de intercambiar su óptica, de sus componentes manuales o automáticos, de que utilicen película fotográfica o de que sean digitales o convencionales. En el siguiente cuadro se registran los diferentes tipos de cámaras fotográficas.

TIPOS DE CÁMARAS FOTOGRÁFICAS	
	Cámaras
Formato	Cámaras de 35 mm Formato medio Gran formato
Número de objetivos	Un objetivo Dos objetivos
Visor	Directo Reflex
Posibilidad de intercambiar objetivos	Cámaras compactas Objetivos intercambiables

1.2. Materiales fotográficos

Los materiales fotográficos que se utilizan están condicionados por el tipo de cámara que se use: convencional o digital. Actualmente coexisten los dos sistemas, aunque cada vez más se apuesta por los formatos digitales.

Materiales fotosensibles

Dentro de los materiales sensibles se incluye la película fotográfica y el papel de las copias.

Las películas suelen clasificarse atendiendo a diversos parámetros como:

- Formato. Las más utilizadas son las películas de 35 mm (con fotogramas de 24 x 36 mm) aunque también existen las de formato medio (con fotogramas de 6 cm de ancho y largos de 4, 5, 6, 7 o 9 cm) y las películas en hojas para cámaras de gran formato.

- Sensibilidad. Hay películas de sensibilidad baja o lentas (25 ASA, 15° DIN y 50 ASA, 18° DIN), media o de respuesta normal (100 ASA, 21° DIN y 200 ASA, 24° DIN) y de alta sensibilidad, también llamadas rápidas (400 ASA 27° DIN y los 6.400 ASA 39° DIN).

Los registros tradicionales para la toma de imagen conviven actualmente con las nuevas tecnologías digitales.

- Reproducción del color. Las películas en blanco y negro reproducen una escala de grises comprendida entre la transparencia como densidad mínima y el negro como densidad máxima. Por su parte las películas en color reproducen los colores y pueden ser positivas o negativas, estas últimas poseen colores complementarios a los reales y están diseñadas para ser copiadas sobre papel fotográfico en color.
- Sensibilidad al color. Las hay ordinarias o sensibles a las longitudes de onda del color azul, ortocromáticas o sensibles a las longitudes de onda del azul y del verde, pancromáticas o sensibles a todos los colores del espectro visible e infrarrojas, que extienden su sensibilidad fuera del espectro visible de la luz.
- Temperatura de color. Existen películas para luz día y para luz de tungsteno.

- El contraste, el poder resolutivo y el tamaño del grano son características de las emulsiones fotográficas. El contraste hace referencia al número de grises que se pueden reproducir; el poder resolutivo al número de líneas por milímetro que una emulsión puede resolver y el tamaño del grano al tamaño de los puntos que forman la imagen de plata, si son más pequeños las imágenes tendrán mayor definición.

Papeles fotográficos

Los papeles en blanco y negro: pueden ser RC, que son de tipo plástico, dimensionalmente estables, con diferentes acabados y texturas o de fibra, de mayor calidad, con una respuesta tonal más amplia y más duraderos en el tiempo.

Los papeles en color son de dos tipos fundamentalmente: para copiado de negativos o para copiado directo de diapositivas; estos últimos, cada vez más en desuso.

Materiales para cámaras digitales

Igual que las cámaras analógicas las digitales responden a diferentes grados de profesionalización, desde las cámaras compactas pasando por las reflex, equivalentes al formato 35 mm, hasta los respaldos digitales adaptados a las tradicionales cámaras de formato medio o para cámaras de gran formato, donde el número de megapíxeles que ofrecen es sinónimo de mayor calidad unido al tamaño del sensor aunque no de forma exclusiva; la óptica, la reproducción del color, la rapidez en el disparo, etc. serán parámetros de calidad a tener en cuenta.

Cámara digital.

Los materiales que utiliza este tipo de cámara son los sensores de imagen y las tarjetas de memoria.

- Sensores de imagen. Igual que para la película, el tamaño del sensor determina la cantidad de información que se captura y con ello la calidad de la imagen. Se usan dos tipos: CCD (dispositivo de cargas eléctricas interconectadas) y los dispositivos CMOS (semiconductor de óxido complementario). Algo peculiar es que siempre captan la imagen en blanco y negro y después hacen la correspondiente transformación en color.

- Tarjetas de memoria. Son los sistemas de almacenamiento de la información digital de las cámaras de fotos, pueden ser de diferentes tipos y tamaños y responder a distintas capacidades, desde 12 MB hasta varios GB.

Desde el año 2004 las ventas de cámaras de fotos digitales, de tarjetas de memoria, de impresoras y de papel se han incrementado notablemente a la vez que ha descendido la venta de material fotosensible debido al gran uso del medio por parte de fotógrafos aficionados.

2. EL REGISTRO Y REPRODUCCIÓN DE IMÁGENES EN CINE

El cine se sigue realizando fundamentalmente con película cinematográfica pero cada vez hay más directores que están empezando a usar cámaras electrónicas de vídeo de alta definición en sus rodajes. El paso a la cinematografía digital es lento, los alquileres de estos tipos de cámaras hoy por hoy son más caros que los de cámaras de cine.

De momento la mayor parte de los sistemas de proyección de las salas son aún mecánicos y resulta caro filmar en cine electrónico y tener que proyectar en película convencional. Cuando las proyecciones se hagan en vídeo de alta definición también se abaratarán los costes. Las películas no sufren deterioro en cada pase como ocurre actualmente, que hay que reponer las copias con el consiguiente gasto.

Se augura la desaparición del celuloide fotoquímico que dará paso a la grabación y reproducción digital en plazo aún por determinar.

2.1. Los formatos cinematográficos

Bobina de película.

Las cámaras de cine encuadran la escena dentro de un marco al que se denomina formato, éste relaciona el alto y el ancho de la ventanilla que enmarca la imagen que será impresa. El formato más usado es el 1.33:1 lo que significa que la proporción del fotograma es de 1 de alto por 1,33 de ancho.

El formato 35 mm se denomina «de paso universal», permite una proyección de grandes dimensiones y con buena calidad. Es el más usado en cine, en algunas producciones para televisión y también en publicidad. Además del formato de 35 milímetros, se ha utilizado ocasionalmente el formato de ancho doble, de 65mm para la filmación de unas pocas películas. Actualmente este formato de 65 mm se utiliza en las proyecciones especiales como IMAX, Omnimax, acontecimientos especiales y el rodaje de grandes producciones.

Por otra parte, fue muy popular el formato de 16mm, es decir, la mitad del formato estándar en el cine, que se utilizó para películas experimentales, así como para documentales y cortometrajes. Es un formato más pequeño que actualmente se ha sustituido casi por completo por los equipos de vídeo profesional.

Existieron también dos formatos de película dirigidos exclusivamente a los aficionados, que han quedado totalmente relevados por el vídeo. Se trata del formato 8mm, que usa película de 16 mm de anchura pero se expone dos veces, y el formato Súper 8, que era algo más ancho que el anterior.

2.2. La cámara cinematográfica

Consiste en una cámara fotográfica con un mecanismo de arrastre para poder tomar imágenes en movimiento de forma intermitente y a una velocidad de 24 fotogramas por segundo normalmente.

Los diseños de cámaras y proyectores son casi idénticos aunque inversos.

Rodaje de una película.

Componentes

Los componentes esenciales de una cámara cinematográfica son:

- El objetivo. Conjunto de lentes que forman la imagen y la llevan hasta la película.
- El cuerpo de cámara. Contiene un obturador que deja pasar la luz de forma intermitente, una ventanilla de impresión que delimita el área de actuación de la luz y unos sistemas de arrastre de la película que la hacen avanzar progresivamente renovando la película que ha de ser expuesta a continuación.
- El chasis de la película. Contiene una bobina con la película virgen y otra bobina con la película que ya está expuesta.
- El visor. Componente óptico que permite ver la imagen que se va a captar.
- El sistema de alimentación. Le proporciona a la cámara la energía necesaria para accionar sus componentes.

Funcionamiento

La película virgen sale de la bobina contenida en el chasis y es transportada hasta el lugar donde el objetivo forma una imagen nítida de la escena, que recibe el nombre de plano focal, un obturador que se abre y se cierra, y proporciona la exposición de la luz necesaria para impresionar el material sensible y una vez que esto ha ocurrido el mecanismo de arrastre hace que la película avance hasta la otra bobina de recepción de la película expuesta.

La película cinematográfica posee las mismas características en cuanto a emulsiones que la película fotográfica, es fotoquímica y necesita un revelado posterior que haga visible la imagen latente expuesta pero en la cámara de cine la película se desplaza verticalmente y la imagen ocupa un espacio menor que en fotografía.

2.3. El sonido cinematográfico

El sonido se graba directamente sobre la película y se denomina sonido óptico. Se incorpora normalmente en el mismo carrete, en sus márgenes, en los bordes o entre las perforaciones. Puede ser analógico o digital y llevar además una pista grabada de forma magnética.

Al reproducirse la película un haz de luz pasa a través de la pista óptica de audio y una fotocélula recoge las diferencias de luz y las convierte en señal de audio. Este sistema aún está en uso y se emplea para poder ser reproducido en salas que no tienen sistema digital o por si este falla durante la proyección.

Los formatos más usados actualmente son los siguientes:

- Analógico. Es un sistema de audio estéreo (sonido grabado y reproducido en 2 canales). Las películas llevan una línea continua que viene impresa en el lado izquierdo del cuadro de imagen y es de tipo óptico.

EL CINE MUDO

Todas las películas de cine mudo se proyectaban con un narrador, acompañadas de orquesta o un pianista que servía además de para crear dramatismo, para que no se oyese el ruido del proyector. La primera película sonora de la historia del cine, *El cantante de jazz*, se estrenó en 1927.

Fotograma de *El viento* (1928, Victor Sjöstrom), película del denominado cine mudo.

- Dolby Stereo o Dolby SR. Es una variación del sistema estéreo con 4 canales más.
- Dolby Digital o AC-3. Contiene hasta un total de 6 canales de sonido. El sonido digital va comprimido y se ubica entre las perforaciones de la película.
- Sony Dynamic Digital Sound (SDDS). Ofrece 8 canales y se diferencia en los 6 altavoces colocados detrás de la pantalla que logran así integrar mejor el sonido con la imagen. La información de sonido óptico va en los bordes laterales externos de la película por duplicado por si acaso falla ya que se ubica en una zona de máxima fricción.

3. EL REGISTRO Y REPRODUCCIÓN AUDIOVISUAL EN TELEVISIÓN

Tanto el cine como el vídeo hacen posible que un punto que se presenta en distintas posiciones a una velocidad determinada cree sensación de movimiento para el ojo humano, es lo que se denomina *persistencia de la visión o persistencia retiniana*. Este fenómeno fisiológico junto con otros más posibilita la existencia de la televisión.

La imagen de telelevisión se divide en 625 líneas, al conjunto de estas líneas se le denomina cuadro y es el equivalente al fotograma en cine.

El proceso de televisión consiste básicamente en lo siguiente: una cámara de televisión capta una imagen óptica que transforma en energía eléctrica para poder ser codificada y transportada hasta un medio transmisor (ondas hertzianas, cable o satélite de comunicaciones), desde este se distribuye la señal hasta un receptor donde el proceso se invierte y la corriente eléctrica se transforma en imágenes y sonidos de nuevo.

A continuación se expone la manera en que se hace posible esa transformación mediante los sistemas de exploración de imágenes.

3.1. Los sistemas de exploración de imágenes en televisión

Los sistemas de exploración de imágenes en televisión tradicionales funcionan descomponiendo la imagen en elementos simples denominados *elementos de imagen.*

La lectura se realiza de manera secuencial de forma que no se identifica un elemento hasta que no se ha leído el anterior. Esto se realiza igual que se lee un libro, de arriba abajo y de izquierda a derecha.

La imagen de arriba a abajo se divide en 625 líneas (en el sistema PAL) y al conjunto de estas líneas se le llama cuadro, que es el equivalente a un fotograma de cine. Para que el ojo humano no detecte parpadeo en la pantalla estas 625 líneas no se exploran de una vez sino que se dividen en dos tiempos, uno para las líneas impares y otro para las pares, a cada grupo de estas líneas se le llama campo que es por tanto, la mitad de un cuadro. Es lo que se denomina *barrido entrelazado.*

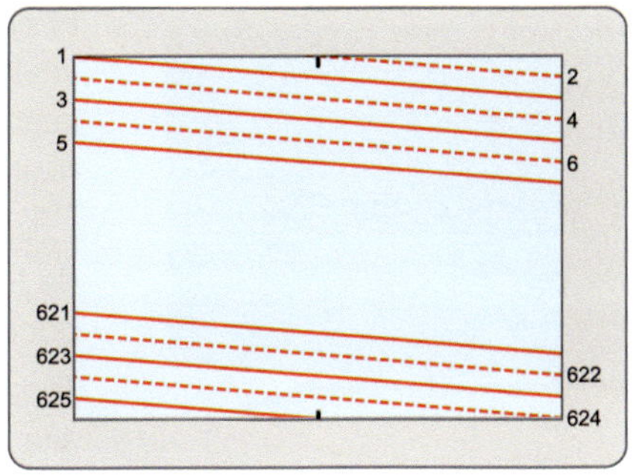

Barrido entrelazado.

En televisión la frecuencia con la que se presentan las imágenes o sea un cuadro, es de 25 por segundo (en el sistema PAL) y se designa como medida el hercio (Hz) para indicar el número de veces por segundo que se repite un hecho. Como cada cuadro está formado por dos campos, la frecuencia de campo será de 50 Hz, que coincide con la frecuencia de la red eléctrica.

Las nuevas tecnologías incorporan el barrido progresivo, rellenan cada línea consecutivamente con la siguiente por lo que ofrece el doble de fotogramas por segundo que en el entrelazado y proporciona imágenes más nítidas y brillantes y se elimina el parpadeo

Campos impares, pares y la suma de ambos como imagen completa.

3.2. La televisión digital

Utiliza una tecnología distinta para transmitir la señal, en vez de enviar las ondas de forma analógica codifica las señales en formato binario, lo que posibilita la interactividad con el consumidor y el acceso a internet, mejor calidad de imagen y sonido, más canales, oferta de una programación más amplia, poder ver el formato panorámico sin cortes ni bandas, con un sonido envolvente con la misma calidad que un CD, versiones originales con elección de idioma y subtítulos, guía electrónica de programación, visión multicámara para acontecimientos deportivos.

En España existen cuatro alternativas para recibir la televisión digital:

- Por satélite. Ofrecida por Digital +, obtiene sus mayores ingresos de las retransmisiones en directo de acontecimientos deportivos.
- Por cable. Las dos principales plataformas son AUNA y ONO; llega a las casas a través de cable de fibra óptica junto con servicios de telefonía e internet. Es necesario un receptor externo para recibir la señal.
- Por ADSL. Se recibe a través del teléfono y ofrece televisión, telefonía y acceso a internet. Se necesita un módem router y un receptor externo para conectar al televisor. Telefónica ha lanzado Imagenio.
- Terrestre (TDT). Sustituirá en Europa a la televisión convencional. Desde diciembre de 2005 todas las cadenas emiten oficialmente en este sistema pero es necesario un receptor especial para poder tener acceso a la emisión.

Monitor de televisión.

El «apagón analógico» es el nombre que se le da al cese de las emisiones de radio y televisión de manera analógica, previsto para el año 2012. En España se ha adelantado al año 2010. Hasta que esto ocurra convivirán las emisiones analógicas y digitales.

Existen en el mercado aparatos específicos para poder recibir y decodificar la señal de televisión digital terrestre, hay una cierta incertidumbre al respecto ya que son pocos los receptores que la llevan incluida.

Todas las variantes de televisión digital pueden emitir en estándar de definición o en alta definición HDTV.

La televisión de alta definición, también conocida como HDTV, se caracteriza por emitir señales a una calidad superior a los sistemas actuales. Poseen un ratio de aspecto de 16:9 (que es la relación de aspecto de los televisores de plasma y que recuerda más al cine) en lugar del 4:3 tradicional, además el sonido se transmite en formato Dolby Digital.

Los sistemas para poder ver este tipo de televisión son el cable y el satélite. Para recibirlas hacen falta dos requisitos fundamentales: un monitor capaz de mostrar imágenes de resolución superior y tener sintonizada esta señal.

4. EL REGISTRO Y REPRODUCCIÓN AUDIOVISUAL EN VÍDEO

El vídeo es un sistema de almacenamiento de imágenes en movimiento que utiliza por lo general procedimientos magnéticos u ópticos.

4.1. La señal de vídeo

Cámara de vídeo digital profesional.

La cámara de vídeo, igual que la de cine, permite registrar imágenes en movimiento pero lo hace con medios electrónicos o digitales.

La luz de la imagen óptica debe ser registrada de manera que se pueda almacenar y manipular, para ello se transforma en electricidad gracias a fenómenos físicos ya conocidos antes de la aparición del vídeo y la televisión, son los fenómenos fotoemisor y fotoconductor, según los cuales las variaciones de luminosidad de una imagen se convierten en variaciones de tensión eléctrica que constituyen la señal de vídeo.

Tradicionalmente el tubo de rayos catódicos es el elemento que se ha encargado de producir esta conversión tanto en cámaras de video como en los monitores de televisión (aun hoy en día se utilizan en algunos) pero son los CCD los que actualmente se incorporan en las cámaras. Se trata de unos pequeños circuitos electrónicos cuya superficie se halla dividida en pequeños elementos fotosensibles que generan una corriente eléctrica según la iluminación producida por la imagen óptica.

La luz blanca puede ser descompuesta en los colores que la integran: rojo, verde y azul; para ello se utiliza un sistema de filtros que separa los colores y los proyecta sobre los CCD. Esta señal de vídeo original en RGB se codifica en otras dos señales denominadas:

- Luminancia (Y) . Lleva la información del brillo de la escena. Es una imagen en blanco y negro. Cada color aporta un porcentaje distinto al brillo de la imagen para que se adecue a la forma de visión del ojo humano, así pues el 59 % lo aporta la energía del verde, el 30 % la energía del rojo y el 11 % la energía del azul.

- Crominancia (C). Lleva la información del color con sus correspondientes características de tono, brillo y saturación.

4.2. La grabación de vídeo analógica

La idea de magnetismo va unida a la de la corriente eléctrica. La señal de vídeo es una corriente eléctrica que al ponerla en contacto con el material magnético de la cinta de vídeo le transferirá su información de manera proporcional a las variaciones de señal.

El aparato que hace posible la preproducción y la grabación de imágenes de vídeo y sonidos en cinta magnética recibe el nombre de *magnetoscopio*, también llamado videograbador (VTR). Permite la grabación de imágenes bien como vídeo estacionario (como los domésticos o los de los estudios de televisión), o bien incorporados en el cuerpo de la cámara de vídeo, como camascopio o camcorder.

La cinta magnética utilizada posee una base de acetato, poliéster o mylar, que debe ser flexible, plana y no inflamable. Sobre ella se deposita una emulsión de partículas de óxido ferroso junto con otras partículas metálicas que van unidas a la base con un pegamento. Al hacer circular una corriente eléctrica se genera un campo magnético en el entrehierro de un electroimán (que se conoce vulgarmente como «cabeza»). La cinta de vídeo se hace desfilar frente a esta cabeza y se queda imantada. Para la reproducción el proceso se invierte y los imanes de la cabeza de lectura inducen una señal eléctrica reflejo de la señal magnética registrada.

4.3. Formatos de vídeo analógico

Se clasifican tradicionalmente según el ancho de cinta contenida normalmente en una casete como las cintas de audio.

La señal grabada tanto de audio como de vídeo va sufriendo transformaciones en cada copia realizada del material de partida con un importante deterioro y pérdida de calidad.

Los formatos de vídeo analógicos están desapareciendo, van siendo sustituidos por formatos digitales que usan cámaras más ligeras, y utilizan una tecnología más evolucionada. Están preparadas para codificar la información pensando en su posterior edición no lineal con ordenadores, que no supone deterioro de la señal en futuras generaciones.

4.4. La grabación de vídeo digital

Las cámaras de vídeo digital también realizan la grabación sobre cinta magnética de casete normalmente, pero usan una tecnología diferente. Algunos modelos usan soportes ópticos y discos duros.

Para un sistema de grabación analógico la señal de cámara es ininterrumpida de principio a fin, para pasar de un punto a otro la tensión recorre infinitos puntos de manera fluida.

En el vídeo digital se produce un *muestreo* de la información. Se puede descomponer la señal analógica en un gran número de muestras y a cada una de ellas asignarle un valor numérico (digital) y una *cuantificación*. Al número de muestras que se toman por segundo se le denomina frecuencia de muestreo y al valor asignado a cada una de ellas, cuantificación.

En películas españolas como *Lucía y el sexo*, de Julio Medem (2001) o de la gran industria de Hollywood como *La guerra de las galaxias. Episodio 2*, de George Lucas, se han usado cámaras digitales de vídeo de alta definición para realizarlas.

4.5. Formatos de vídeo digital

Los formatos de vídeo digital han ido imponiéndose en el mercado, desplazando casi por completo a los de tecnología analógica. Las nuevas cámaras de vídeo de alta definición ofrecen posibilidades de imagen y sonido más parecidas al cine que a la televisión.

Existen diferentes formatos de vídeo digital tanto de definición estándar como de alta definición. La diferencia entre ambos es la resolución, el vídeo de definición estándar proporciona 480 líneas de detalle visibles, el vídeo de alta definición parte de 720 y llega hasta 1.080 líneas.

La alta definición, que cuenta con más de 20 años de historia, surge cuando la tecnología aún era analógica para poder elevar el número de líneas de resolución y la relación de aspecto de la pantalla de 4:3 a 16:9, más alargado y parecido al cine.

Cámara ENG.

4.6. Tipos básicos de cámaras

Existen dos tipos de cámaras en cuanto a su configuración:

- Cámaras de ENG. Son cámaras portátiles que trabajan de manera independiente ya que van provistas de un magnetoscopio grabador/rerproductor, reciben el nombre de camcorder o camascopio. También pueden formar parte de un sistema de cámaras de estudio.
- Cámaras de estudio. Forman parte de una instalación de estudio de la que dependen, están compuestas por la cabeza de cámara (constituida por la óptica que permite el encuadre y enfoque de imágenes y el cuerpo de cámara que contiene la circuitería electrónica de captación de la imagen y conversión de la señal) y un sistema de conexiones que une la cabeza de cámara con la unidad de control de cámara (o CCU Estación base) la grabación y reproducción.

Estudio de televisión.

4.7. La edición de vídeo

Tradicionalmente la edición de vídeo se realizaba mediante un sistema de montaje que se denominaba *lineal* ya que los fragmentos de vídeo y de audio debían ser montados de manera sucesiva unos detrás de otros. Era preciso disponer de un vídeo lector en el que insertar la cinta con los «brutos» y un vídeo grabador en el que ir empalmando el material y que daba como resultado el «master» o primera cinta de montaje. Las sucesivas copias recibían el nombre de segunda, tercera generación…, con la consiguiente pérdida de calidad.

La edición de vídeo *no lineal* supone el montaje informático de lo que se ha grabado en cámara, para lo que se puede hacer uso de diversos programas, unos más profesionales que otros. Se denomina no lineal porque el material no tiene porque ser editado de manera sucesiva, se puede acceder a cualquier punto y desplazar el material ya editado incorporando imágenes nuevas. Los programas generan transiciones, incorporan pistas para audio también y pueden aplicar innumerables efectos.

Facilita mucho el trabajo de edición y no hay pérdida de calidad ni en la imagen ni en el sonido. Se puede editar mediante este sistema cualquier tipo de imagen de vídeo o cine siempre que se efectúe la correspondiente digitalización del material y se disponga de un ordenador suficientemente equipado Una vez finalizada la edición se le puede dar salida tanto a soportes ópticos como a cinta magnética.

PARA RECORDAR

- Todas las cámaras fotográficas se basan en el principio de la cámara oscura. Existen diversos modelos de cámaras en función de muchas variables como: el formato de película usada, el número de objetivos y la posibilidad de intercambiarlos, el tipo de visor, que sean automáticas o manuales, que usen película tradicional o dispositivos digitales.
- Los materiales usados en la captación y almacenamiento de imágenes pueden ser diversos: fotoquímicos y digitales.
- El cine se sigue realizando fundamentalmente con película cinematográfica, pero cada vez hay más directores que están empezando a usar cámaras electrónicas de vídeo de alta definición en sus rodajes
- La cámara cinematográfica consiste en una cámara fotográfica con un mecanismo de arrastre para poder tomar imágenes en movimiento de forma intermitente y a una velocidad de 24 fotogramas por segundo.
- El sonido en cine se graba sobre la película y puede ser analógico o digital.
- El proceso de televisión abarca desde la toma de imágenes por parte de una cámara de vídeo hasta su visualización de nuevo en una pantalla a gran distancia del lugar donde las imágenes se produjeron, para ello la señal deben ser transformada en electricidad, codificada y transportada hasta los receptores.
- La televisión digital utiliza una tecnología distinta para transmitir la señal, posibilita la interactividad con el consumidor y el acceso a internet, proporciona mejor calidad de imagen y sonido, más canales y mayor oferta de programación.
- La cámara de vídeo permite registrar imágenes en movimiento, igual que la de cine pero lo hace con medios electrónicos o digitales.
- Las cámaras de vídeo pueden tener dos configuraciones: de estudio y ENG.
- La edición de viídeo puede ser lineal (usando un magnetoscopio reproductor y otro grabador) y no lineal (por medios informáticos).

Actividades

Repasa

1. Completa las siguientes frases:
   - Actualmente los materiales han cambiado sustancialmente y los procesos ___________ se imponen.
   - Las películas fotográficas según su sensibilidad pueden ser: lentas, normales y ___________
   - El aparato que permite la grabación y reproducción de imágenes recibe el nombre de ___________
   - La cinta que utilizan las cámaras de vídeo es de tipo ___________
   - Las nuevas cámaras de vídeo de alta definición proporcionan un tipo de imagen más parecida al ___________ que a la televisión.
   - La edición de vídeo en la que el material grabado puede ser editado de manera no sucesiva se denomina ___________
2. Responde verdadero (V) o falso (F), según corresponda.
   - Un cuadro es como un fotograma en cine.
   - TDT son las siglas de la televisión digital terrestre por cable de fibra óptica.
   - Para la obtención del vídeo digital se realizan dos procesos: muestreo y cuantificación.
   - Los formatos de vídeo analógicos se clasifican según el ancho de cinta que usan.
   - Se pueden digitalizar las imágenes analógicas.

Practica

1. Visualiza la película *La guerra de las galaxias. La amenaza fantasma* e interésate por el tipo de soporte utilizado en su realización.
2. Observa cómo está conectado el DVD que tienes en casa al receptor de televisión e indica qué tipo de conector utiliza y qué señales transporta.
3. Visita las instalaciones de una televisión: el plató, el control de realización y de paso, puedes conocer también la sala de maquillaje y peluquería.
4. El barrido entrelazado: haz una fotografía a una pantalla de televisión y observa qué ocurre.

6 TEMA
LA ORGANIZACIÓN DEL PROCESO AUDIOVISUAL

Índice de contenidos

Qué vas a aprender...

- El concepto de producción audiovisual.
- Las fases en las que se divide la producción de una película.
- La composición del numeroso equipo humano que interviene: ficha técnica y ficha artística.
- A reconocer la documentación técnica que se entrega para una producción: plan de trabajo, orden de rodaje, desgloses de guión, listados...
- Los tipos de guiones con los que puedes contar y sus desgloses.

Para qué te va a servir...

- Para familiarizarte con las profesiones más habituales relacionadas con el cine.
- Para saber de quién depende jerárquicamente un caracterizador.
- Para poder identificar el formato en el que se suministra la información técnica.
- Para comprender el significado de los términos técnicos que aparecen en la información que se entrega.
- Para identificar la información más importante de toda la documentación entregada.

Qué vas a necesitar...

- Cámara de vídeo.
- Reproductor de vídeo o de DVD.
- Material de caracterización.

1. LA PRODUCCIÓN EN LOS MEDIOS AUDIOVISUALES

La historia de la producción de medios audiovisuales se remonta a la historia de la producción en cine. Y como máximo referente se encuentra Hollywood, consolidada a partir de la aparición del cine sonoro y gracias al capital de los grandes bancos.

La producción es la labor de organización de los medios técnicos, humanos y económicos que tiene por objeto la creación de un producto audiovisual a partir de un proyecto.

Debe dar respuesta a las siguientes preguntas:

- Qué producir.
- A quién va a ir dirigido.
- Con qué medios humanos y materiales.
- Dónde se desarrollará.
- Cuándo tendrá lugar.
- Cómo se va a organizar.

La producción audiovisual participa de los parámetros de producción de cualquier empresa de bienes y servicios, con un entramado industrial que mueve cifras económicas importantes, en el caso del cine y la televisión.

La manera de producir repercutirá sobre el estilo y la calidad del resultado cinematográfico, videográfico o televisivo.

Por su carácter creativo y cultural, no se debe olvidar que la puesta en marcha es posible gracias a la gestión de los recursos económicos aplicados con criterios de rentabilidad.

Las productoras han ido adaptándose a las nuevas tecnologías, incorporando sistemas informáticos que facilitan la tarea de producir, más concretamente de planificar un rodaje.

1.1. Fases del proceso de producción

La producción pasa por diferentes fases desde la presentación de la idea hasta su materialización definitiva como producto audiovisual.

El estudio del proceso de producción se plantea para un producto cinematográfico con especificaciones, en las diferencias, para un programa de televisión.

Todo el proceso se puede englobar en las cuatro fases siguientes: preproducción, producción, postproducción y comercialización.

Preproducción

Empieza con la puesta en marcha del proyecto y termina el primer día de rodaje/grabación. Los esfuerzos de planificación aquí realizados repercutirán en la correcta consecución de objetivos.

Una vez que se cuenta con el guión, durante la fase de preproducción se debe estudiar y desglosar el mismo, fijar las localizaciones de la grabación, preparar los medios técnicos y artísticos necesarios, confeccionar el plan de trabajo, organizar los desplazamientos, solicitar permisos, determinar y encargar los decorados, contratar personal y servicios, conectar con productores diversos, elaborar el presupuesto etcétera.

La confección del plan de trabajo o rodaje es una de las tareas más importantes de la preprodución. Es una división de necesidades a lo largo del tiempo de rodaje. Debe reflejar un programa completo de las actividades que se realizarán, para ello se estima el tiempo de rodaje, agrupando las secuencias por decorados para poder rodar todo lo que sucede en un mismo sitio, sin orden cronológico necesariamente y se establece lo que se va hacer cada día en la orden de rodaje, que posibilita tener todo preparado para el día siguiente. En esta programación quedan anotados los siguientes datos: fecha, decorado, página del guión, actores, secuencia, número de plano, maquillaje, etc. Debe ser de fácil comprensión para todos los miembros y debe indicar la hora de citación del equipo y la duración del rodaje.

PÁNICO EN EL HOSPITAL - PLAN DE RODAJE									
fecha	día	horario	secuencia	planos	decorado	actores	figurantes	descripción	notas
17 julio	1	7:00-19:00	1	1, 2, 3, 4	sótano	1, 2		Dr. y Ana recorren el sótano	cine jib
			3 (parte)	1, 5, 6, 7	sótano	1, 3		Rubén descubre y mata al Dr.	cine jib
18 julio	2	8:00-17:00	3 (parte)	2, 3	sótano	1, 2		Pies de Ana y Dr.	cine jib
			4	1, 2, 3, 4	quirófano	2	muerto	Ana observa el quirófano	
			5 (parte)	1, 2, 3, 4	quirófano	2, 3		Rubén ataca a Ana y muere	

En la fase de preproducción de cine el caracterizador contratado para una película deberá:

- Hacer un estudio previo de los personajes: físico, psicológico y social.
- Conocer el tipo de iluminación, si es rasante destaca las texturas mucho más que si es frontal.
- Saber si la grabación se hace en color o en blanco y negro y el género del audiovisual.
- Valorar los tipos de planos que se grabarán. Serán más rigurosas y detallistas las caracterizaciones para planos cercanos, que necesitarán un acabado de precisión.
- Tener un buen conocimiento del guión por si un personaje debe cambiar de aspecto varias veces.
- Ver los resultados de las pruebas en cámara y consultar con el director de fotografía sobre el uso de colores, relieves y texturas.
- Probar los productos con los que se trabaja en maquillaje y caracterización para evitar posibles reacciones alérgicas

A veces estos trabajos empiezan incluso antes del *casting*.

Si el trabajo es para teatro, se habrán realizado las pruebas días antes del estreno, en el camerino y durante el espectáculo, el caracterizador se situará entre bambalinas para atender a los actores si precisan retoques o cambios de maquillaje.

Producción

Llega el momento de la grabación/rodaje. La eficacia de una buena planificación empieza a tener sus frutos, el quipo de producción cede protagonismo al director/realizador.

Antes de dar comienzo a la grabación, se ultiman detalles de montaje de decorados, se coloca la iluminación, se monta la cámara y se ensayan los movimientos, los maquilladores ejecutan las órdenes del caracterizador, según el estudio realizado previamente, siempre pendiente de imprevistos y retoques de última hora. De aquí los actores pasarán a vestuario. Se producen ensayos del equipo artístico y entonces: golpe de claqueta y se oye la voz del director: «¡Motor, acción!».

Todo el equipo debe disponer de una copia del guión, del plan de trabajo o rodaje, de las órdenes de trabajo diario o rodaje con la citación para el día siguiente, donde figura la hora, las secuencias a rodar y el lugar.

Diversos momentos del rodaje de una película. La claqueta se coloca delante de la cámara al empezar a rodar para que se incorporen los datos que afectan a ese trozo de película.

ORDEN DE TRABAJO DIARIO DE UNA PELÍCULA

PELÍCULA: PÁNICO EN EL HOSPITAL	**ORDEN DÍA: 6**
DIRECTOR: SANTIAGO MORENO	Fecha: 17-jul-07
PRODUCTORA: MRTV	Horario: 7:00-19:00

	interior/noche
secuencia:	1
sinopsis:	Dr. y Ana recorren el sótano
decorado:	pasillo sótano
localización:	estudios Discine
	interior/noche
secuencia:	2
sinopsis:	Rubén descubre y mata al Dr.
decorado:	pasillo sótano
localización:	estudios Discine

CITACIONES

EQUIPO ARTÍSTICO

personaje	actor	vest.	recogida	maquillaje	peluquería	vestuario	listo
Dr	Manu Seco	1	6:15	7:30	7:00	8:00	8:30
Ana	Elena Más	1	6:30	8:00	7:30	7:00	8:30
Rubén	César Vidal	1	en set	11:00	10:30	10:00	11:30

EQUIPO TÉCNICO

Director:	7:30	Sonorista:	7:00	FX:	10:00
Ay. Dirección:	6:00	Microfonista:	7:00	Asis. FX:	10:00
Script:	7:30	Dir. Arte:		Jefe Eléctrico:	6:00
Dir. Prod.:	5:30	Escenógrafo:		Eléctricos:	6:00
Asis. Prod.:	5:30	Utillero:	7:00	Maquinista:	6:00
Dir. Foto:	6:00	Vestuario:	7:00	Asis. Máquina:	6:00
Camarógrafo:	7:00	Asis. Vestuario:	7:00	Mantenimiento:	6:00
Asis. Cámara:	7:00	Maqui/Peluq.:	7:00		
Fotofija:	10:00	Asis. Maq/Peluq.:	7:00		

NECESIDADES

- Decoración: cubrir muebles con nailon/acrílico en puerta
- Utilería: guantes, reloj y llaves Dr./bisturí
- Vestuario: pijama roto Ana
- Maquillaje: canas y ojeras Dr./cara Ana limpia, herida ceja y vendaje brazo
- FX: muerte Dr.
- Cámara:
- Maquinaria: Cinejib
- Sonido: sonido tuberías sótano
- Producción: callar audio altavoces/apagar aire acondicionado
- Desayuno: 8:00
- Comida: 14:00
- Cena: x

Postproducción

La postproducción en cine abarca las tareas de montaje y en vídeo las de edición y sonorización.

En cine los metros y metros de película expuesta se mandan al laboratorio y se revelan, se descartan los negativos que no sirven y se copia en positivo lo que se va a utilizar.

Del resultado diario se realiza una copia del negativo del celuloide en vídeo digital; es lo que se llama telecinado.

Los procesos de laboratorio van discurriendo paralelos a los de rodaje, se revela a diario el material expuesto para detectar posibles fallos técnicos ocurridos en la toma: problemas de iluminación, deterioro de la película, etc.

Para igualar en color toda la película y darle continuidad a la iluminación o crear algún efecto dramático concreto, el negativo original se va copiando bajo diferentes condiciones de luz y niveles de exposición, a este proceso se le denomina etalonaje.

Si ha sido una grabación en vídeo, el material de las cintas se minuta (se selecciona lo que sirve con su código de tiempo) y se va montando, normalmente de manera digital con un ordenador, haciendo uso de diversos programas informáticos.

En esta fase se le da la forma definitiva al programa o película. Se tiene el material pero hay que descartar lo que no se utilizará y ordenar los planos para darles continuidad según el guión.

Además de las imágenes se incluye la banda sonora y los efectos especiales, se sintetizan imágenes virtuales, se crean caretas animadas, se añaden los créditos y un sinfín de operaciones en las que confluyen diversos campos y aplicaciones informáticas.

La postproducción en vídeo es más dinámica: comienza con la selección del material grabado, continúa con el proceso de edición y procesado de las imágenes y termina con el sonorizado hasta la obtención del master final.

Comercialización

Es el proceso mediante el cual la película sale al mercado y es distribuida y exhibida.

El producto audiovisual terminado necesita una campaña de marketing que lo promocione. Tendrán lugar en esta fase numerosas acciones entre las que destacan: elección del título, creación de afiches, elaboración del *press book,* el tráiler y el *making off,* presentación en festivales, etc.

2. EQUIPOS HUMANOS

Las dimensiones de cada producción audiovisual determinarán el número de integrantes que se ponen al servicio de la realización de un programa cinematográfico o televisivo.

Se trata de un trabajo en equipo en el que cada cual tiene atribuidas funciones diversas, más o menos creativas o técnicas y en apariencia, algunas más importantes que otras, pero en todo caso todas, insustituibles.

El equipo humano que trabaja en una película es muy numeroso.

El equipo de producción desempeña una importante tarea aquí, organiza a las personas y realiza un seguimiento y control para que todo esté a punto.

El modelo de organización está jerarquizado y debe haber una clara delimitación de competencias y responsabilidades.

La información suministrada debe ser clara y precisa y quedar materializada en los clásicos gráficos de rodaje.

El equipo humano que trabaja en una producción está constituido por la ficha artística y la ficha técnica.

2.1. Ficha técnica

A continuación se describen los profesionales que componen la ficha técnica agrupados por diferentes áreas: producción, dirección, imagen, dirección artística, vestuario, maquillaje, montaje, sonido.

Equipo de producción

El equipo de gestión de la producción es uno de los que funcionan en todo el proyecto.

Está compuesto por el productor ejecutivo, el productor, ayudante de producción, regidor, auxiliar de producción y secretario de producción.

- El productor ejecutivo. Es el impulsor del proyecto audiovisual siguiendo criterios de viabilidad económica y creatividad, asume las cargas de la realización industrial del proyecto. Debe tener un perfecto conocimiento del medio cinematográfico y legislativo, y saber lo que el público demanda le ayudará a decidir qué proyecto atender. Elige al equipo principal y es el responsable de todas las contrataciones y las relaciones administrativas.

No se puede empezar a rodar una película sin un regidor.

- El jefe de producción, productor, director de producción. Organiza la producción, se reúne con los máximos responsables de cada equipo para saber cómo se abordará cada trabajo. Es el responsable del plan de trabajo y los desgloses. Participa en las localizaciones y aprueba y supervisa todas las actividades del personal, sus contratos y los de equipos y servicios. En cine esta responsabilidad recae en el productor y en televisión en el jefe de producción, que lo será de cada departamento: informativos, educativos, etc., y que suele delegar en el director de programa, persona que decide sobre los contenidos, los presentadores, etc.
- El ayudante de producción. Se encarga de las relaciones con el director y los técnicos. Está a las órdenes del jefe de producción y realiza labores de coordinación artística, técnica y administrativa, prepara el trabajo del día siguiente y está en estrecha relación con el ayudante de dirección.
- El regidor. En televisión es la persona que gobierna el plató en las grabaciones y en cine trabaja directamente con el ayudante de dirección haciendo cumplir el orden de rodaje y supervisa todo antes de empezar la filmación para que cada cosa esté en su sitio.
- El auxiliar de producción. Reparte las órdenes de trabajo de los equipos de rodaje y avisa a los actores de la hora de trabajo. Recibe instrucciones de los responsables superiores del equipo de producción.
- El secretario de producción. Realiza las labores administrativas desde la oficina.

Equipo de dirección/realización

El director se incorpora al equipo desde la fase de preparación. Este equipo está integrado por:

En el set de rodaje, el director de *Diario de un escándalo*, Richard Eyre, da instrucciones a la actriz Cate Blanchett.

- El director/realizador. Es quien lleva a cabo la realización del proyecto. Realizador en televisión y en cine el director, es el máximo responsable durante el rodaje, su control no es solo sobre la técnica, punto de vista de cámara o elección y dirección de actores, sino también sobre la expresividad y estilo de la obra. Realiza el guión de trabajo y establece los planos. Propone el reparto, presencia las pruebas de actores. En la fase de postproducción controla la edición.
- Ayudantes de dirección y auxiliares. Puente entre el equipo de producción y dirección, en televisión se sitúan al lado del realizador en el control y controla los tiempos para que no haya desfases en el programa. Colaboran con el ayudante de producción en los desgloses de guión y se comunican con los distintos equipos.
- El *script* o secretario de rodaje. Se encarga de la continuidad en el rodaje, cumplimenta los partes de cámara y montaje, es el elemento importante en el equipo de dirección.

Equipo de imagen/fotografía

El equipo de imagen entra en acción fundamentalmente durante la grabación.

- Director de fotografía. Responsable de la máxima calidad de la imagen, dispone la iluminación de la escena, el contraste, la textura, la continuidad de la luz, y su formación es fotográfica. Selecciona las lentes, los filtros, la exposición, el consumo de película y el envío al laboratorio. También recibe el nombre de primer operador.
- Cámara o segundo operador. Es la persona que maneja físicamente la cámara; ejecuta la composición del plano y los movimientos oportunos indicados por el director. Pone en marcha y detiene la grabación.
- Foquista. Figura de cine exclusivamente, en el que el enfoque en cámara se realiza de forma manual y hay que medir distancias y ajustarlo con los movimientos de cámara.
- Iluminador y su equipo técnico: controlan y distribuyen las fuentes de luz según las instrucciones del director de fotografía.

Equipo de imagen de una película.

En televisión la imagen está a cargo de un equipo de telecámaras y un técnico de control de imagen que actúa desde el control para que todas las cámaras estén equilibradas.

Equipo de dirección artística

Tanto en cine como en un programa de televisión, habrá que hacer que el escenario sea creíble. Esta es la función de varios profesionales:

- Director artístico. Es quien crea la escenografía de las secuencias y ambienta la obra bajo la supervisión del director y en relación con el director de fotografía. Mantiene informado al jefe de producción de sus necesidades materiales.
- Jefe de decorados, ayudante de director de arte, carpinteros, atrezzistas, en televisión llamados ambientadores de decorados y accesoristas completan este equipo.
- Equipo de vestuario. Compuesto por profesionales de diseño y confección tales como: figurinistas, sastres, estilistas, y sus correspondientes ayudantes. Asesorados por el director de fotografía y director sobre colores y estética más apropiada, confeccionarán modelos de vestuario exclusivos o seleccionarán de *stock* o en alquiler las prendas más adecuadas.

- No es lo mismo una caracterización para cine, que para vídeo, teatro, fotografía, televisión o cualquier otro tipo de espectáculo. Los maquillajes de teatro son más exagerados y rectilíneos, los personajes no van a ser vistos de cerca, por lo que se marcan exageradamente las facciones y lo que deba llamar la atención.

Equipo de maquillaje, peluquería y caracterización

Se estudia el maquillaje y peinado para adecuarlo a las necesidades del personaje. Unas veces consistirá en maquillaje de base, que neutralice el efecto de la iluminación o corrector de imperfecciones de la piel y en otras ocasiones, en profundas transformaciones y caracterizaciones.

- Caracterizador. Estudia los maquillajes y peinados más adecuados para los personajes, prótesis, pelucas, postizos, según ambientación de la película, época y exigencias técnicas.
- Maquillador. Se encarga de los maquillajes, debe tener amplios conocimientos tanto teóricos como prácticos de todo lo relacionado con el maquillaje, la historia, los diferentes productos, nuevas tendencias, estilos y aplicaciones. Tanto el maquillador como el caracterizador deberán además poder reconocer la influencia de la iluminación sobre los pigmentos, las formas y texturas, y manejar la información audiovisual necesaria para interpretar las órdenes dadas.

El equipo de maquillaje y caracterización trabajando en un momento del rodaje de *El laberinto del fauno*.

- Ayudante de maquillaje. Realiza maquillajes sencillos y también se encarga del mantenimiento y retoque, eliminando brillos producidos por el sudor.
- Peluquero. Hace peinados, tintes, cortes de pelo según la época y estilo del audiovisual. Trabaja en colaboración con el equipo de maquillaje
- Ayudante de peluquero. Realiza trabajos de peluquería como lavar, marcar, peinar y secar y también de encarga del retoque y cuidado del peinado durante la jornada de trabajo.
- Auxiliares. Son ayudantes de los ayudantes en su trabajo y están pendientes del almacén y de los repuestos.

Normalmente el maquillador jefe se encarga de los actores protagonistas asistido por un ayudante que cuidará el aspecto de los actores secundarios y figuración.

Equipo de montaje/edición

El montador/editor ejecuta la labor de descartar y combinar el material revelado, para darle sentido narrativo y ritmo a los planos; asistido por sus ayudantes, que realizan tareas mecánicas, y al lado del director (no siempre) siguiendo sus indicaciones y aportando sus conocimientos técnicos. En televisión esta tarea la lleva a cabo el propio realizador que da instrucciones al operador de montaje. El trabajo se realiza en la sala de montaje y en el control de realización respectivamente. El trabajo de montador va siendo sustituido por editores de vídeo digital, trabajan con sistemas informáticos, la revolución del cine digital grabado en vídeo de alta definición va dando lugar a nuevos profesionales.

Equipo de sonido

Está constituido por los siguientes profesionales:

- Diseñador de sonido. Determina el conjunto de músicas y sonidos de la película
- Operador de sonido. El responsable del sonido durante el rodaje, de los diálogos y del sonido ambiente.
- El microfonista, a las órdenes del anterior, es el encargado de situar las tomas de sonido en la fase de producción.
- El jirafista. Maneja una grúa ligera llamada jirafa donde se sitúa el micrófono.
- El editor de sonido y compositor de la música se suman a este equipo en la fase de posproducción.

Toma de sonido en un rodaje.

2.1. Ficha artística

Todos los actores que intervienen en una producción audiovisual componen la ficha artística.

- Actores protagonistas. Son los que llevan adelante la acción, sin ellos la narración carecería de sentido. Tienen una amplia presencia en pantalla
- Primer papel. Personajes cuyas relaciones son un segundo núcleo de acción pero siempre alrededor de los protagonistas.
- Actores secundarios o de reparto. Son catalizadores de los protagonistas y su presencia debe estar justificada y aportar algo a la trama, disponen de menos tiempo para desarrollar su personaje.
- Colaboración especial. Actores reconocidos que hacen pequeños papeles que sirven de gancho para atraer al público.
- Episódicos. Tienen una o dos intervenciones en la acción, poco papel y muy puntuales.
- Figuración. Extras.
- Especialistas. Sustituyen a los protagonistas en escenas de riesgo.
- Dobles de luces. Ocupan el puesto de los protagonistas a la hora de hacer pruebas de iluminación.
- Invitados. Cobran por participar en programas tipo tertulia, entrevista o debate.
- Público. Según en qué tipo de programas, la presencia del público es fundamental para dar sensación de realidad; colaboran con sus risas, aplausos y a veces sus intervenciones forman parte del guión.

Algunas producciones cinematográficas requieren un importante número de extras.

3. EL GUIÓN

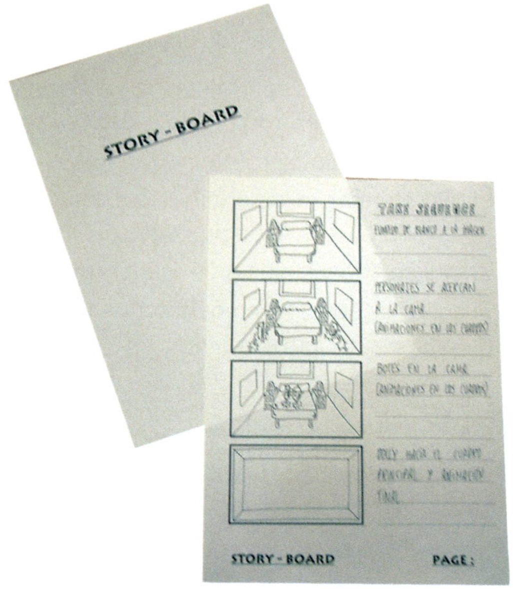

Un guión es un texto que se escribe para ser transformado en imágenes. Es la pieza fundamental sobre la que se va construyendo la película o el programa televisivo.

El guión puede ser original o puede provenir de textos previos como novelas, canciones, cómics, obras teatrales, noticias, etc., en estos casos se tratará de una adaptación. Desde su nacimiento como idea, puede adoptar formas diversas, siempre funcionales al servicio de la producción. Son las siguientes:

- Sinopsis. Resumen breve de los acontecimientos, con un desarrollo más amplio que un *story line* (que se escribe en 5 líneas), de unos 5 folios. Debe ser clara y no demasiado literaria.
- Escaleta. Es un desarrollo esquemático de guión, donde hay una división en secuencias con intervención de personajes y un breve resumen de lo que sucede en cada secuencia, lleva el número de secuencia, el decorado y la acción. Se usa en magazines o programas informativos, donde no suele haber guión previo.
- Tratamiento. Personajes en sus escenarios con esbozos de diálogos, desarrolla la sinopsis y lo hace poniendo el mayor énfasis y tensión para que resulte sólida y original.
- Guión literario. Se describen los escenarios y la personalidad de los protagonistas con sus acciones. Los diálogos completos sin indicaciones técnicas. Es el material que pone en manos del director cuando este no ha intervenido en su elaboración.
- Guión gráfico o *story board*. Es el guión dibujado, representa la historia de forma gráfica, de manera similar a un cómic. Se puede ver así el tipo de plano y ayuda a hacerse una idea del resultado final.
- Guión técnico. Es un estudio minucioso del guión literario, donde se describen las posiciones de cámara, encuadres, maquillaje, vestuario, iluminación, efectos especiales, acciones, diálogos, etc.
- Guión de trabajo. Es la división de la acción por escenarios y unidades de tiempo, le sirve a la producción para elaborar los desgloses.

3.1. El desglose de guión

Es un análisis de los elementos personales y materiales que aparecen en el guión, importantes para que la historia tenga sentido. Deben ser organizados y ordenados en un tiempo y un espacio por parte del quipo de producción para minimizar costes y esfuerzos y obtener mayor calidad en el resultado.

Son inventarios detallados de los decorados, mobiliario, vestuario, personajes, etc.

Para su confección se parte del guión técnico y del guión de trabajo y se van anotando las necesidades de rodaje por escenarios o por secuencias mecánicas. Por ejemplo, se ruedan seguidos todos los planos que usen el mismo escenario.

¿Cómo debe hacerse?

Lo primero es dividir el guión por escenarios, es el desglose principal.

En un desglose debe figurar la siguiente información:

- Resumen de la acción.
- Número de páginas de la secuencia, para conocer el tiempo de rodaje.
- Localización de la acción.
- Personajes que participan.
- Vestuario y maquillaje.
- *Atrezzo.*
- Animales y vehículos.

Con todo ello se determinará el tiempo de rodaje y el ayudante de dirección aquí deberá optimizar el rodaje de la manera más inteligente para realizar el plan definitivo de rodaje.

Tipos de desglose

El desglose se efectúa por decorados, por personajes y por vestuario.

- Por decorados. Todo se organiza, en torno a lo que se vaya a rodar en ese decorado. Debe aparecer lo siguiente: título, número de página del guión donde comienza la secuencia (para tener un acceso rápido al guión) y total de páginas de esa secuencia, número de la secuencia, planos de la secuencia y total de planos del decorado. Decorado, si es el salón, la cocina, y su ubicación. Si es de día o de noche, exterior o interior. Relación de los personajes que intervienen y su número de traje por orden de intervención, la acción que realizan. Relación de figurantes que intervienen con la ropa que deben llevar y el *atrezzo*, si aparecen animales y vehículos, las necesidades de efectos especiales, la creación de lluvia, niebla, etc.
- Por personajes. Se agrupan las secuencias por personajes en las que intervienen para poder aprovechar su presencia y rodar todo lo que se necesite, por economía de producción y de tiempo del propio actor.

  Este desglose se hace partiendo del anterior, se incluye una nueva hoja por cada personaje, especificando lo siguiente:

  - Nombre del personaje, actor que lo interpreta y título de la película.
  - Y se divide en las siguientes columnas: escenario, secuencia de intervención, número de traje, efecto (día/noche) y particularidades.
- Por vestuario. Se listan todos los trajes que van aparecer, por orden de intervención, se acompañan de una breve descripción y del nombre del personaje que los utiliza.

3.2. Los listados

Un paso más en la escala de concreción lleva a los listados. Se elaboran después de los desgloses y se van completando a lo largo del proceso de producción. Suelen elaborarlos los responsables de cada equipo.

Se hacen listados de: escenarios, vehículos, semovientes, vestuario, efectos especiales, actores (*report*), iluminación, sonido, material técnico, personal, etc.

Ejemplo de hoja de desglose de guión

PÁNICO EN EL HOSPITAL / DESGLOSE DE GUIÓN			
PAGINAS DE GUIÓN 12 TOTAL PÁGINAS 1 TIEMPO EN PANTALLA 50	EXTERIOR INTERIOR X	NOCHE X DÍA	
DESCRIPCIÓN	Ana y el Dr. corren por el sótano		
DECORADO	Sótano		
LOCALIZACIÓN	Estudios Discine		
SECUENCIA 1			
PERSONAJES	ACTORES	VEST	EXTRAS
1. Dr.	Manu Seco	1	
2. Ana	Elena Más	1	
ESCENOGRAFÍA	UTILERÍA	EFECTOS ESPECIALES	
Cubrir muebles con nailon Acrílico en puerta	Guantes látex Dr, Reloj pulsera Dr. Manojo llaves Dr. Bisturí		
MAQUILLAJE	VESTUARIO	VEHÍCULOS/ANIMALES	
canas ojeras Dr. cara Ana limpia, herida ceja Ana vendaje brazo Ana	Dr. pijama quirófano Ana: pijama hospital		
SONIDO	FOTOGRAFÍA	EQUIPO ESPECIAL	
Tuberías sótano		cinejib	
	PRODUCCIÓN		
Apagar aire acondicionado Callar audio altavoz			

- El *report* de actores es una enumeración de todos los actores que intervienen con sus fechas de rodaje, sesiones que les quedan, con quién graban, etc.
- Las caracterizaciones se realizan según indicaciones del director artístico y se plasman por orden de secuencias, los personajes que intervienen, los decorados... en una escaleta.
- A partir de la lectura de guión, por medio de las acotaciones, ambientación, iluminación, tipo de plano se realiza una interpretación de lo que será la caracterización.
- Actualmente en casi todas las cadenas de televisión se dispone de dos camerinos, uno destinado a los informativos y otro para el resto de programas.
- Dentro de un camerino de maquillaje es fundamental que se sepa desarrollar una actividad en equipo y que se sea discreto con todo lo que allí acontece.
- El tiempo transcurre a contrarreloj y es importante saber adaptarse a las circunstancias de la producción y tener capacidad de improvisación.

PARA RECORDAR

- La producción audiovisual participa de los parámetros de producción de cualquier empresa de bienes y servicios
- Una producción audiovisual pasa por diferentes fases: preproducción, producción, postproducción y comercialización.
- La fase de preproducción repercute directamente en el buen desarrollo de producción en sí y en el resultado final.
- En la fase de preproducción, el caracterizador deberá realizar una interpretación de la caracterización y preparar los postizos y prótesis así como hacer las pruebas oportunas, para que el resultado sea eficaz durante la producción y en el menor tiempo posible.
- La producción es un trabajo en equipo que responde a un modelo de trabajo jerarquizado con competencias y responsabilidades bien definidas.
- El equipo humano que trabaja en una producción está constituido por la ficha artística y la ficha técnica.
- Componen la ficha técnica los siguientes equipos: producción, dirección, imagen, dirección artística, vestuario, maquillaje, montaje, sonido, equipo de cámaras ENG y equipo de telecámaras.
- Un guión es un texto que se escribe para ser transformado en imágenes.
- El guión literario describe los escenarios y la personalidad de los protagonistas con sus acciones. Incluye los diálogos completos sin indicaciones técnicas. Es el material que pone en manos del director cuando este no ha intervenido en su elaboración.
- El guión técnico es un estudio minucioso del guión literario. Se describen las posiciones de cámara, encuadres, maquillaje, vestuario, iluminación, efectos especiales, acciones, diálogos, etc.
- Los desgloses son inventarios detallados de los decorados, mobiliario, vestuario, personajes, etc

Actividades

Repasa

1. Define qué es una producción audiovisual.
2. Fases de una producción audiovisual.
3. Cita cinco actividades que tengan lugar en la fase de preproducción.
4. Cita tres actividades que deberá desarrollar un caracterizador en la fase de preproducción.
5. Cita tres actividades de la fase de comercialización.
6. Responde verdadero o falso a los siguientes enunciados:
   - El director artístico dirige a los intérpretes.
   - El director de fotografía forma parte del equipo de imagen.
   - El regidor es la persona que gobierna el plató de televisión.
   - El jirafista es la persona que se encarga de los animales en el plató.
   - La orden de rodaje posibilita tener todo preparado para el día siguiente.
   - El *script* también se llama segundo operador de cámara.
   - La escaleta es un desarrollo esquemático de guión.

Practica

1. Visionado de las cintas de I y II del vídeo «Amar el cine»: *El guión* y *La dirección*.
2. Busca en internet la página: *http://recursos.cnice.es/media/cine/index.htlm*. Entra en el contenido «Producción de un film», al finalizar la introducción verás una actividad: actividad bloque 10. Y también la actividad 11 en el apartado «Prepárate un rodaje».
3. Trabajo en grupo I: Escribe un breve guión en el que sea necesario realizar una caracterización de personajes. Comienza con una lluvia de ideas, originales o adaptaciones de algo ya escrito y después elabora una sinopsis que dé paso al guión. No te olvides de las acotaciones para la caracterización.
4. Trabajo en grupo II: Realiza una pequeña producción audiovisual, con todas sus fases, no olvides que lo más importante serán las caracterizaciones.
5. Observa en una película los títulos de crédito del final donde aparecen todos los profesionales que intervienen.
6. Interésate por el convenio colectivo que regula la industria de la producción audiovisual. Podrás ver las categorías profesionales y sus retribuciones mínimas. Se publica en el Boletín Oficial del Estado.

Índice de contenidos

Qué vas a aprender...

- Los parámetros que miden la calidad de nuestro trabajo para estar seguros de haber cumplido con los objetivos planteados por el cliente e ir mejorando día a día.

Para qué te va a servir...

- Para poder comprobar si el trabajo cumple con las normas de calidad durante todo el proceso, para fomentar tu espíritu crítico y para mejorar la labor profesional.

Qué vas a necesitar...

- Con el fin de realizar la parte práctica del tema se necesitan fuentes de documentación, por lo que vendrá bien contar con una bibliografía extensa y un acceso a internet.

1. LA CALIDAD Y SU IMPORTANCIA

Según el *Diccionario de la lengua española*, la calidad es la propiedad o conjunto de propiedades inherentes a algo que permiten juzgar su valor.

La abundante literatura publicada en los últimos años sobre el tema de la calidad puede hacer pensar que se trata de un concepto nuevo. Sin embargo, desde sus orígenes el ser humano ha tratado de corregir y mejorar todas las actividades que lleva a cabo, ya sean deportivas, económicas, sociales, etc. El espíritu de superación, unido a la satisfacción que reporta, conduce a comportamientos que tienden a evitar los errores y a perfeccionar lo que previamente se podía dar por bueno.

En las empresas la calidad es una filosofía que compromete a toda la organización con el propósito de satisfacer las necesidades de los clientes y de mejorar continuamente.

Esto la convierte en un elemento estratégico que confiere una ventaja diferenciadora y perdurable en el tiempo a aquellos que tratan de alcanzarla.

- Para el ser humano es imposible alcanzar la perfección. Por eso, no debemos olvidar que todo está por mejorar. Siempre podemos seguir esforzándonos en trabajar mejor.

2. CONTROL DE CALIDAD

En la actualidad los productos y servicios no solo tienen que ser aptos para el uso que se les ha asignado, sino que además tienen que igualar e incluso superar las expectativas que los clientes han depositado en ellos. El objetivo consiste en satisfacer a los clientes desde el principio hasta el fin. Esta nueva concepción de la calidad es lo que se conoce como *calidad del servicio.*

La calidad es un factor clave en la durabilidad de la empresa. Cualquier empresa, independientemente de su tamaño, puede implantar un sistema de calidad para su organización y certificarlo. De igual forma, sin certificación, pero habiendo tomado conciencia de su importancia, la empresa puede utilizar conocimientos y herramientas de control de calidad para la gestión de sus procesos.

LA ISO

ISO es la denominación con que se conoce a la *Internacional Organization for Standarization*. La ISO es una entidad encargada de favorecer la normalización en el mundo empresarial. Con sede en Ginebra, es una federación de organismos nacionales; estos a su vez son oficinas de normalización que actúan de delegadas en cada país con comités técnicos que llevan a término las normas. La finalidad principal de las normas ISO es orientar, coordinar, simplificar y unificar los usos para conseguir menores costes y efectividad.

«ISO 9000» es la denominación de uso común para una serie de normas internacionales de garantía de la calidad dentro de las organizaciones. La familia ISO 9000 son normas a través de las que se propone la implementación de sistemas de gestión y aseguramiento de la calidad en el diseño, el desarrollo, la producción, la instalación y los servicios.

3. FACTORES QUE INTERVIENEN EN LA CALIDAD DE LOS PROCESOS DE CARACTERIZACIÓN

En general, los factores que intervienen en la calidad de un servicio son: materiales y productos, máquinas y aparatos, entorno, métodos y recursos humanos.

Más específicamente, en el caso de la caracterización y dentro de lo que serían métodos, se podría medir la calidad del servicio prestado atendiendo a los siguientes factores:

- El plan de trabajo del caracterizador y el desglose de los subprocesos en los que se interviene.
- Factores técnicos y artísticos.
- Adopción de las medidas de protección personal del caracterizador para realizar su trabajo con seguridad.
- Aplicación de las normas de seguridad e higiene en la manipulación y aplicación de los productos.

Nunca hay que olvidar que para los clientes no solo es importante el resultado final, sino también todo el proceso que requiere la obtención de dicho resultado. Por tanto, de la consecución de estos factores dependerá que el resultado final sea verdaderamente un producto o un servicio de calidad.

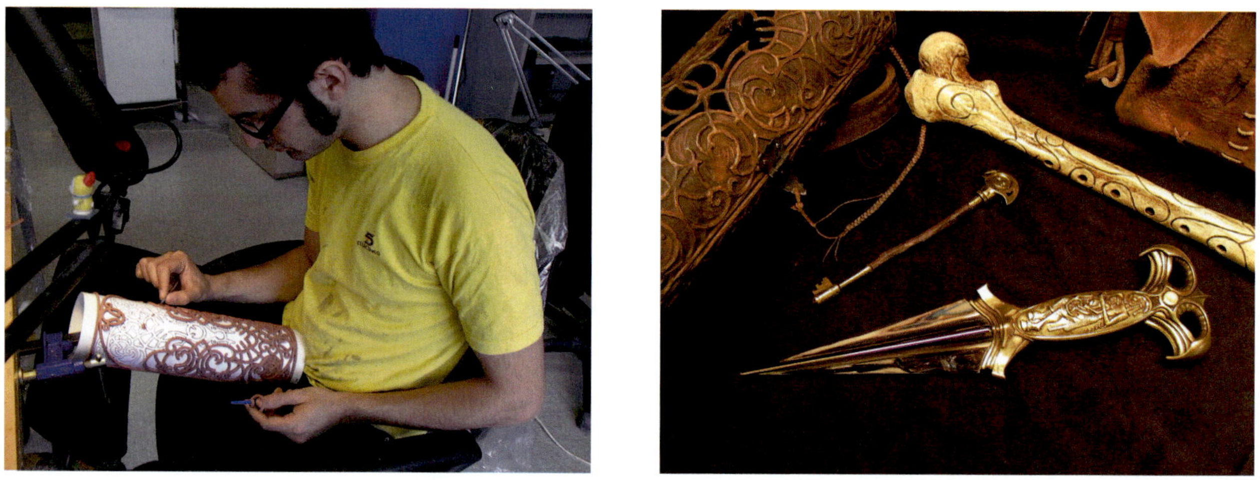

Para ofrecer servicios de calidad, un caracterizador debe asegurar su calidad desde el momento de su diseño, durante el proceso y en el resultado final. En las fotografías puede observarse el proceso de elaboración de los elementos de *atrezzo* del Fauno en la película *El laberinto del fauno*.

4. PARÁMETROS QUE DEFINEN LA CALIDAD DEL SERVICIO PRESTADO

Los parámetros que se utilizan para medir la calidad del servicio son: la evaluación interna (cómo ha sido afrontado el trabajo por los caracterizadores) y la evaluación del grado de satisfacción del cliente (cómo han percibido el actor caracterizado y el director bajo cuyas órdenes se trabaja, la realización y el resultado del trabajo del caracterizador). En ambos casos, las evaluaciones pueden ser realizadas por los trabajadores de la empresa, por especialistas contratados o por un equipo mixto; y el objetivo será la prevención y la corrección de fallos.

De cualquier forma, siempre que se quiera implantar un sistema de gestión de calidad, los pasos que se deben seguir son los que se detallan en el siguiente esquema:

IMPLANTACIÓN DEL SISTEMA DE CALIDAD

COMPROMISO DE LA DIRECCIÓN: REPRESENTANTE DE LA CALIDAD
(Estructura de pilotaje)

↓

SENSIBILIZACIÓN Y MOTIVACIÓN DEL PERSONAL
(Fomentar la calidad personal: base de todas las calidades)

↓

PLANIFICACIÓN DE ACTIVIDADES Y ACCIONES
(Sistema, plazos, prioridades, recursos, etc.)

↓

ELECCIÓN DEL SISTEMA IDÓNEO A ADOPTAR:
(Un paso adelante en la adhesión a un código de buenas prácticas)

↓

ALCANCE DEL SISTEMA: CALIDAD DEL SERVICIO
(Conseguir la satisfacción del cliente)

↓

PLAN DE ACCIÓN / METODOLOGÍA DE ACTUACIÓN

↓

DOCUMENTAR LOS PROCESOS (manual de la calidad e instrucciones)
(Decir lo que se hace)

↓

DESARROLLO Y CONTROL (registros y actas)
(Hacer lo que se dice)

↓

PROCEDIMIENTO DE VERIFICACIÓN (autoevaluación y auditoría)
(Poderlo demostrar, por puntuación de los procesos)

↓

AJUSTE Y ACTUALIZACIÓN (acciones correctoras y/o preventivas)
(Mejora continua y/o innovación)

Es decir, básicamente se trata de realizar cuatro pasos:

- Planificar: decidir y decir las medidas que se van a tomar para mejorar cada subproceso.
- Hacer: llevar a cabo esas medidas.
- Verificar: comprobar que las medidas tomadas son efectivas o no, y demostrarlo.
- Actuar: corregir aquello que se ha demostrado que no funciona y/o prevenir otros posibles fallos que antes no se tuvieron en cuenta.

Se trata de un proceso cíclico, en el que estos cuatro pasos se repiten de manera continua, ya que nunca se mejora lo suficiente y siempre hay cosas que se pueden hacer mejor.

La evaluación de la prestación del servicio es un parámetro de la calidad.

4.1. Evaluación de la prestación del servicio

Cuando se evalúa un trabajo, no solo hay que valorar el resultado final sino también el proceso. Por tanto, habrá que tener en cuenta: los aspectos técnicos, los aspectos artísticos, la metodología de trabajo utilizada, la fidelidad a la propuesta artística, la planificación del tiempo (temporalización), la resolución ante situaciones concretas y la seguridad en el trabajo.

Con la evaluación no solo se pretende comprobar los conocimientos y habilidades en la caracterización escénica, que son competencia de esta profesión, sino también la capacidad de comprensión e interacción con el creador artístico responsable del diseño del personaje a caracterizar y la relación con el intérprete que será caracterizado.

Una manera de llevar a cabo este control sería mediante la evaluación interna, que se realizaría con el fin de identificar y eliminar aquellas condiciones y acciones que conlleven fallos en el proceso de caracterización de un personaje. Se trataría de rellenar unas fichas en las que un determinado proceso se haya dividido en cada uno de los subprocesos de que se compone (cuanto más detallado, mejor). La dirección del taller de caracterización repasará las observaciones reflejadas en las fichas, con el fin de detectar las tendencias negativas y adoptar las medidas correctivas apropiadas. Todas las respuestas negativas (No), deberán ser ampliadas en la sección de comentarios. A continuación, se indicarán las medidas correctivas, personas responsables de las mismas y fecha límite propuesta para su implantación. Deberán conservarse copias cumplimentadas de cada evaluación para futuras consultas.

Un ejemplo de ficha podría ser el siguiente:

EVALUACIÓN DEL PROCESO DE CREACIÓN DE UNA PRÓTESIS			
Proceso o actividad	Comentarios	SÍ	NO
1. ¿Se han adoptado las medidas de protección personal del caracterizador para realizar su trabajo con seguridad e higiene?			
2. ¿Se han adoptado las medidas de protección personal del intérprete? • antes (incluyendo pruebas de alergia, si fuera preciso) • durante • al finalizar			
3. ¿Se han revisado las medidas de seguridad: instalaciones eléctricas, cables u objetos que interrumpan el paso por el suelo, suelos húmedos o resbaladizos, etc.?			
4. ¿Se han tomado las medidas para la fabricación de la prótesis?			
5. ¿Se han seleccionado los materiales idóneos para la fabricación de las mismas, en función de las exigencias del guión?			
6. ¿Se han elaborado las piezas en condiciones de higiene de los utensilios y materiales a utilizar?			
7. ¿Se ha limpiado el material utilizado, así como las instalaciones?			
8. ¿Se han ordenado todos los materiales tras su utilización en las debidas condiciones?			
9. ¿Se ha comprobado que el resultado obtenido cumple con los objetivos pretendidos? ¿Se ajusta al diseño previamente realizado?			
10. ¿Los empleados observados trabajan atentos a la tarea en curso?			
11. ¿Los empleados observados cuidan del bienestar del intérprete y son amables con él?			
12. ¿Se ha cumplido la temporalización?			

4.2. Evaluación del grado de satisfacción del cliente

Lo que piensan los clientes de los productos o servicios, imagen, funcionamiento general o del nivel de calidad es una cuestión que está cobrando cada día más relieve. Se trata de que la empresa conozca, de verdad y con cierto grado de seguridad, el verdadero nivel de satisfacción de sus clientes.

La creciente competencia y competitividad en todos los sectores productivos, comerciales y de servicios, unida a la globalización cada día mayor de la economía, está cambiando el escenario de los mercados. Una mayor conciencia de la calidad y de su importancia en los consumidores y, por tanto, en los clientes empuja en otra dirección a la tradicional. El cliente sí que importa y cada día más. Las normas ISO 9000 y, más todavía, en la versión actual ISO 9001:2000 insisten e inciden más en la consideración de la satisfacción del cliente.

Por todo lo anterior, se está creando una creciente ola de preocupación en la empresa por conocer cuál es el nivel de satisfacción de los clientes. Tanto individualmente como globalmente. Es algo que está por encima de normas y reglamentos.

• La ficha de evaluación es solo un ejemplo. Debería crearse una para cada proceso en que se divide un proyecto completo de caracterización, y cuantos más puntos de revisión se incluyan, más «defectos» podremos corregir y nuestros resultados finales serán cada vez mejores.

Quién se encarga

Lo primero sería decidir quién se encarga de estos asuntos, y como ya se ha comentado, podrán ser expertos en la materia (consultores externos), empleados de la empresa o un equipo mixto (algunos empleados de la empresa y consultores externos).

Modos de obtener el grado de satisfacción

Pero ¿cómo conocer ese nivel de satisfacción de los clientes? Hay muchas formas de hacerlo. La cuestión es cuál es la mejor para el caso concreto de cada empresa. Se puede tratar de obtener la información buscada preguntando al cliente de diversos modos (entrevista, encuesta telefónica, cuestionario por correo postal o por *e-mail*). Siempre es preferible hacerlo cara a cara, ya que al realizar así la entrevista, en vez de que el cliente simplemente rellene el formulario, se le está prestando al cliente una atención especial que dejará una impresión positiva.

La forma de medición del nivel de satisfacción del cliente que parece más fiable y de la que se puede obtener mejores y más amplios resultados es, por tanto, el cuestionario. Un buen cuestionario que conjugue buenas e intencionadas preguntas con la brevedad y la sencillez, unido a una presentación aceptable, es una buena herramienta.

Según cómo se hagan las preguntas y lo que se pregunte el cliente puede contestar que está muy satisfecho o expresar una opinión contraria. Como un tema importante es la motivación que sienta el cliente para responder, ha de tenerse en cuenta este aspecto. Es evidente que un cliente desmotivado o poco motivado no atenderá ni contestará a las preguntas.

Para conocer el nivel de satisfacción de un cliente, lo mejor es obtener esa información a través de una entrevista.

Lo que interesa conocer

Algo muy importante es: ¿qué se pregunta? Las preguntas habrán de ser suficientes para obtener la información buscada, pero limitadas ya que no se debe cansar ni aburrir al cliente, fáciles de comprender y de contestar, útiles para llegar a obtener la información que se trata de conocer, evaluables con objetividad y preferentemente codificables para poder hacer un tratamiento estadístico que permita llegar a conclusiones válidas.

> A la hora de realizar la encuesta hay que tener en cuenta algunas consideraciones:
> - No olvides decir «gracias».
> - Obtén ayuda: las encuestas requieren de tiempo y cuestan dinero.
> - Considera la posibilidad de un apoyo profesional para prepararla y realizarla.
> - Al preguntar, espera críticas, escucha la queja completa y sé positivo en tu deseo de mejorar la entrega de tu producto/servicio.
> - Nunca hagas promesas que no puedas cumplir.
> - Permite a la persona encuestada responder por completo y a su propio ritmo
> - Si se te hace una pregunta durante la entrevista, o si se te presenta una crítica, responde. Recuerda que los clientes no siempre tienen la razón, pero deben ser tratados de una forma que les haga sentir que su aporte es valioso para ti.

Una encuesta de satisfacción de clientes debe comenzar o terminar con algunos datos de identificación y debe incluir cuál es la percepción del cliente en relación con cada producto/servicio prestado, el precio cobrado por cada producto o servicio, el soporte técnico que se provee; cómo se podría mejorar la calidad y la entrega de los productos y servicios; cómo percibe el cliente a la empresa en relación con la competencia y qué otros productos/servicios le gustaría recibir.

Si una empresa decide poner en marcha un proceso de medición del grado de satisfacción de sus clientes, ha de hacerlo con plena convicción, dispuesta a aceptar los resultados obtenidos y a implantar las soluciones necesarias para subsanar las deficiencias o insatisfacciones que se pongan de manifiesto en el proceso.

Este proceso también conlleva otros compromisos:

- Llegar hasta el final del proceso.
- Poner los medios personales y materiales que sean precisos.
- No dejarse llevar desde el principio por sus propias opiniones o creencias acerca del nivel de satisfacción de los clientes que su dirección o su personal puedan tener.
- Mantener una continuidad en el tiempo, analizando la evolución hacia la mejora, el estancamiento o el empeoramiento de la situación.
- Aceptar y encajar las conclusiones que emanen de las encuestas realizadas.

Todo el proceso global que se ha seguido, puede esquematizarse en el siguiente diagrama.

DIAGRAMA DE EVALUACIÓN DE LA CALIDAD DE UN TALLER DE CARACTERIZACIÓN

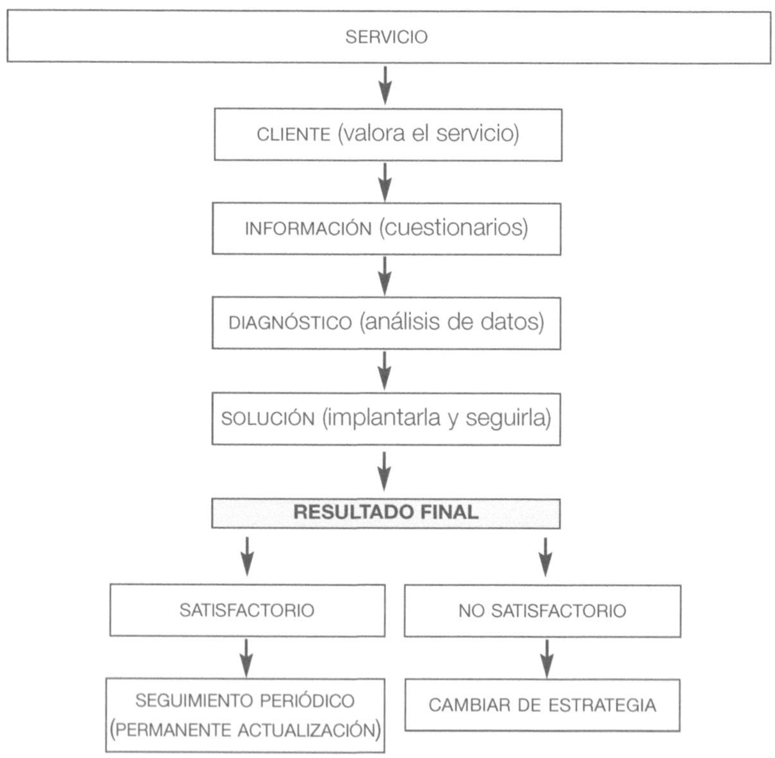

PARA RECORDAR

- El objetivo del trabajo de un caracterizador consiste en satisfacer a los clientes desde el principio hasta el fin.
- Los factores que intervienen en la calidad de los procesos de caracterización son: el plan de trabajo del caracterizador y el desglose de los subprocesos en los que se interviene, los factores técnicos y artísticos, la adopción de las medidas de protección personal del caracterizador para realizar su trabajo con seguridad y la aplicación de las normas de seguridad e higiene en la manipulación y aplicación de los productos.
- Los parámetros que definen la calidad del servicio prestado son: la evaluación de la prestación del servicio y el grado de satisfacción del cliente.
- La forma de medición del nivel de satisfacción del cliente que parece más fiable y de la que se puede obtener mejores y más amplios resultados es el cuestionario.
- Las preguntas habrán de ser suficientes, fáciles de comprender y de contestar, útiles para llegar a obtener la información, evaluables con objetividad y preferentemente codificables para poder hacer un tratamiento estadístico que permita llegar a conclusiones válidas.

Actividades

Repasa

1. Enumera los factores que intervienen en la calidad de los procesos de caracterización.
2. ¿Cómo podemos medir la calidad del servicio prestado en caracterización, es decir, qué parámetros debemos usar?
3. Investiga qué es la norma ISO 9000.
4. ¿En qué consiste la evaluación interna? ¿Cómo podemos llevarla a cabo?
5. ¿Mediante qué métodos podemos conocer el grado de satisfacción de nuestros clientes? ¿Cuál es el más recomendado? ¿Por qué?
6. Enumera algunas de las preguntas importantes que se deben incluir en una encuesta del grado de satisfacción de un cliente.

Practica

1. Imagina que una compañía de teatro te ha contratado para hacer unas máscaras para su próximo espectáculo. Diseña el cuestionario que les entregarías, una vez finalizado tu trabajo, para medir su grado de satisfacción con el mismo.
2. Tomando como ejemplo la ficha de evaluación que aparece en el tema sobre el proceso de creación de una prótesis, elige otro proceso dentro del trabajo de un caracterizador y realiza su ficha de evaluación.

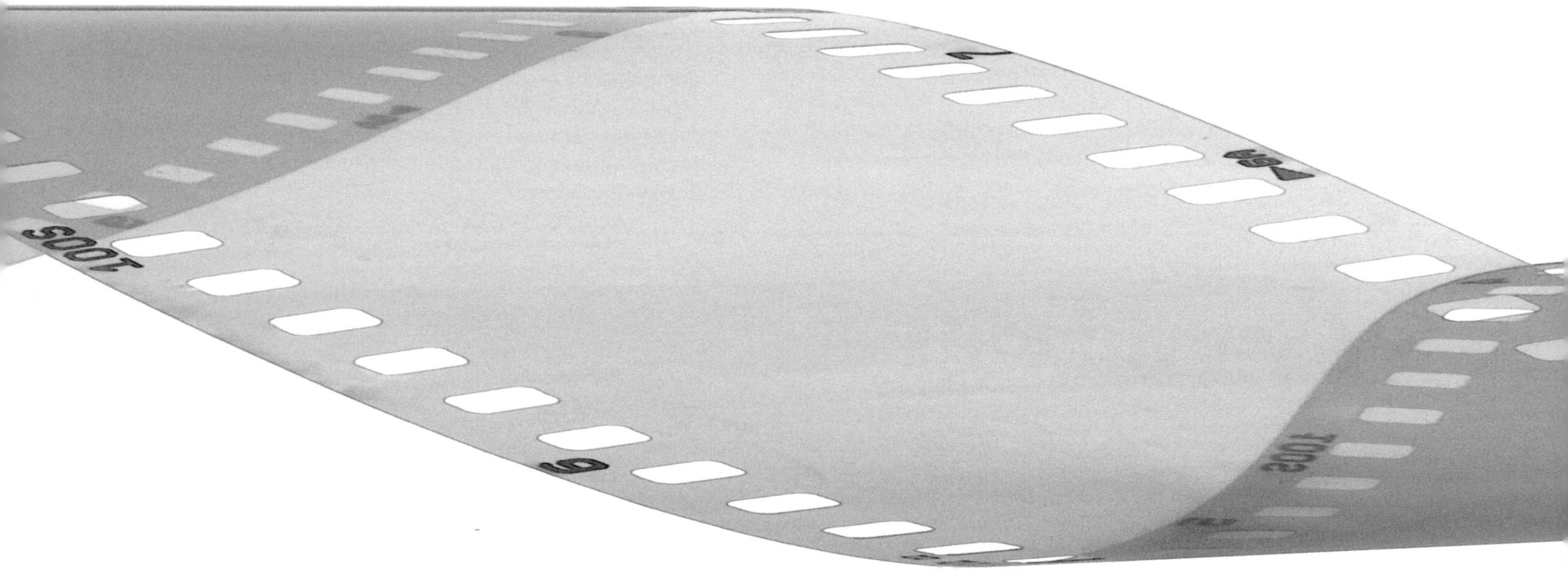

RECURSOS DIDÁCTICOS ADICIONALES

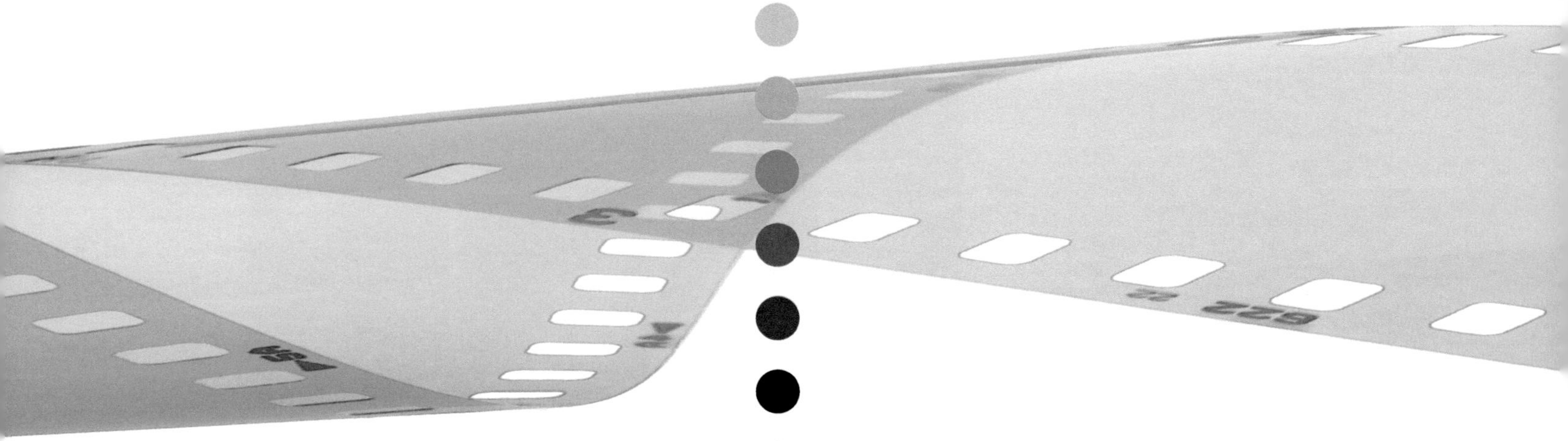

De Cine

DISEÑO DEL PERSONAJE

FICHA TÉCNICA

Intérpretes:
Sergi López, Maribel Verdú, Ivana Baquero, Álex Angulo, Ariadna César, Bea Doug Jones, Manuel Solo, Roger Casamajor.

País: España, México.
Dirección: Guillermo del Toro.
Género: Drama, fantástico.
Duración: 112 minutos.
Guión: Guillermo del Toro.
Fotografía: Guillermo Navarro.
Música: Javier Navarrete.
Montaje: Bernat Vilaplana.

Producción:
Guillermo del Toro, Alfonso Cuarón, Álvaro Augustín, Bertha Navarro y Frida Torresblanco.

7 GOYAS
Actriz revelación
Efectos especiales
Fotografía
Guión original
Maquillaje y peluquería
Montaje
Sonido

OSCAR
David Martí y Montse Ribé, mejor maquillaje por *El laberinto del fauno* (2007)

EQUIPO HUMANO Y TIEMPO PARA LA REALIZACIÓN DEL PROYECTO

Para hacer frente al trabajo, DDT contrató a sus mejores colaboradores. El equipo habitual crecía y menguaba dependiendo de las necesidades del momento y parte del proceso. El equipo básico estaba formado por diez personas, entre técnicos, escultores, diseñadores, mecanismos, etc. Pero contando a los colaboradores exteriores, el equipo llegó a constituirse por más de veinte personas.

El tiempo de preproducción para todo lo que aparece en la película, aparte de algún diseño esporádico anterior, fue de tres meses. La preproducción comenzó con los diseños y maquetas de los personajes. Una vez aprobados los conceptos, todos los equipos se pusieron en marcha: equipo Fauno, equipo Pálido; equipo Sapo... Dado el escaso tiempo de preproducción para una película de estas características, durante el rodaje se seguía con la fabricación de piezas y muñecos hasta el último minuto.

FASES DEL DISEÑO DEL PERSONAJE

FASE 1. El encargo

La toma de contacto se realizó de manera directa, ya que el director Guillermo del Toro había trabajado de manera satisfactoria con el equipo responsable de DDT en títulos como *El espinazo de diablo* y *Hellboy*.

FASE 2. Análisis del guión: estudio de los personajes

En la primera reunión oficial para *El laberinto* se concretaron una serie de personajes tales como: el Fauno, las Mandrágoras, una secuencia de tortura, una sutura en vivo, un Sapo gigante, muchos *props* (accesorios externos que llevan los personajes), y por último, el escalofriante personaje del Hombre Pálido.

Según palabras del autor, el diseño del Fauno pasó por muchos pasos, primero fue un niño, después fue un Fauno viejo, y más tarde llegó la mezcla entre fauno viejo y naturaleza (árboles, musgos, tierra...) aparte de sus distintas edades. Aunque en la película no se muestra con detalle, en la primera secuencia el Fauno aparece viejo, con cataratas, un cuerno roto, pelo blanco y con la corteza de árbol grisácea. Después irá rejuveneciendo en el resto de secuencias.

En principio el Fauno era un niño porque en el guión original de Guillermo era así. Después fue cambiando, dado que en la siguiente idea el Fauno esperó durante siglos a que la Princesa volviera, ahí se cambió a un Fauno viejo, y de tanto esperar le salieron raíces y de la idea de las raíces apareció esa mezcla de Fauno árbol.

El criterio de selección en Guillermo es muy variable, supongo que es la gran imaginación que este genio destila. El descarte de personajes a veces es por un tema de tiempo, o por un cambio de idea. Por ejemplo, la mandrágora Gorda.

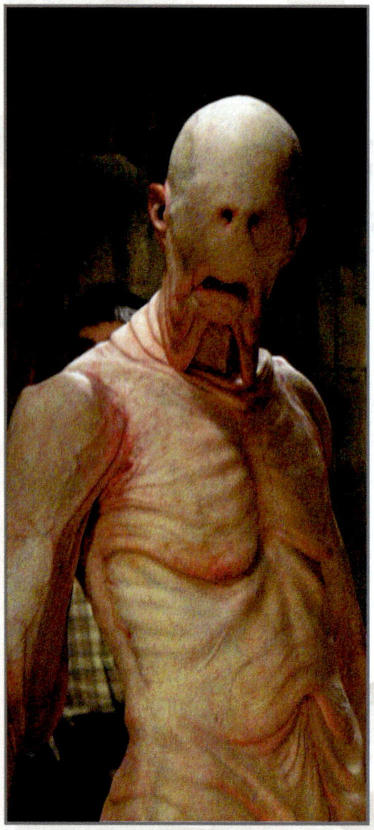

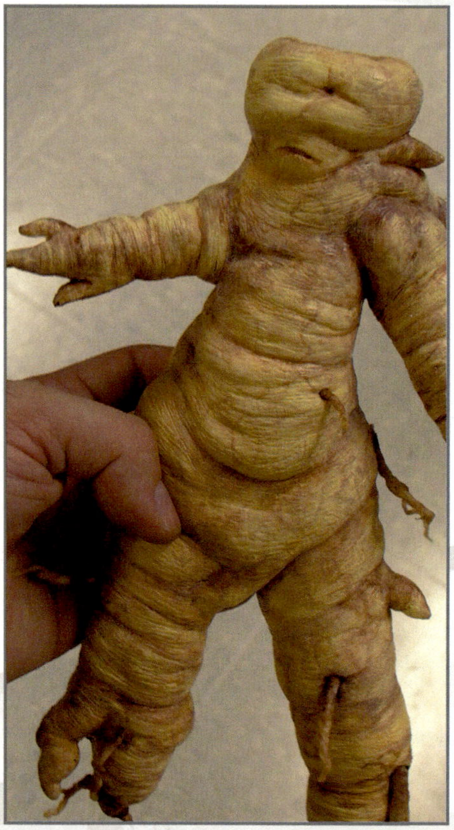

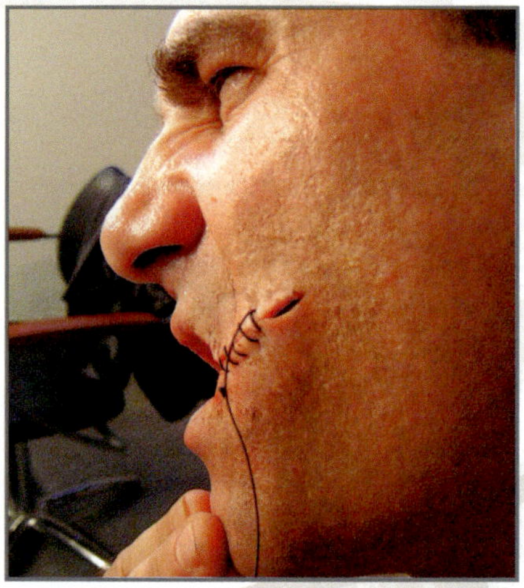

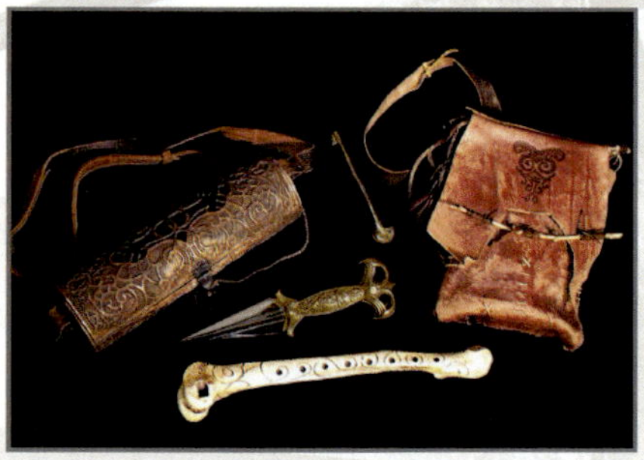

La historia de la mandrágora era más larga y más complicada, me explico: el Fauno le da la Mandrágora a Ofelia para que la ponga debajo de la cama de su madre que está enferma. Esa mandrágora mágicamente absorbe el dolor de la madre curándola.

Bien, en un principio, la mandrágora al absorber el dolor de la madre se hinchaba, engordaba y empezaba a sacar raíces por todas partes de la habitación. Todo estaba dispuesto, la mandrágora Gorda animatrónica estaba lista para rodar, cuando Guillermo, el mismo día de rodaje, decide quitarla y seguir con el mismo tamaño. ¿Por qué? Por una cuestión de realismo y otra cómica. Realismo, porque si la mandrágora acababa echando raíces por la habitación sería demasiado fantástico en la realidad. En la película es el único momento en que la realidad y la fantasía se mezclan físicamente, Vidal arranca de cuajo la mandrágora y se la da a la madre, para echarla finalmente a las llamas diciendo que la magia no existe. Cómica, porque ver a Vidal con la mandrágora Gorda tenía cierta comicidad.

FASE 3. La documentación

La idea inicial se vio influenciada por varios creadores, como el ilustrador del siglo XIX Arthur Rackham. Entre sus trabajos, podemos destacar ilustraciones de cuentos fantásticos como *Alicia en el país de las maravillas* o *El sueño de una noche de verano*. Este autor influyó estéticamente sobre *El laberinto* con su particular visión de la naturaleza.

Otro de los autores que inspiraron al equipo creativo, fue el ilustrador Felicien Rops, contemporáneo del anterior. Autor belga de absurdas interpretaciones sobre la naturaleza sumergidas en inquietantes atmósferas.

En un plano más técnico, el equipo se documentó con visitas fotográficas al zoo y al Museo de Zoología para tomar muestras de cornamentas, especialmente de cabras montesas y muflones, también de árboles y raíces. El Museo de Zoología de Barcelona nos permitió trasladar nuestro laboratorio para sacar los moldes de una cornamenta de muflón.

FASE 4. La realización de bocetos y maquetas

Una vez recopilada la documentación gráfica, llega el momento de reunir al equipo directivo de la película; a los dibujantes y diseñadores y al equipo de caracterización. Es importante concretar conceptos estéticos, y en estas reuniones suele funcionar la técnica del *brainstorming* (tormenta de ideas).

En esta fase componíamos el equipo el dibujante Sergio Sandoval, el colorista Ismael Ferrer, Montse y yo. Trabajábamos muy estrechamente con el director Guillermo del Toro, que se implica de forma inusual en todos los procesos y categorías artísticas de la película, lo que significa un laborioso control de calidad por su parte. Aunque estuviera en la fase de moldes, diariamente enviábamos fotos del proceso.

4.1. Elaboración de los bocetos

Los bocetos se suelen hacer en A4 en cómic, animación tradicional... Se utiliza el color azul para dar un primer trazo, para abocetar. Después se pasa a lápiz de grafito o bien a tinta, se escanean y se retocan en el ordenador con Photoshop. Hasta llegar al definitivo se suelen hacer varios bocetos, unos siete u ocho.

RESULTADO FINAL

Verificación del proyecto y contraste con la idea inicial.

4.2. Construcción de maquetas

Del Fauno se modelaron dos maquetas, una primera con las proporciones del actor checo Lada Beran, del cual ya teníamos los moldes, pues él era Kroenen en *Hellboy*, y la segunda con las proporciones de Doug Jones, mucho más estilizado.

La realización de estas maquetas duró de dos a tres semanas, y se construyeron en plastilina Chavant Hard en unos 35 cm aproximadamente.

La maqueta es una referencia importante para todo el equipo, desde el escultor al director. En el caso del Fauno, yo modelé la maqueta, para que luego diferentes escultores pudieran tener esa referencia. En ocasiones también se usan para escanear o incluso para el *merchandising*.

Sobre estas maquetas se producen después cambios porque el tamaño natural tiene otra perspectiva, también las ideas se van madurando y se pueden encontrar otras nuevas. A veces en el tamaño natural te das cuenta de que el brazo se va a mover mejor de una forma determinada, puede haber varias razones para los cambios de un tamaño al otro...

TOMAS DE IMPRESIÓN, MODELADOS Y MOLDES

FASE 1. Tomas de impresión

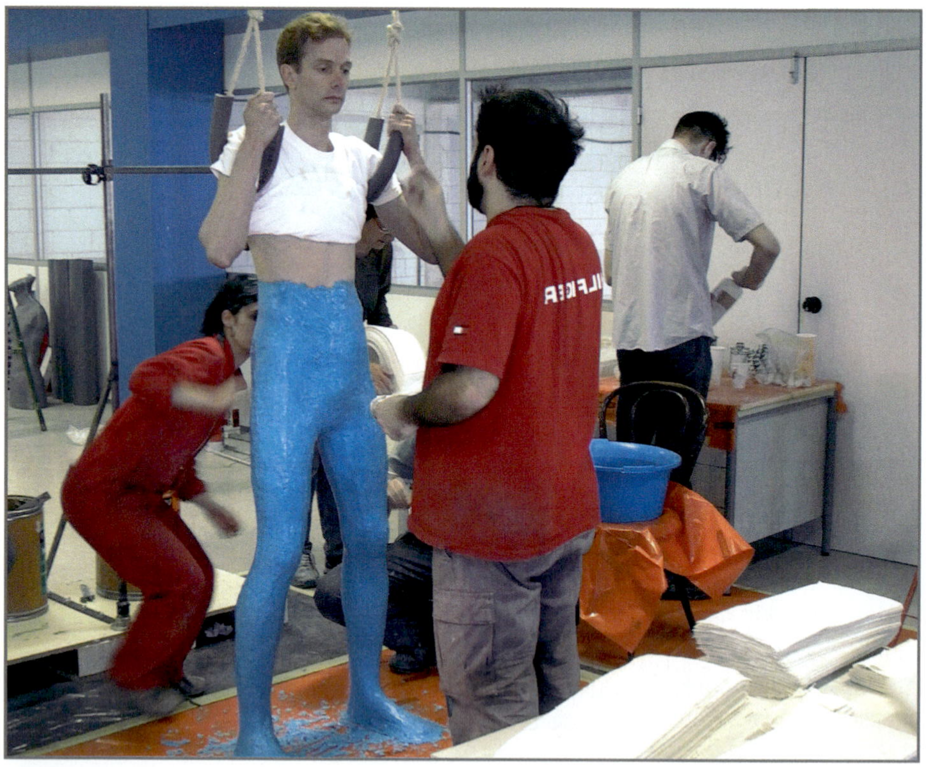

1.1. Medidas previas

La toma de impresión es la fase más incómoda, los moldes, y sobre todo los de cuerpo, resultan difíciles de soportar por el actor. Como se puede observar en las fotos, hay unas cuerdas que bajan del techo y sostienen a Doug por debajo de los brazos, en el caso del molde de las piernas.

La preparación es máxima, todo tiene que estar dispuesto, que no falte una espátula, un algodón, algún refresco que ayude al actor, ventiladores... Toda preparación es poca, y si al acabar del proceso nos damos cuenta de que ha faltado algo, lo apuntamos para la siguiente experiencia.

Lo más importante es el tiempo y la comodidad del actor, por eso en la toma de impresión de Doug Jones interveníamos diez personas. En este proceso es mejor que espere uno de nosotros, a que lo haga el actor.

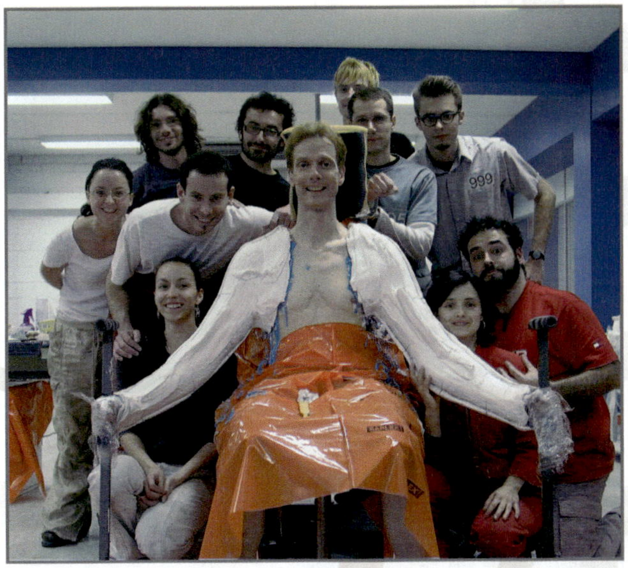

1.2. Proceso y selección de materiales

El molde del cuerpo se hizo en varias fases. Nuestra experiencia profesional nos recomienda que en estos casos siempre se haga por partes. Para soportar un molde completo, tienes que estar muy preparado, física y psicológicamente, pues el simple hecho de no poder ver o moverse bien puede causar un desmayo por la falta de circulación sanguínea.

Doug Jones aguanta mucho tiempo en los trajes, pero tuvo problemas de resistencia en su último molde de cuerpo, y se desmayó. Así que no corrimos riesgos y le hicimos diferentes partes del cuerpo, piernas, torso, brazos... para después sacar positivos de yeso y, con todo tipo de medidas, ensamblarlas hasta formar el cuerpo.

Llegados a este punto se procedió a la realización de tomas de impresión. En primer lugar se emplearon alginatos y siliconas especiales para la piel, que después se reforzaron con venda de escayola. Para los positivados se usó resina *epoxi* laminada para que los positivos fueran ligeros.

El positivo del rostro se realizó en *Hebodent* dental, un yeso piedra extremadamente duro.

No se hicieron copias parciales; a partir del positivo ensamblado, se hizo un molde *master* del cuerpo entero de silicona y fibra de vidrio/poliéster (color caramelo).

Este servía para sacar tantas copias como se quisiera. Las copias eran sacadas en *epoxi* de temperatura, los de color azul. También se sacaron copias en espuma de poliuretano para colocar las piezas de espuma de látex y pintar.

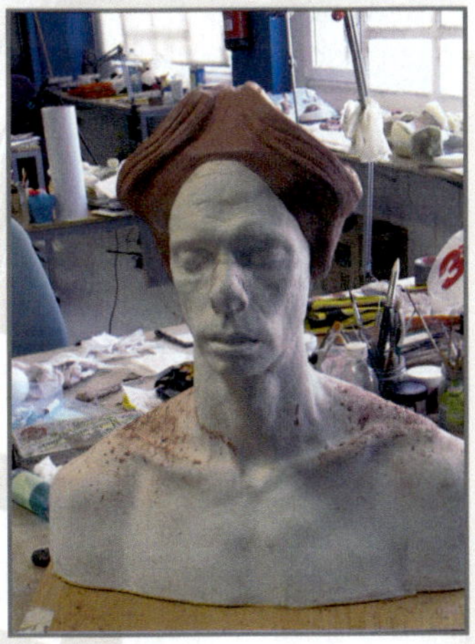

No hicimos moldes de alginato, en este caso todo era silicona, también de color azul.

FASE 2. Realización de modelados

2.1. Productos y herramientas

Todas las esculturas y modelados sobre positivos se realizaron con plastilina profesional libre de azufre, para evitar posibles reacciones con otros materiales.

Las herramientas utilizadas son normalmente de madera, vaciadores de todos los tamaños, cepillos de púa metálica..., aunque eso es una cuestión bastante personal.

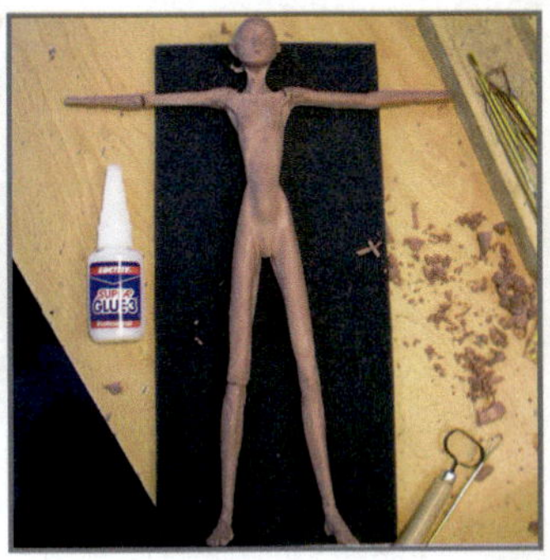

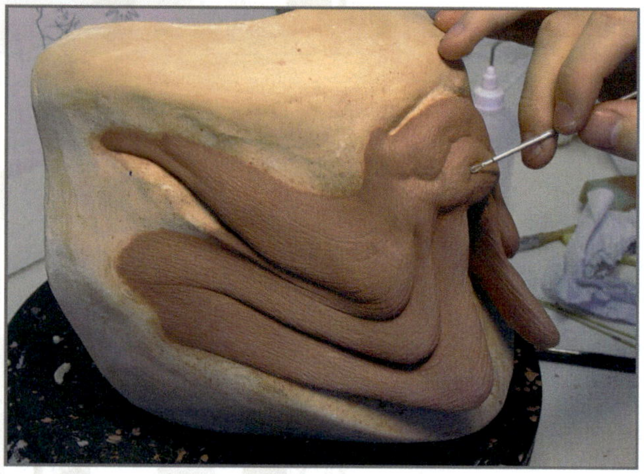

Para alisar superficies, disolución de material, etc., se utilizó alcohol isopropílico a una concentración del 99%.

2.2. Proceso de modelado sobre el positivo

En el proceso de modelado del Fauno intervinimos diferentes personas; yo hice la cabeza y el cuerpo Pau Loewe, Arturo Balseiro, José M. Meneses, Nelly Guimaraes, Juan Serrano...

A la hora de diseñarlo ya tuvimos en cuenta que la idea de una sola pieza no era muy práctica por cuestiones de movilidad, de moldes, espumas...

Aunque el diseño no debe estar condicionado por los mecanismos, en el caso del Fauno sí se tuvo muy en cuenta que había que dejar un espacio mínimo para mecanizar los ojos. La cabeza estaba modelada con unos ojos de resina y unos palitos de madera con marcas clavados en la plastilina ayudaban a definir ese mínimo espacio que necesitábamos.

Solo la escultura de modelado del Fauno duró unas tres semanas.

Para el Sapo, Montse modeló la maqueta. Se proyectó en unas maderas que posteriormente se cortaron y formaban un armazón o estructura. Esta estructura se rellenó con porex o poliestireno expandido. A partir de aquí, se aplicaba una cola blanca con tinte verde para saber dónde se había impregnado y dónde no.

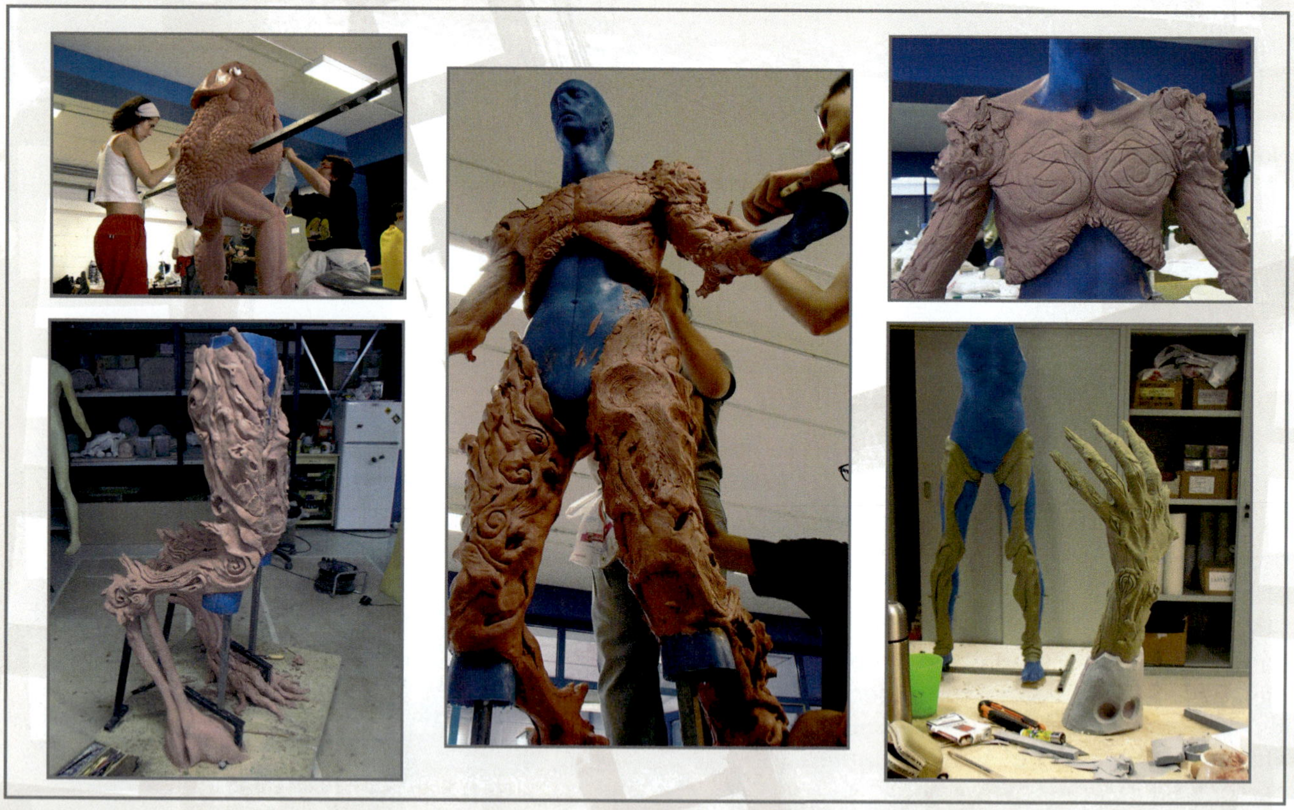

FASE 3. Fabricación de moldes

Una vez finalizada la fase de modelado sobre los positivos, el siguiente paso es la realización de moldes para obtener las prótesis. Los moldes se realizaron con resinas *epoxi* de laminado y pastas *epoxi* para dar fuerza y grosor al molde.

Dada la complejidad de los personajes que funcionaban a través de mecanismos animatrónicos, sobre todo en el caso del Fauno, el equipo estuvo largo tiempo pensando dónde poner los motores antes de hacer los moldes negativos. Una vez realizados los moldes de la escultura, se fabricaron los núcleos interiores con fibra de *kevlar*, un material altamente resistente y muy ligero. Estos núcleos o carcasas son la parte que soporta el peso de los cuernos y el anclaje de los servomotores y mecanismos.

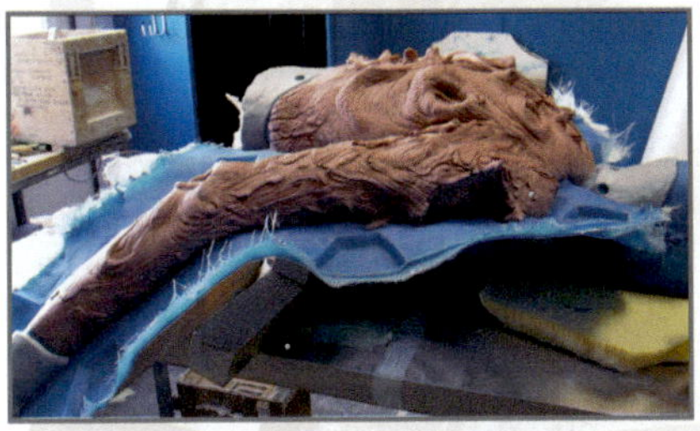
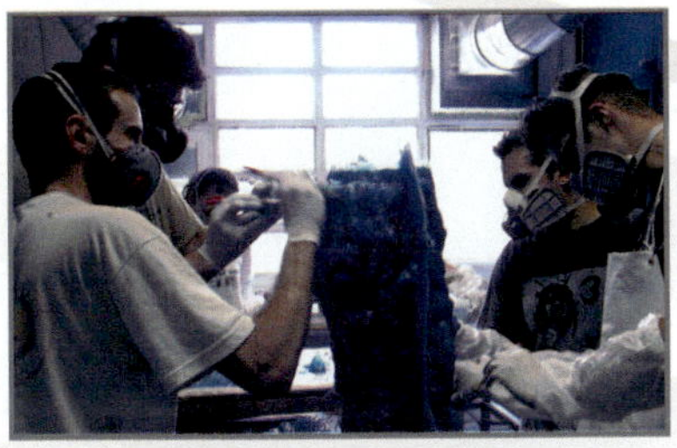

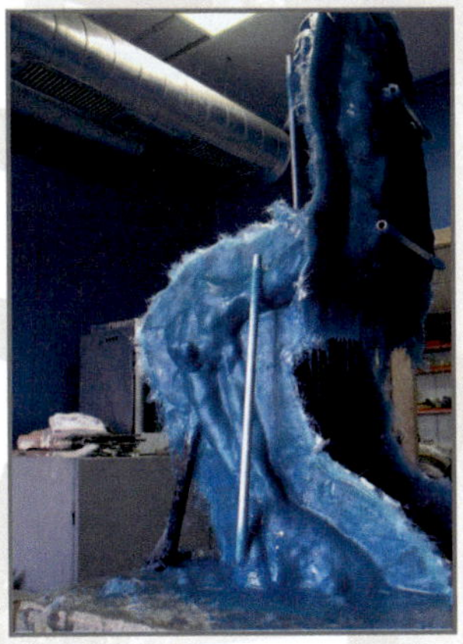
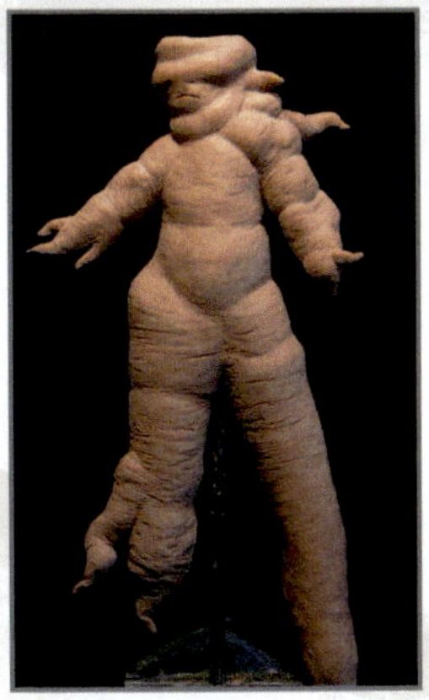

RESULTADO FINAL

Fotos de escenas del rodaje definitivo.

POSITIVADO DE PRÓTESIS Y APLICACIÓN DE MECANISMO

FASE 1. Positivado de prótesis

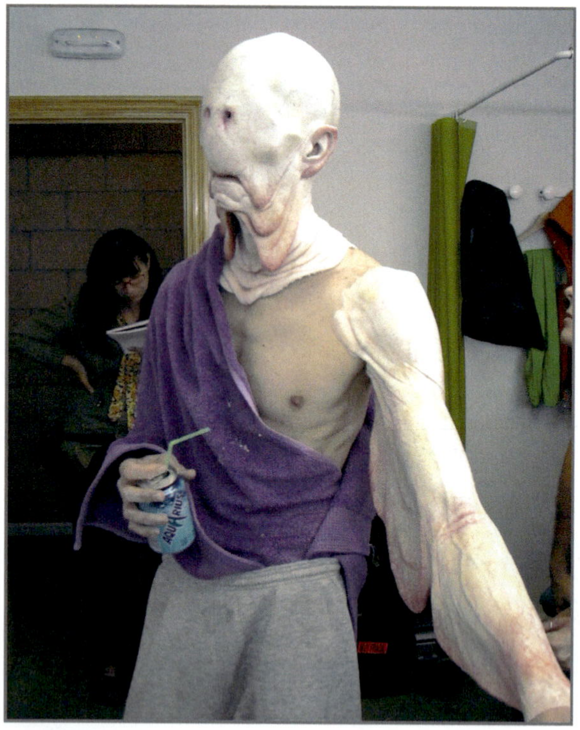

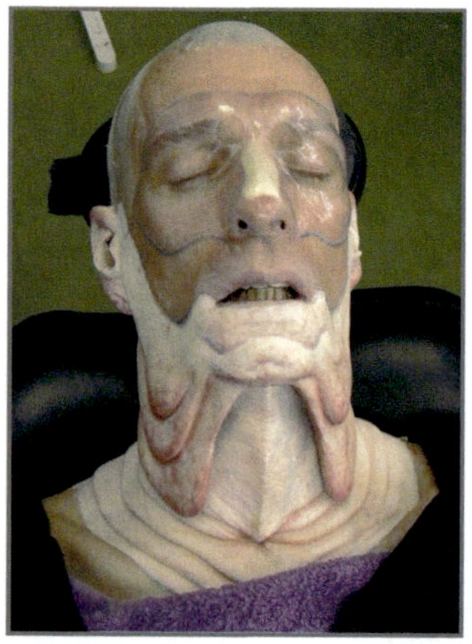

La espuma caliente o foam es hoy en día uno de los recursos más empleados en la fabricación de prótesis. Este producto está compuesto por una base de látex espumada, que reproduce con detalle la huella, tanto del molde como del modelo, manteniendo el volumen exacto de las prótesis, y garantizando en su manejo elasticidad y ligereza.

Todas las espumas/piezas necesitan lycra, es decir, una especie de forro interior para evitar las roturas.

1.1. Recursos para el desmoldeado y tratamiento del material

Antes de verter la espuma de látex sobre los moldes se utilizó una solución de alcohol isopropílico y cera para suelos, que es lo mejor para moldes no porosos como es en este caso el *epoxi*.

Para desmoldear se emplearon los polvos de talco. Después se limpia con jabón neutro de uso infantil, se enjuaga y se seca muy bien, estando ya lista para pintar.

FASE 2. Recursos para la fabricación y adaptación de mecanismos

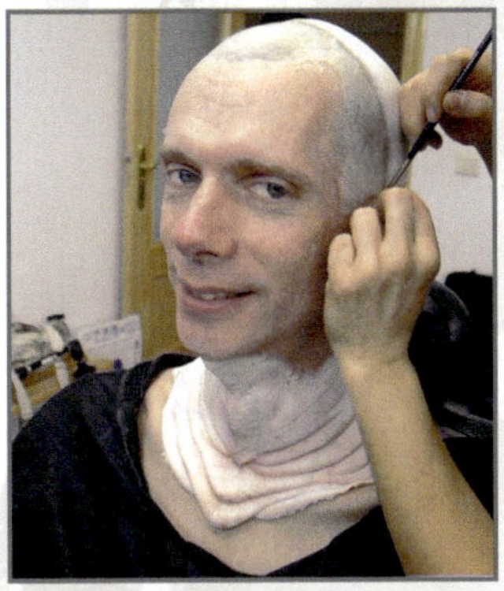

Los procesos de tomas de impresión y positivado fueron complejos y laboriosos. Teniendo en cuenta la ubicación de mecanismos animatrónicos, cualquier paso debía estar perfectamente calculado a priori.

Por ejemplo en el caso del rostro del Fauno, se realizaron tomas de impresión en varias fases. La primera fue sobre el rostro del actor. Partiendo de esta primera toma de impresión, se fabricaron algunas prótesis. Más tarde, se realizó una segunda toma de impresión del rostro con esas prótesis, aplicadas siguiendo el orden lógico de colocación.

Así, las prótesis permitieron el juego con espacios intermedios para la colocación de carcasas, dado que el Fauno tenía que ser también mecánico: los ojos, orejas y nariz eran movidos por pequeños servomotores mediante radiocontrol realizados por Xavi Bastida.

La piel de espuma, la carcasa de fibra y los servos debían funcionar como en un ser vivo; la piel funciona como tal, la carcasa funciona como esqueleto/cráneo y los servos funcionan como los músculos.

En algunas zonas se hicieron pequeños cortes para proporcionar elasticidad y en otras se pusieron partes más rígidas para que no pareciera goma.

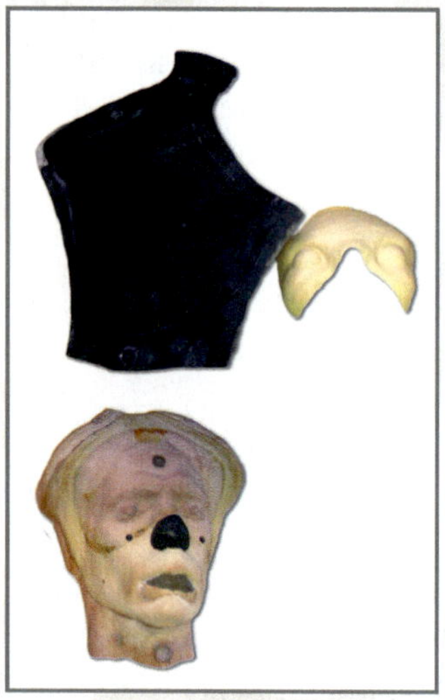

Fue un proceso muy complejo por cuestiones de espacio que finalmente se resolvió escondiendo los motores en la base de los cuernos.

FASE 3. Recursos para la aplicación del *croma key*

Básicamente, el *croma key* es un procedimiento mediante el que se sustituyen unas imágenes por otras a través de la eliminación de fondos homogéneos y retoques de post-producción.

Las prótesis o el maquillaje son recursos funcionales a la hora de añadir materia a una caracterización, pero el problema se plantea a la hora de invertir el efecto dando sensación de ausencia o disminución de volumen; por ello el *croma key*, además de funcionar como fondo para la fase de post-producción, fue un recurso fundamental en *El laberinto del fauno*.

El Hombre Pálido tenía que transmitir imagen de delgadez extrema, efecto que se consiguió poniéndole unas mallas verdes sobre las que se colocaron las prótesis.

Tras el proceso de post-producción se eliminaron todas las zonas verdes, dejando ver al espectador únicamente el trabajo de los caracterizadores.

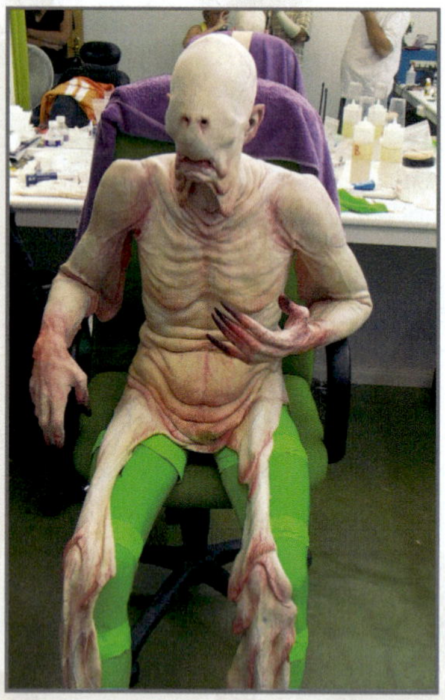

Por el mismo procedimiento se consiguió eliminar las piernas del actor Doug Jones, colocando también unas mallas de color verde que cubrían desde los pies hasta las rodillas.

RESULTADO FINAL

Foto del rodaje definitivo.

PRÓTESIS
Y CREACIÓN DE *PROPS*

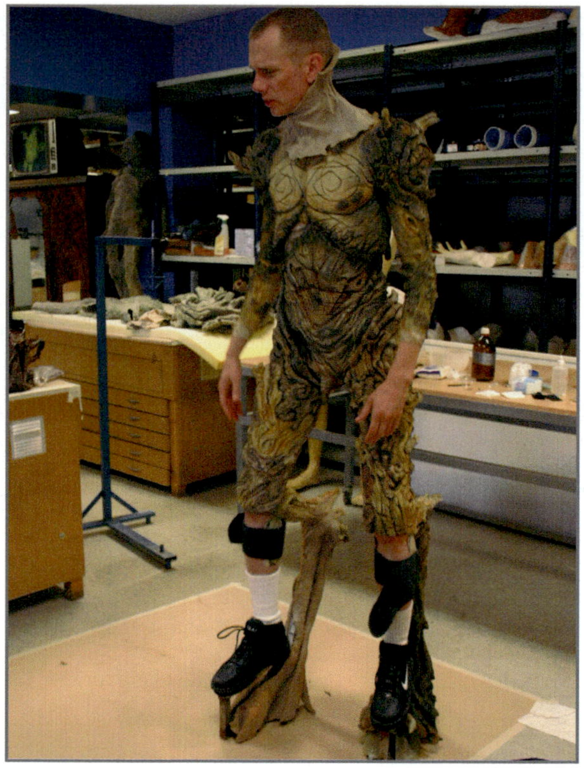

FASE 1. Las prótesis

1.1. Pruebas con el actor

Poco tiempo antes del rodaje se realizaron pruebas con el actor para comprobar si todo funcionaba. A su vez el actor también pudo ver a qué tipo de personaje se enfrentaba y las dificultades físicas que suponía.

La mayor dificultad estaba en la visión, ya que el mecanismo de movimiento de los ojos, estaba justo delante de los suyos, y solo podía ver a través del lagrimal del ojo del Fauno. Además, el actor necesitó algún tiempo para familiarizarse con el traje y las extensiones de las piernas.

Durante el rodaje, el maquillaje del Fauno se aplicó trece veces, si contar con las pruebas. Dicha aplicación duraba cuatro horas, dos para la cabeza y otras dos para el cuerpo.

Una de las dificultades fue la sincronización de los *puppeteers* (marionetistas) con el actor, para conseguir las expresiones que Guillermo quería en cada plano.

El actor recitaba el diálogo y los técnicos movían los párpados, cejas, nariz, orejas y cola; siguiendo las pautas de la actuación que marcaba Doug.

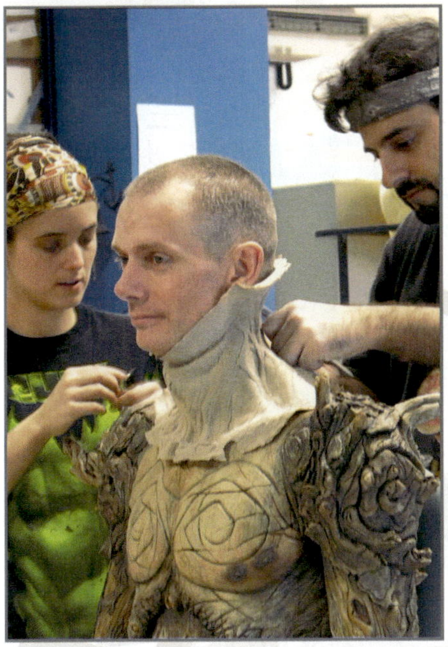

1.2. Procesos de coloración de las prótesis

Para el Fauno se realizaron tres procesos de coloración. El más viejo, con el cuerno izquierdo partido, cataratas en los ojos, pelo color blanco y amarillento, y mas cortezas, esto se nota bastante en la parte del pecho y ramas. El intermedio, que ya tiene un poco más de cuerno, menos cortezas, le cambia el color del pelo y los ojos. Y el tercero, con el cuerno entero, la corteza un poco verdosa, ojos limpios, pelo castaño rojizo y con un color ligeramente más carne en la cara.

Todo este trabajo se ve poco debido a la oscuridad de la misma película y el virado de color (etalonaje) que se hizo en post-producción, virando hacia azules o hacia dorados/naranja muchas secuencias, algo que a veces puede desvirtuar y alterar muchos colores.

Para el Hombre Pálido todas las piezas estaban prepintadas en el taller, y se emplearon tres o cuatro días de coloración en total, ya que eran unos siete juegos de prótesis.

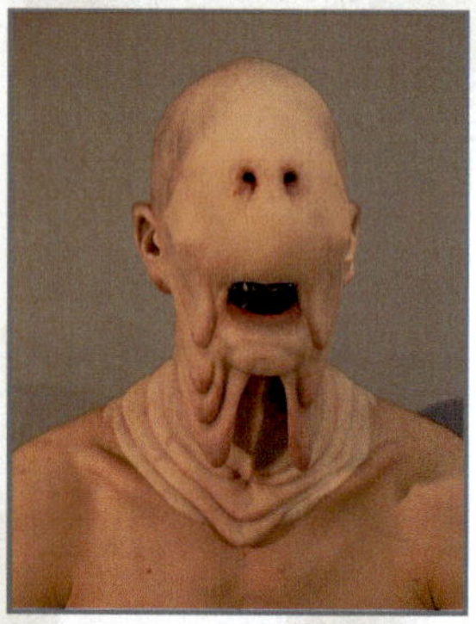

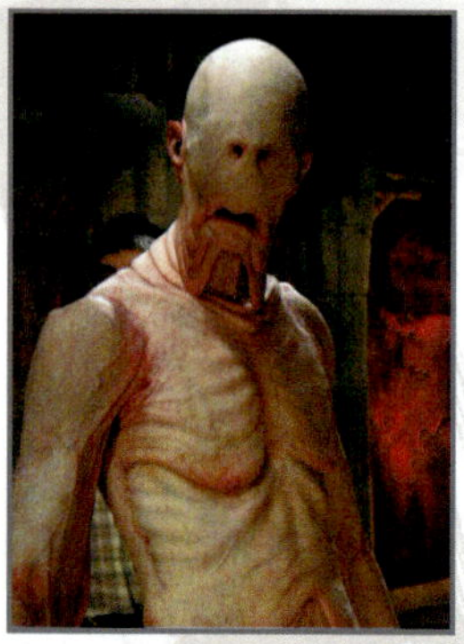

El caso del Sapo fue muy extraño, porque hasta el ultimo momento era un sapo albino, pero al estar en un lugar tan oscuro resaltaba mucho el color y quedaba quemado de luz, así que se cambió el color al de un sapo normal. Esto tuvo que hacerse en una noche, porque tampoco había más tiempo.

Productos empleados para la coloración

Los productos empleados para la coloración de prótesis fueron en su mayoría *Pax*. El *Pax* es una mezcla de acrílico y prosaide que inventó Dick Smith.

También se usó maquillaje graso y algún colorante con base de alcohol.

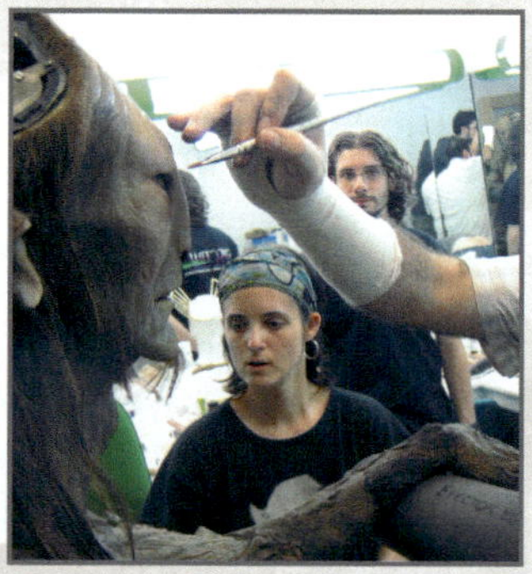

1.3. Adhesivos

En la aplicación de prótesis se emplearon distintos adhesivos como *Prosaide* y algún otro con más adherencia dependiendo de la zona del cuerpo a la que debían pegarse.

1.4. Retirada y limpieza

Las prótesis se retiraron con aceites cosméticos de absorción rápida muy adecuados para la limpieza de adhesivos. Después se aplicó una toalla caliente sobre el rostro del actor y finalmente un masaje con crema calmante.

1.5. Conservación

Las prótesis eran siempre nuevas para cada día de rodaje, excepto el cuerpo del Fauno y las piernas del Hombre Pálido que estaban almacenadas en el mismo plató, donde se rodaba parte de la película.

Las prótesis de espuma o silicona no necesitan de una temperatura o humedad especial como la gelatina. Mientras estén bien conservadas en su positivo (termoconformado) en una caja aireada con orificios y no haya nada encima que las pueda deformar.

La mayoría de las prótesis quedan inservibles por los aceites que se usan para retirarlas. Si alguna está en buenas condiciones la guardamos en el taller a modo de pieza de museo. Hay coleccionistas para todo y no dejamos de tener llamadas y *e-mails* para conseguir aunque sea, un mechón de pelo del Fauno.

FASE 2. Creación de *props*

Para los *props* se utilizaron muchos materiales, como resinas de poliuretano, resinas *epoxi*, cueros, madera...

El macuto porta hadas fue íntegramente un trabajo de Pablo Perona, es el más laborioso y también del que se hicieron más diseños. Su realización fue a partir de un tubo de PVC de medida concreta, en el que se modeló la escultura del entramado, que tenía que parecer madera tallada para después hacer moldes y sacar las copias de resina de poliuretano.

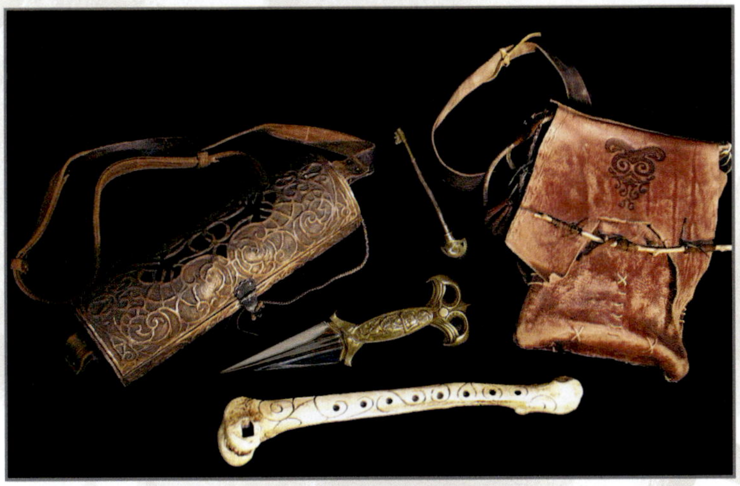

ANIMATRÓNIC. CONTROL POR CABLE

FASE 1. Escultura

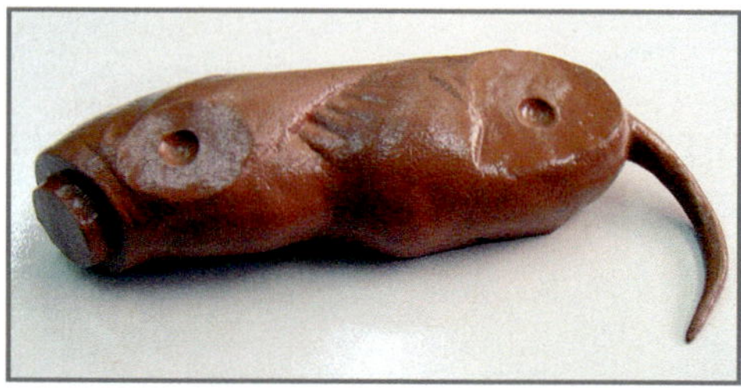

Escultura en plastilina del cuerpo. Extremidades separadas para la realización de moldes parciales.

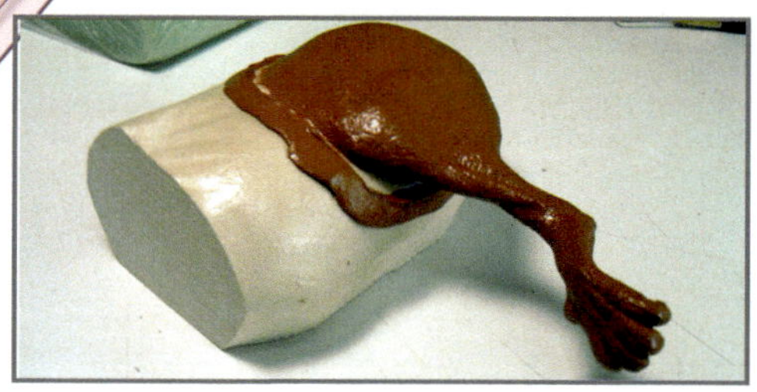

Escultura de una pata. Colocada sobre un molde positivo parcial del cuerpo para la realización del molde negativo.

FASE 2. Moldes

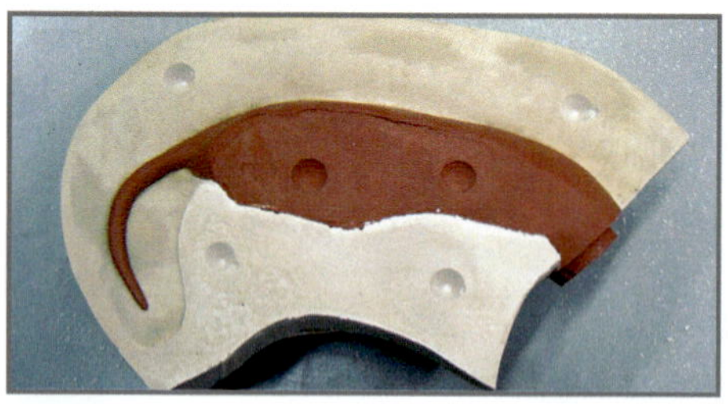

Primer paso del molde del cuerpo realizado en escayola.

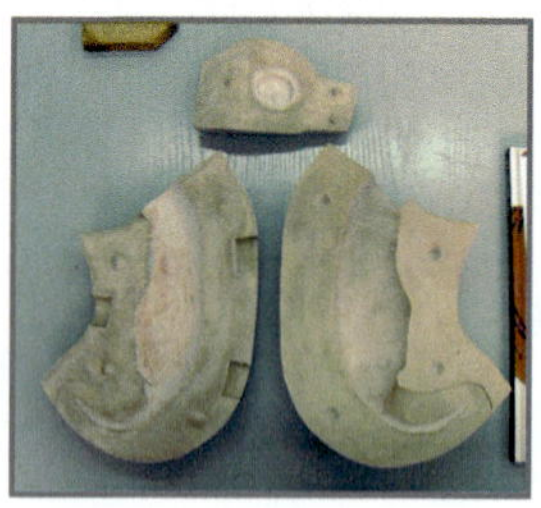

Molde del cuerpo formado por tres partes de escayola.

FASE 2. Moldes. Núcleo interno

Colocación de una fina capa uniforme de barro para obtener el núcleo.

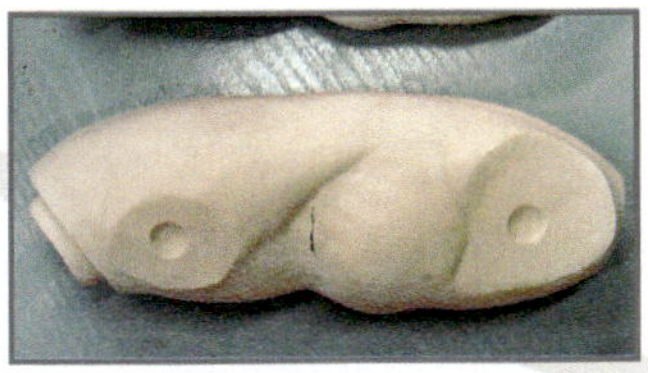

Núcleo de escayola obtenido a partir del molde del cuerpo.

FASE 2. Moldes

Molde de tres partes de la cabeza con su correspondiente núcleo interno.

FASE 3. Estructura interna

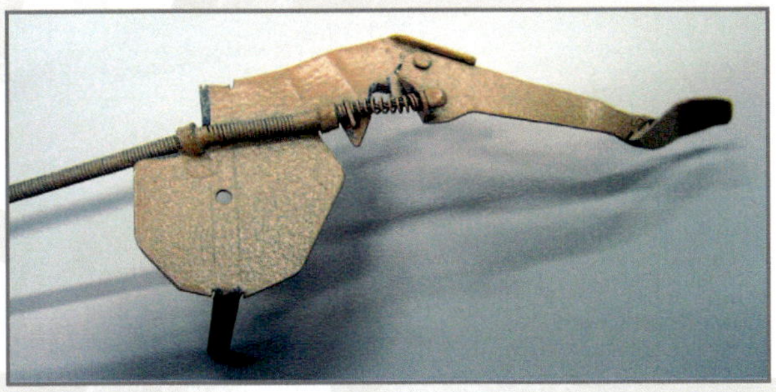

Estructura interna articulada de una pata.

FASE 4. Copia

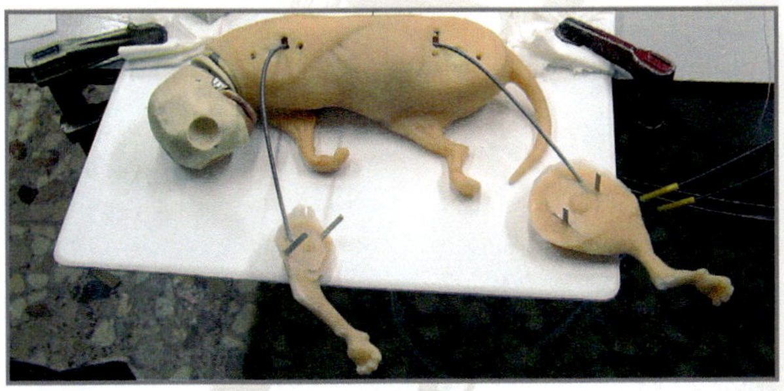

Copia de piel de silicona colocada sobre la estructura interna articulada.

FASE 5. Acabados

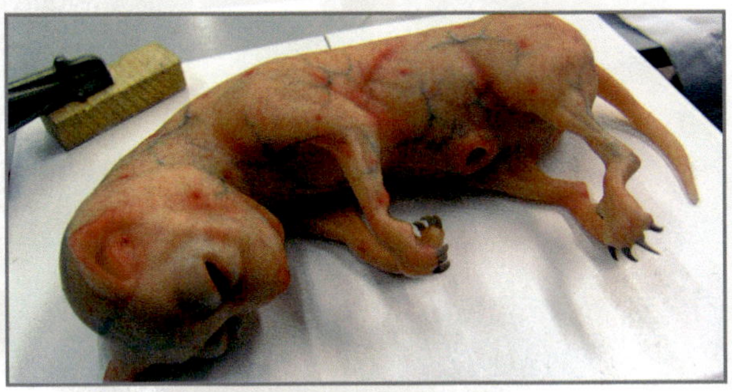

Pintura con aerógrafo. Ojos y uñas de resina acrílica.

ACABADO FINAL

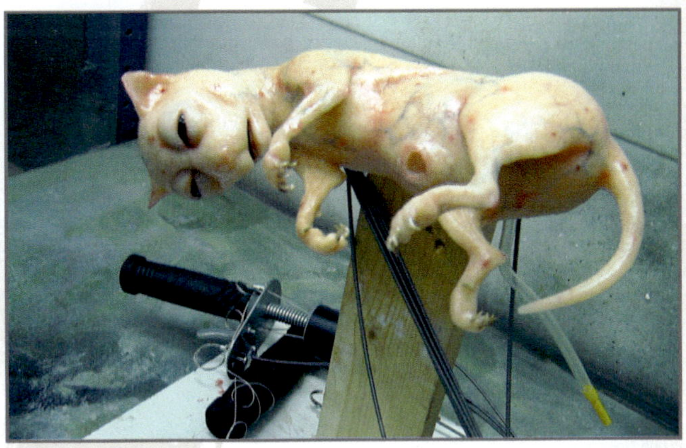

MAQUILLAJE CON PRÓTESIS

FASE 1. Vaciados

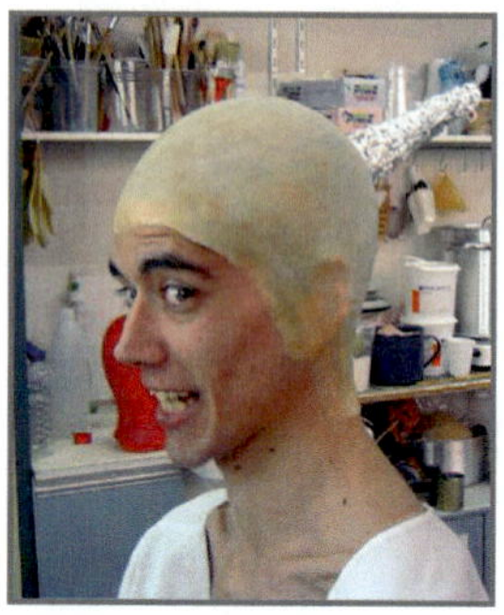

Colocación de una calota de látex para la realización del vaciado de la cabeza completa.

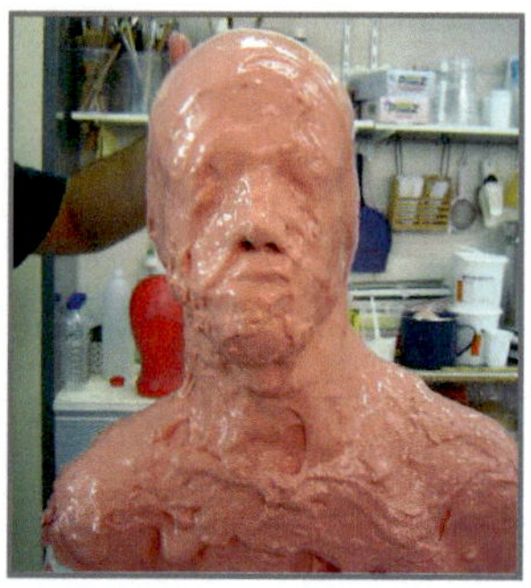

Aplicación de alginato sobre la cabeza del actor.

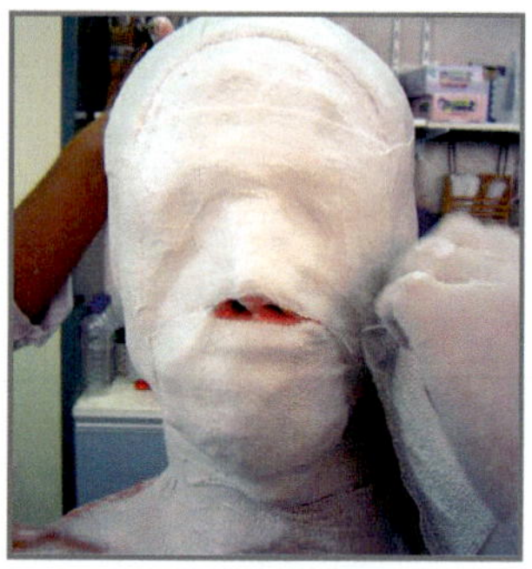

Aplicación de capas de vendas de escayola sobre el alginato ya seco con el fin de reforzar el vaciado.

Positivo realizado en escayola a partir del vaciado negativo de alginato y vendas.

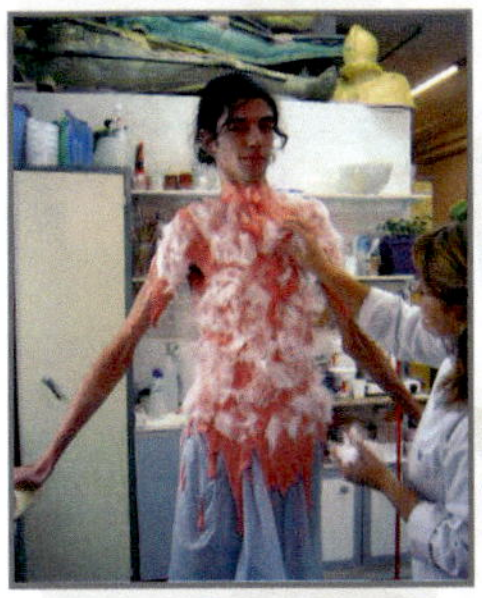

Aplicación de alginato sobre el cuerpo del actor.

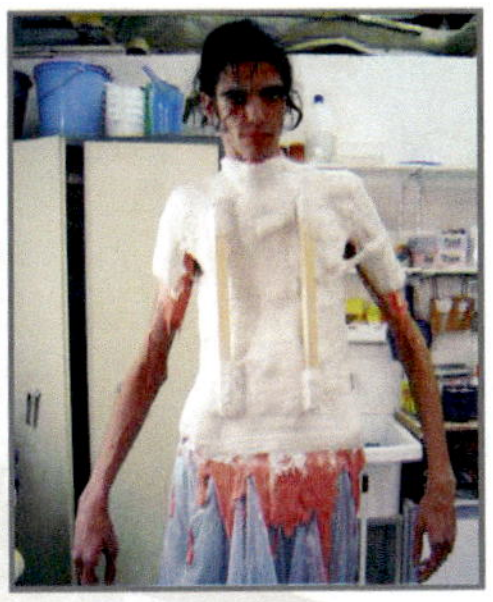

Aplicación de capas de vendas de escayola sobre el alginato ya seco con el fin de reforzar el vaciado para la realización del positivo posterior en escayola.

Se reforzó con listones de madera para evitar posibles deformaciones al realizar el positivo debido al peso de la escayola.

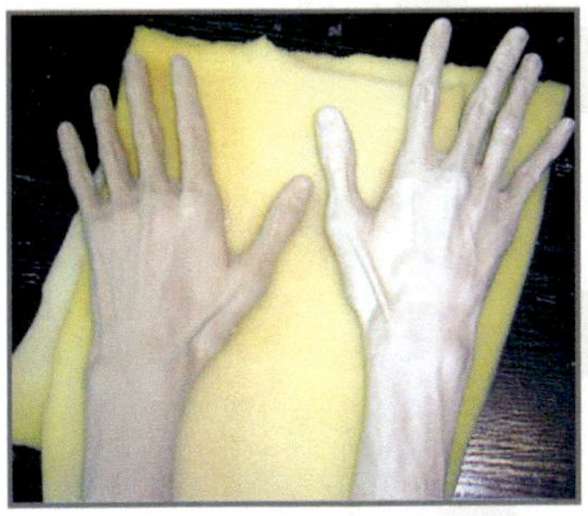

Positivos en escayola de las manos del actor realizados a partir de vaciados en alginato y vendas.

FASE 2. Diseño

Maqueta escala 1: 4 realizada en plastilina especial para horno sobre un busto humano, también a escala.

FASE 3. Escultura

Frente separada de la escultura (se colocó sobre un molde parcial de la frente del actor y se realizó su molde para obtener una prótesis independiente con el fin de proporcionarle mayor movilidad y expresividad al maquillaje).

Escultura realizada en plastilina sobre el positivo de escayola.

Modelado de ampliación de dedos sobre vaciado de los dedos del actor.

FASE 4. Moldes

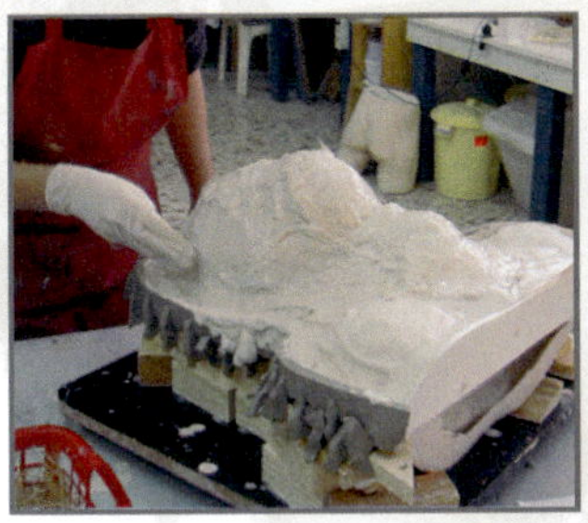

Aplicación de escayola sobre la escultura de plastilina para la fabricación de una de las partes del molde negativo.

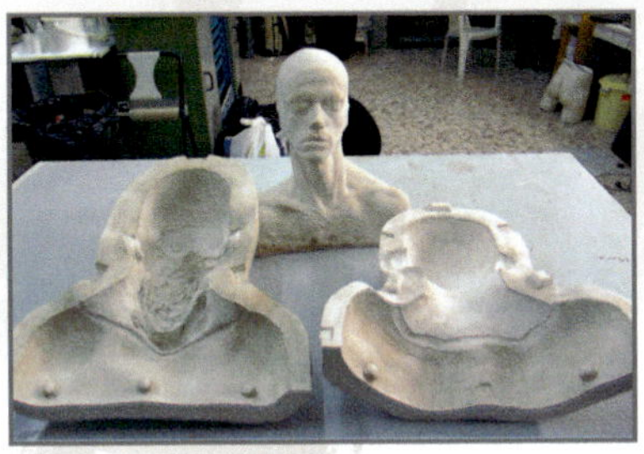

Molde de dos partes realizado en escayola de la pieza sin frente.

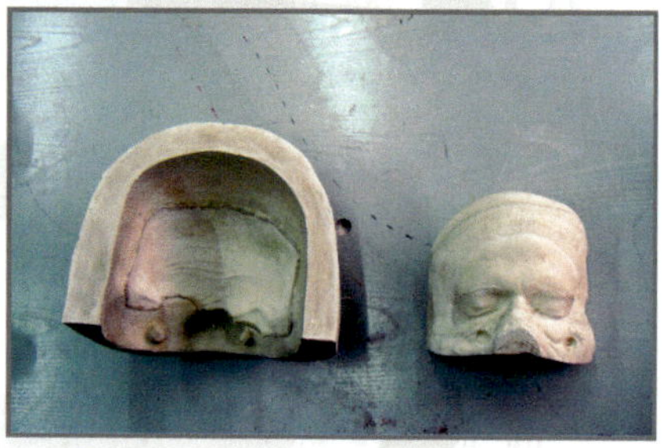

Molde parcial realizado en escayola de la pieza de la frente.

Preparación de la pieza del pecho sobre un molde parcial para realizar el molde negativo de escayola.

Preparación de la escultura de un dedo para realizar el molde de escayola.

FASE 5. Copias de las prótesis

Proceso de batido de la espuma de látex para el posterior llenado de los moldes.

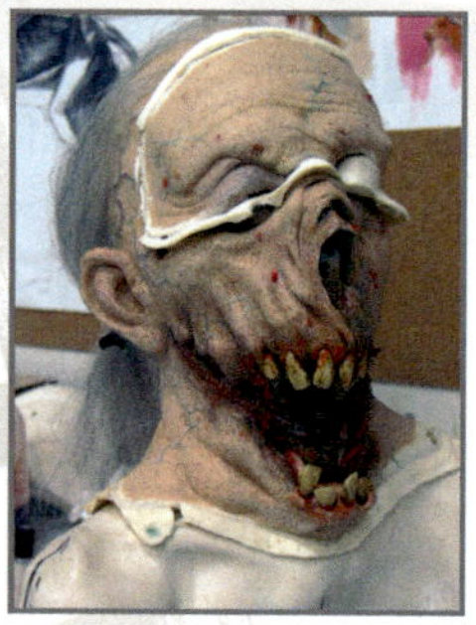

Prótesis faciales de espuma de látex pre-pintadas, con dientes y pelo ya pegados.

Prótesis dedos de espuma de látex pre-pintadas con uñas acrílicas.

FASE 6. Pegado

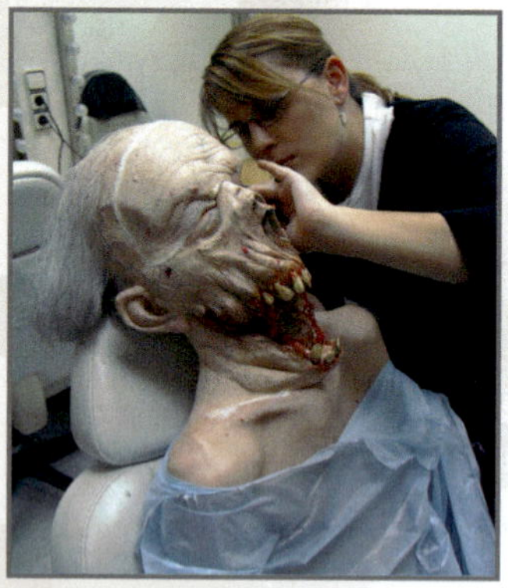

Pegado de las prótesis faciales.

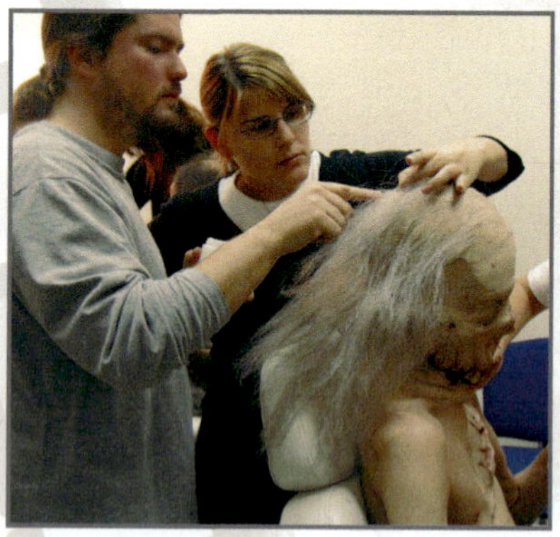

Pegado de las prótesis faciales y acabado de pelo.

FASE 7. Maquillaje

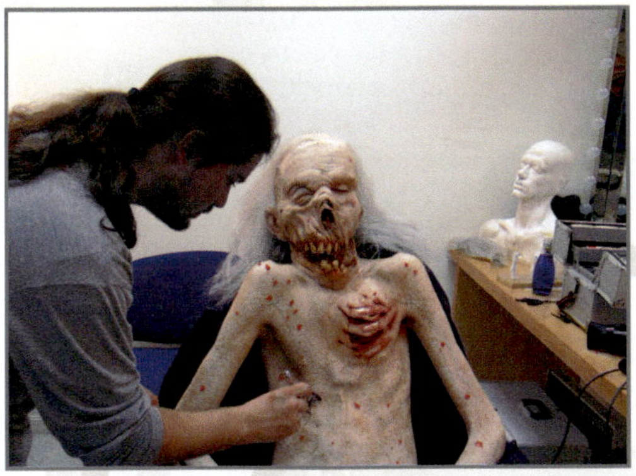

Maquillaje de las piezas (unión entre ellas) y retoques con aerógrafo.

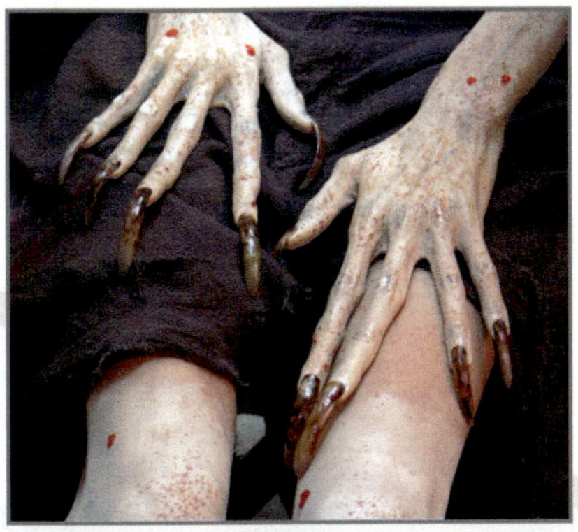

Manos acabadas, prótesis pegadas y pintadas con aerógrafo.

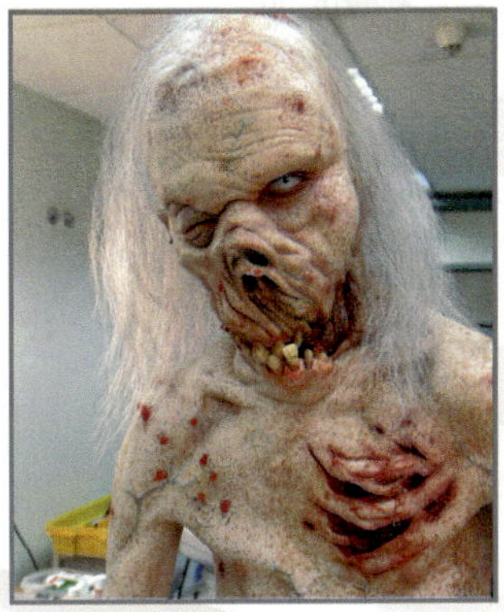

Maquillaje acabado y colocación de una lentilla.

ACABADO FINAL

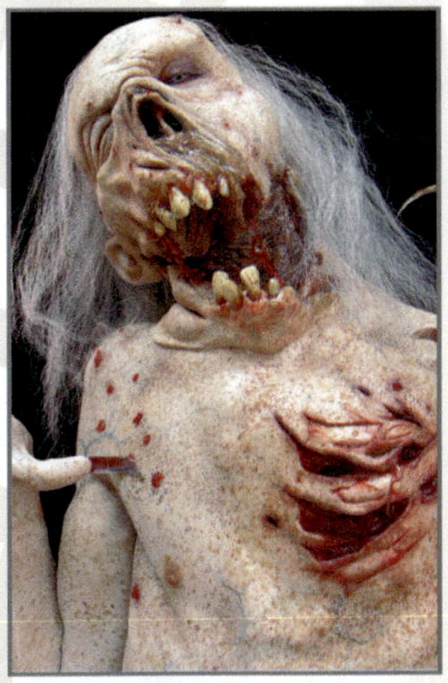

LAS NUEVAS TECNOLOGÍAS EN EL DISEÑO DEL PERSONAJE

NECESIDADES

- Ordenador con 1 G de memoria Ram
- Tableta gráfica (recomendada WACOM Graphire o Intuos)
- Photoshop 7.1 o superior
- Maya 6.5 o superior
- Zbrush 2 o superior
- Cámara digital

Actualmente las nuevas tecnologías han afectado a todos los ámbitos.

Cada día es más fácil ver efectos realizados por ordenador realistas y complejos, y cada día esos ejemplo están más cerca de la mano de cualquiera. Ya no hacen falta ordenadores tan grandes como una habitación para poder manipular generar imágenes hiper-realistas. Estos avances también han afectado a la forma en la que se entienden los efectos de maquillaje.

En todos los trabajos de Maquillaje de efectos especiales, el artista se encuentra con la necesidad de previsualizar el encargo para poder mostrar a sus clientes (realizador publicitario o director de cine) el acabado final que tendrá su nueva obra en el proyecto.

Estos clientes cada vez pidan más realismo en la ejecución de dichas visualizaciones y es aquí donde el ordenador y las nuevas tecnologías nos pueden ayudar obteniendo diseños hiperrealistas que son casi exactos a como seria el acabado final.

Antes de empezar hay que valorar cuál será el efecto: ¿Será una criatura monstruosa? ¿Será un maquillaje de envejecimiento? ¿Será un animatrónic?...

Dependiendo de cuál sea el trabajoso final tenemos varias herramientas digitales para realizar ese diseño inicial.

Maquillaje sobre el actor

Cuando lo que se pide es un maquillaje sobre un actor, el mejor método sería realizar el diseño sobre una foto del propio actor.

En este caso vamos a utilizar el programa Photoshop, y pintaremos y deformaremos la imagen hasta tener el resultado deseado.

Hay que tener mucho cuidado de no deformar las facciones del actor de manera que luego el maquillaje no se pueda realizar.

Herramientas del Photoshop:

Herramienta de aerógrafo

Filtro de Licuar

Realización de diseños en capas

Ajustes de color, brillo, contraste, saturación...

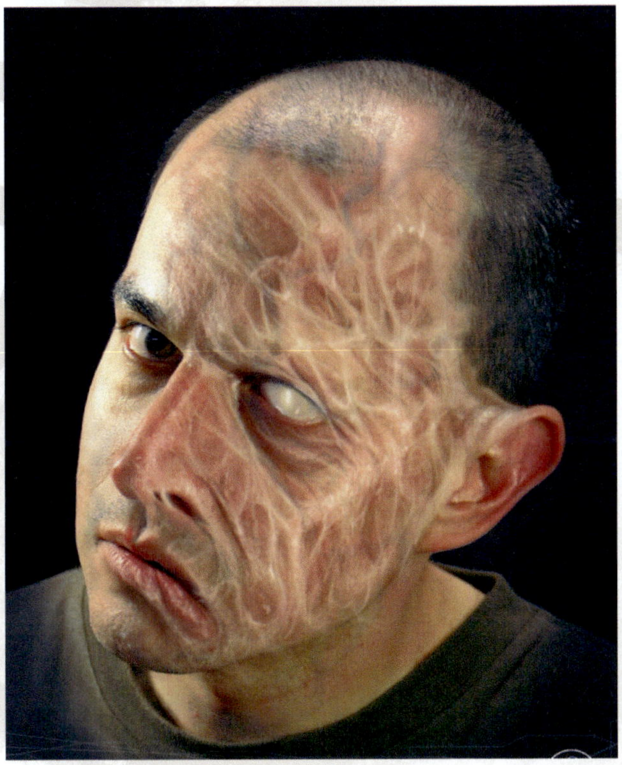

Diseño de una criatura fantástica

Cuando lo que se debe diseñar es una criatura que no se aplicará sobre ningún actor concreto o bien un traje o un muñeco en los que las proporciones humanas no se deben respetar, la mejor opción es realizar un diseño digital.

En este caso se aconsejan los siguientes paquetes informáticos:

Maya 6.5 o superior

Zbrush 2 o superior

Se comienza con la realización en Maya de una estructura simple de cómo va a ser la criatura.

Esta maya simple nos permite ver a grandes rasgos las proporciones básicas de la creación, una vez realizada dicha base la exportamos al Zbrush 2.

Allí modelamos igual que si fuera arcilla definiendo cada músculo, arruga o poro de nuestra creación. Este programa también da la opción de pintar el color.

Una vez acabada se busca el perspectiva en la que la criatura es más vistosa o en la que obtenemos más información de ella.

Una vez realizado se crea una imagen (renderizar) de la criatura con sombras y detalles y se pasa al Photoshop, donde podremos retocar los colores o el fondo de la foto o hacer pequeños detalles en nuestro diseño.

Una vez acabado el diseño se muestra a los clientes. En este momento se discuten si hay alguna necesidad de cambios en los diseños, si son muy pequeños es probable que el Photoshop sea suficiente (cambios de color o pequeños cambios de proporción o detalles).

Si desean cambios mayores se tendrá que volver a seguir los primeros pasos y realizar las sugerencias desde ese punto.

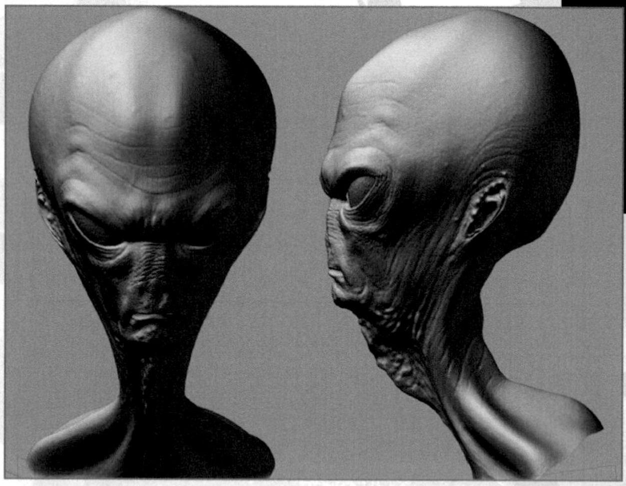

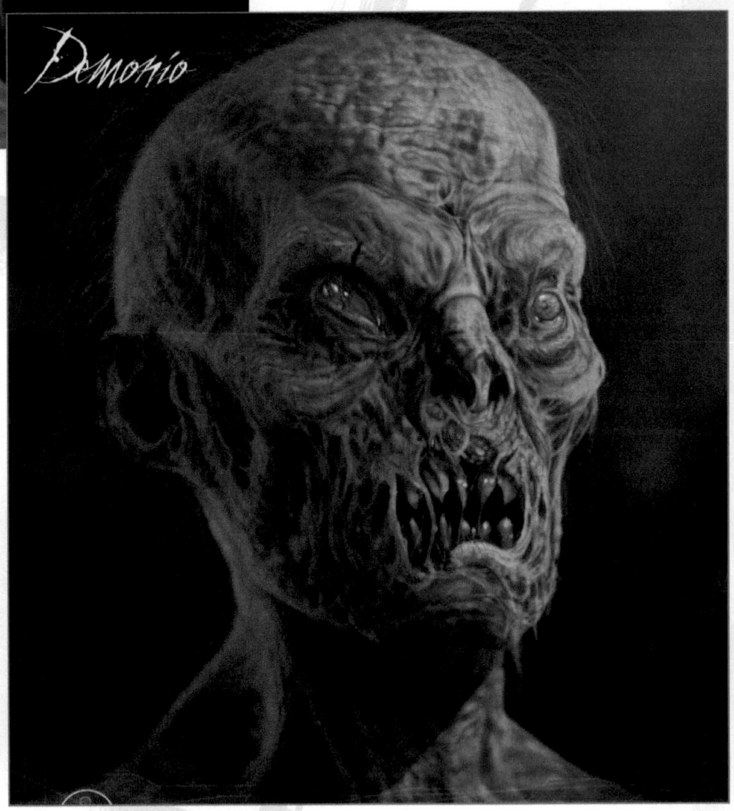
Demonio

CRÉDITOS FOTOGRÁFICOS

David Martí. DDT sfx.

Págs.10, 12, 18, 23, 24, 25, 30, 38, 86, 87, 90, 125, 126, 127, 134,135, 136, 137, 139, 140, 145, 146,147, 148, 149,150, 153, 232, 240, 246, 247, 248, 249, 250, 251, 252, 253, 254, 255, 256, 257, 258, 259, 260, 261, 262, 263.

El laberinto de fauno, Frágiles, Hellboy, Hipnos, La comunidad, Aftermath, Arachnid, Doom, El alquimista impaciente, El Corazón del guerrero, El espinazo del Diablo, La escalera del crimen, La monja, Los sin nombre, Mar adentro, Romasanta, Second name, Somne.

David Ambit. Inside fx

Págs.101, 102, 108, 110, 111, 112, 113, 117, 118, 124, 128, 129, 139,146, 148,150, 151, 154, 155, 158, 159, 160, 161, 162

Calota, envejecimiento, simulación de herida, positivado con espuma caliente, positivado de silicona, realización de ojos para animatrónicos y *puppets*

Pedro de Diego. Efectos especiales de maquillaje.

Págs. 11, 38, 86, 141, 144, 264,265, 266, 267, 268, 269

Lobos (cadáver con autopsia) Trastorno (*animatronic* control por cable) Bajo aguas tranquilas (maquillaje con prótesis) Keller, vampiro, zombie.

Arturo Balseiro. Dharma estudio.

Págs. 270, 271, 272, 273,

Las nuevas tecnologías en el diseño del personaje.

Colin Arthur

Págs. 103, 148, 162.

Diseño del personaje, Furia de titanes.

El Deseo

Págs.103, 109, 116, 121, 132

Acción mutante, La mala educación, La vida secreta de las palabras.

Walt Disney: pags 17, 23, 25

Ian McKellen: pág 18. Foto de Keith Stern

Paramount pictures, pag. 21

Warner Bros, págs: 22 arriba, 22 abajo, 25, 50, 110 y 120

Film Partner International Inc., pág 22 abajo, 33, 113. Fotos de Ms. Bay Xiaoyan

Columbia Pictures, pág. 23

DNA Films Limited, pág 23. Foto de Clive Coote

Sony Pictures Entertaiment, pag, 24

Miramax pags. 20 (foto de Laurie Sparham), 26 y 111

Picturehouse, pag. 26 y 74. Fotos de Bruno Calvo

Touchstone Pictures, pág 62. Foto de Doane Gregory

Museo del Traje, pág 81.

Filmax pág 117. Foto de José Haro

Perro hortelano, pág 184

Paz Mateos Corbella, pág 113, 114